Peuplements humains et variations environnementales au Quaternaire

Colloque de Poitiers (18-20 septembre 2000)

sous la direction

d'Alain Tuffreau

BAR International Series 1352
2005

Published in 2016 by
BAR Publishing, Oxford

BAR International Series 1352

Peuplements humains et variations environnementales au Quaternaire

ISBN 978 1 84171 398 4

Mise en page: Martine Carpentier

BAR Publishing is the trading name of British Archaeological Reports (Oxford) Ltd. British Archaeological Reports was first incorporated in 1974 to publish the BAR Series, International and British. In 1992 Hadrian Books Ltd became part of the BAR group. This volume was originally published by John and Erica Hedges Ltd. in conjunction with British Archaeological Reports (Oxford) Ltd / Hadrian Books Ltd, the Series principal publisher, in 2005. This present volume is published by BAR Publishing, 2016.

Printed in England

BAR
PUBLISHING

BAR titles are available from:

BAR Publishing
122 Banbury Rd, Oxford, OX2 7BP, UK
EMAIL info@barpublishing.com
PHONE +44 (0)1865 310431
FAX +44 (0)1865 316916
www.barpublishing.com

SOMMAIRE

INTRODUCTION

En 1997, le Centre national de la recherche scientifique lançait un programme de recherche intitulé « Paléoenvironnement, évolution des hominidés ». L'objectif de ce programme placé sous la direction de Jean-François Minster, alors directeur du département des Sciences de l'Univers du CNRS, et sous ma responsabilité, visait à établir l'histoire des relations entre les Hominidés et les différents paléoenvironnements depuis les lointaines origines de la lignée humaine jusqu'à l'anthropisation du paysage à l'Holocène.

Durant trois années, 29 projets ont été soutenus financièrement. Les thèmes abordés ont couvert tous les domaines de l'évolution des Hominidés et leurs rapports avec l'environnement :

- l'origine et l'évolution des hominoïdes
- les australopithèques et l'évolution des Hominidés en Afrique ;

la colonisation de l'Europe au Pléistocène ;
la disparition des Néandertaliens et leur remplacement par les Hommes modernes ;
les Hommes modernes dans différentes régions de l'Eurasie ;
l'anthropisation à l'Holocène illustrée par l'étude de différents domaines géographiques : France métropolitaine, Proche-Orient, Amérique du Sud.

Au terme du programme « Paléoenvironnement, évolution des Hominidés », le bilan des recherches fut présenté à Poitiers en septembre 2000 lors d'un colloque pris en charge par Michel Brunet.
Les actes de ce colloque devaient faire l'objet de deux publications, l'une traitant des périodes anciennes, antérieures à la colonisation de l'Europe, l'autre concernant le dernier million d'années.

Ce volume présente un certain nombre de travaux qui illustrent les relations entre l'histoire des peuplements de l'Europe au Pléistocène et à l'Holocène et les variations paléoenvironnementales. L'apport des datations par méthodes RPE et U-Th appliquées aux plus anciens peuplements de l'Europe occidentale et un évaluation critique des méthodes de datation par luminescence font l'objet de deux présentations.
De nombreuses contributions concernent les peuplements anténéandertaliens et néandertaliens dans le sud de la France, l'Italie et l'Europe centrale. Elles traitent des contextes environnementaux et des comportements décelables par l'analyse des vestiges osseux et des industries lithiques.
L'apparition de l'Homme moderne en Eurasie fait l'objet d'une présentation générale. Plusieurs études régionales nous permettent d'apprécier ses capacités adaptatives dans des milieux très différents, montagnard (Pyrénées), insulaire (Corse et Sardaigne) et littoral de l'Amérique du Sud.

Il m'est particulièrement agréable de remercier tous ceux qui apportèrent leur soutien au programme « Paléoenvironnement, évolution des Hominidés. M. Jean-François Minster, ancien directeur du département Sciences de l'Univers au CNRS, Mme Marie-Antoinette de Lumley, ancienne directrice scientifique adjointe au département Sciences de l'Homme et des Sociétés au CNRS, MM. Jean-Noël Barrandon, Jean-Luc Blanchet, Michel Brunet, Jean-Jacques Jaeger, Laurent Labeyrie, André Mariotti, Jean-Claude Miskovsky, Jean-Laurent Monnier et Jean-Marc le Tensorer, membres du comité de programme, ainsi que MM. Michel Brunet et Patrick Vignaud pour l'organisation du colloque de Poitiers.

Alain Tuffreau

APPORT DES MÉTHODES RPE ET U-Th AUX ÉTUDES DES PREMIERS PEUPLEMENTS EN EUROPE OCCIDENTALE

Christophe FALGUÈRES (*), Jean-Jacques BAHAIN (*), Jean-Michel DOLO (**)

RÉSUMÉ

Les récentes découvertes de restes humains fossiles en Espagne, Italie et Géorgie ont relancé le débat concernant les premiers peuplements en Europe. L'apport des méthodes radiométriques, et en particulier les séries de l'uranium et la résonance paramagnétique électronique appliquées conjointement sur des dents de grands herbivores, permet d'élaborer un cadre chronostratigraphique par la datation des couches fossilifères et par comparaison avec les données des autres disciplines. Les résultats obtenus sur trois sites majeurs ayant livré des restes humains dans un contexte stratigraphique bien établi, sont présentés dans cet article.

ABSTRACT

The recent discoveries of fossil human remains in Spain, Italy and Georgia have restarted the discussion about the first settlements in Europe. The contribution of radiometric methods such as uranium-series and Electron Spin Resonance both applied on herbivorous teeth, allow the establishment of a chronological time frame by dating the fossiliferous layers and by comparing the results with those obtained by other disciplines. In this paper, we present some results obtained on key-sites which have provided human remains in a well established stratigraphical context.

1. INTRODUCTION

L'étude des premiers peuplements en Europe fait l'objet d'un débat qui divise la communauté scientifique. Certains prétendent que les hommes se sont installés après 500 ka (chronologie courte) et d'autres pensent que les premières occupations se sont faites dès le Pléistocène inférieur (chronologie longue).
Les récentes découvertes à Atapuerca, Gran Dolina (Espagne) et à Campo Grande di Ceprano (Italie) ont montré que la présence de l'homme en Europe occidentale date d'environ un million d'années. En 1999, l'exhumation de deux crânes humains très anciens sur le site de Dmanissi (Géorgie) suggère que les premiers hommes se sont installés aux portes de l'Europe il y a plus de 1,5 MA. Cependant, la majorité des sites les plus anciens ne sont pas encore bien datés. L'utilisation des méthodes radiométriques telles que la résonance paramagnétique électronique (RPE) et les méthodes fondées sur les déséquilibres dans les familles de l'uranium (U-Th) sont les seules qui peuvent être utilisées sur les sites à hominidés (souvent en grottes) quand ils ne sont pas associés à des événements volcaniques. Elles apportent une contribution importante à l'établissement d'un cadre chronologique pour le Pléistocène moyen (de 800 à 100 ka environ) dans lequel tout le travail interdisciplinaire effectué sur les sites étudiés est inclus.

Parmi les sites d'Europe occidentale qui sont actuellement étudiés selon une approche pluridisciplinaire, trois d'entre eux, à savoir Atapuerca en Espagne, la grotte de Visogliano en Italie et la caune de l'Arago en France ont été choisis car ils sont considérés par les préhistoriens comme des séquences de référence pour le Pléistocène moyen. Plus de 75% des restes humains fossiles actuellement connus en Europe pour cette période proviennent de ces gisements.
Ils présentent des caractéristiques communes :
- Ils contiennent des restes humains fossiles, un outillage lithique et des ossements d'animaux fossiles dans un contexte stratigraphique bien établi.
- Plusieurs types d'échantillons tels que des carbonates, hydroxyapatites et quartz sont présents et peuvent servir de supports aux méthodes citées précédemment.
- Ces sites sont en cours d'études selon une approche multiple : paléontologie, anthropologie, sédimentologie et micromorphologie, palynologie.
Enfin, ces gisements possèdent un grand nombre de couches archéologiques successives bien définies ce qui nous permet d'établir une chronostratigraphie pour chaque séquence. Il est ainsi possible de comparer les résultats avec ceux obtenus par les autres méthodes (biostratigraphie, sédimentologie, palynologie...).

2. LES MÉTHODES DE DATATION

Seules la méthode RPE et les séries de l'uranium peuvent être appliquées pour le domaine d'âge considéré. La méthode du radiocarbone (14C) ne permet pas de dater des échantillons plus anciens que 40 ka environ. Les méthodes fondées sur la luminescence (TL et OSL) concernent essentielle-

(*) Département de Préhistoire, UMR 5198 du CNRS, Institut de Paléontologie Humaine, 1 rue René Panhard, 75013 Paris

(**) Laboratoire national Henri Becquerel, CEA Saclay, 91191 Gif-sur-Yvette

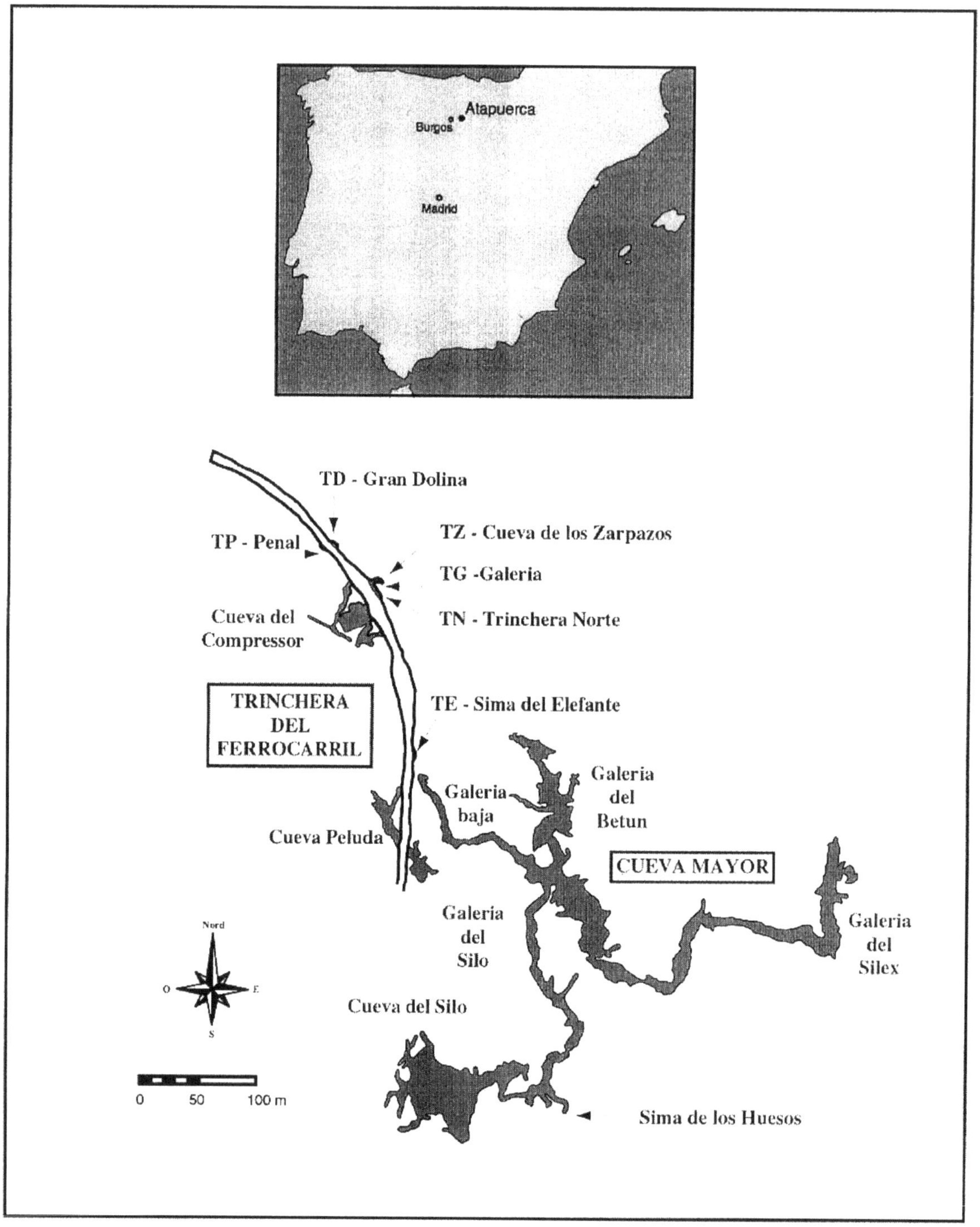

Fig. 1 : Localisation des différents sites de la Sierra de Atapuerca, Espagne.

ment les silex chauffés et les sédiments. Quant aux méthodes telles que le potassium-argon (K-Ar, Ar-Ar) et les traces de fission (TF), elles s'adressent seulement aux roches d'origine volcanique.

Le potentiel de la méthode RPE rend possible la datation de n'importe quel événement inclus dans le Quaternaire et c'est la seule méthode capable de dater des sites du Pléistocène moyen en milieu karstique, ce qui est le cas de l'environnement des sites étudiés. Elle s'applique à différents types de support tels que les carbonates (planchers stalagmitiques, coraux), l'hydroxya-patite (principal composant des dents et ossements) et les grains de quartz (sables fluviatiles, marins et éoliens). Elle est fondée sur l'accumulation d'électrons non appariés piégés, sous l'effet de la radioactivité naturelle, dans les défauts des minéraux (Voir détails dans Ikeya, 1993).

Les méthodes fondées sur les déséquilibres dans

les familles de l'uranium sont appliquées dans le domaine de la préhistoire depuis une quarantaine d'années (Voir Ivanovich et Harmon, 1992). Elles sont fiables et reproductibles et peuvent être combinées à la RPE sur de l'émail dentaire fossile pour calculer des âges en supposant que les échantillons contiennent une quantité d'uranium fixée suffisante. Les deux méthodes sont dépendantes du mode d'incorporation de l'uranium. Plusieurs modèles mathématiques ont été proposés pour décrire les effets de l'accumulation de l'uranium. C'est le cas du modèle d'incorporation précoce, EU (Bischoff et Rosenbauer, 1981), du modèle d'incorporation linéaire, LU (Ikeya, 1982) pour ne citer que les modèles les plus simples. En combinant les données des méthodes RPE et U-Th, il est possible de déterminer l'histoire de l'incorporation de l'uranium en utilisant un paramètre p d'incorporation (Grün *et al.*, 1988). L'utilisation combinée de ces méthodes sur les dents présente l'avantage de dater directement les périodes d'occupation humaine. C'est le cas à Atapuerca et Visogliano. À la caune de l'Arago, la datation par U-Th de calcite attribue des âges indirects aux restes humains.

3. RÉSULTATS

Atapuerca

La Sierra de Atapuerca est située dans le nord de l'Espagne à 15 km à l'est de Burgos. Plusieurs sites archéologiques et paléontologiques ont été découverts dans le karst de cette région, dans deux secteurs distants l'un de l'autre de 500 mètres environ : la Trinchera del Ferrocarril et la Cueva Mayor (Carbonell *et al.*, 1999a), (fig. 1).

À la fin du siècle dernier, le creusement d'une tranchée pour faire passer un train a permis la découverte de sédiments riches en matériel archéologique et paléontologique dans le premier secteur cité. Le plus important de ces gisements est la Gran Dolina, TD, dans lequel des restes humains très anciens, associés à une industrie archaïque et à une faune caractéristique du Pléistocène inférieur, ont été découverts (Carbonell *et al.*, 1995).

Le deuxième secteur correspond à la Cueva Mayor dans laquelle la Sima de los Huesos, SH, a livré plus de 3000 ossements fossiles humains appartenant à un minimum de 32 individus (Arsuaga *et al.*, 1997).

Gran Dolina

Le remplissage, épais de 18 mètres, se divise en 11 niveaux stratigraphiques, TD1 à TD11. La base (TD1 et TD2) correspond à un dépôt interne dans

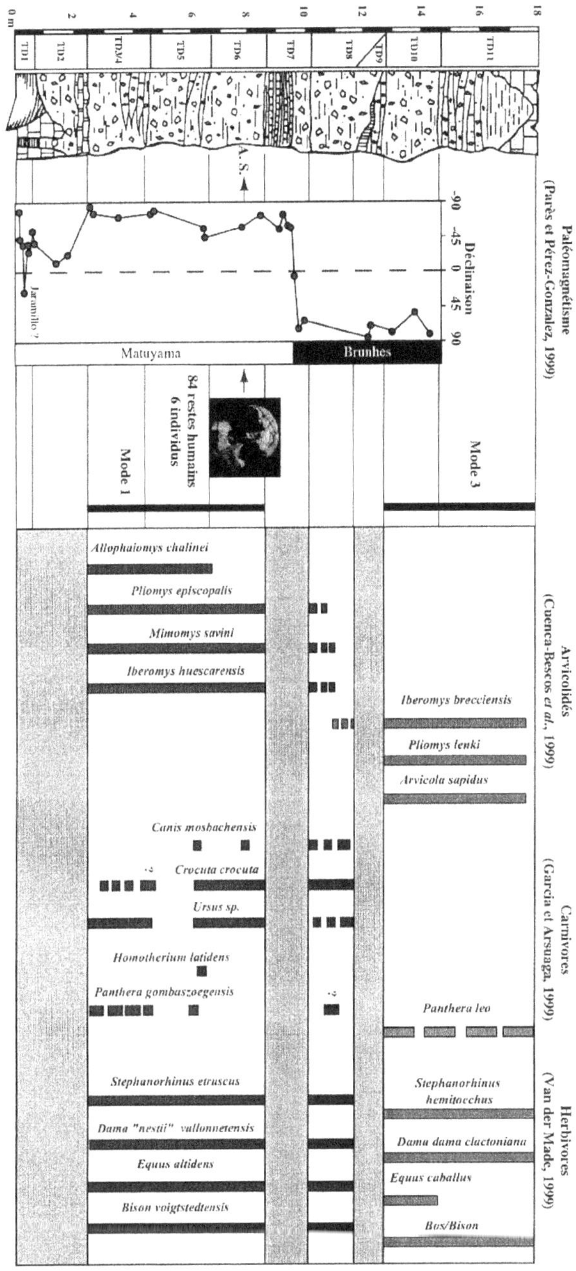

Fig. 2 : Principales données obtenues à partir de différentes disciplines sur le site de Gran Dolina, Espagne.

les conditions d'une grotte fermée. Au-dessus, de TD3-4 à TD11, les dépôts sont constitués principalement par un apport externe. Dans TD6 et plus particulièrement dans la strate Aurora, 84 restes humains appartenant à 6 individus ont été exhumés. Ces fossiles ont permis de définir une nouvelle espèce appelée *Homo antecessor* (Bermudez de Castro *et al.*, 1997). La figure 2 montre les données obtenues à partir des différentes disciplines. Les données magnétostratigraphiques ont mis en évidence une inversion de la polarité magnétique dans TD7, située stratigraphiquement un mètre au-dessus de TD6, suggérant un âge supérieur à 780 ka pour ces restes humains (Parés & Pérez-Gonzales, 1995). Ces derniers sont associés à une industrie lithique composée de 268

Echantillon		Teneu r en U (ppm)	$^{234}U/^{238}U$	$^{230}Th/^{234}U$	$^{226}Ra/^{230}Th$	$^{222}Rn/^{230}Th$	T émail (g/cm^2)	Email enlevé (g/cm^2)	DE (Gray)
TD11	AT9610E	1.2	1.38 ± 0.05	0.87 ± 0.03	1	1	0.45	0.13	549 ± 22
	D	56.9	1.36 ± 0.03	0.80 ± 0.02	0.60	0.35			
	C	33.6	1.42 ± 0.03	0.86 ± 0.02	0.44	0.28			
	AT9705E	1.4	1.33 ± 0.04	0.77 ± 0.03	0.82	0.82	0.38	0.06	436 ± 13
	D	41.5	1.29 ± 0.03	0.73 ± 0.02	0.45	0.24			
	AT9707E	1.2	1.30 ± 0.04	0.96 ± 0.03	0.77	0.77	0.54	0.03	512 ± 13
	D	39.9	1.33 ± 0.03	0.94 ± 0.03	0.41	0.24			
TD10	AT9606E	2.9	1.41 ± 0.02	0.85 ± 0.03	1	1	0.38	0.06	1 083 ± 44
	D	95.4	1.33 ± 0.02	0.89 ± 0.03	0.53	0.31			
	C	66.8	1.40 ± 0.02	0.92 ± 0.02	0.37	0.24			
	AT9608E	2.6	1.23 ± 0.03	0.70 ± 0.02	1	1	0.56	0.13	836 ± 40
	D	101.6	1.32 ± 0.02	0.86 ± 0.02	0.41	0.24			
	C	72.8	1.23 ± 0.02	0.89 ± 0.02	0.40	0.24			
	AT9703E	2.2	1.10 ± 0.03	0.73 ± 0.03	0.98	0.98	0.38	0.06	726 ± 14
	D	107.4	1.13 ± 0.01	0.78 ± 0.01	0.4	0.26			
TD8	AT9604E	0.2	1.20 ± 0.08	1.15 ± 0.07	1	1	0.32	0.03	476 ± 13
	D	9.1	1.06 ± 0.04	0.99 ± 0.04	0.73	0.46			
	C	10.6	1.01 ± 0.03	0.74 ± 0.03	0.45	0.30			
	AT9605E	0.5	0.95 ± 0.05	1.03 ± 0.05	1	0.76	0.48	0.16	650 ± 52
	D	19.3	1.04 ± 0.03	0.74 ± 0.03	0.60	0.46			
	C	27.1	1.11 ± 0.03	0.90 ± 0.03	0.82	0.50			
	AT9702E	0.6	1.20 ± 0.06	0.83 ± 0.04	1	0.59	0.64	0.16	607 ± 17
	D	27.2	1.08 ± 0.01	0.73 ± 0.01	0.44	0.27			
TD6	AT9601E	0.4	1.16 ± 0.06	0.96 ± 0.05	1	1	0.35	0.03	844 ±30
	D	13.9	1.20 ± 0.03	1.02 ± 0.04	0.66	0.36			
	C	10.7	1.22 ± 0.05	1.07 ± 0.05	0.30	0.22			
	AT9602E	0.3	1.16 ± 0.06	0.83 ± 0.05	1	1	0.64	0.16	840 ± 42
	D	56.9	1.10 ± 0.02	0.76 ± 0.02	0.65	0.39			
	AT9603E	0.4	1.18 ± 0.05	0.97 ± 0.04	0.88	0.60	0.38	0.06	846 ± 56
	D	7.0	1.36 ± 0.06	0.84 ± 0.04	0.71	0.36			
	C	7.2	1.15 ± 0.04	0.89 ± 0.03	0.44	0.26			

Tab. 1 : Données RPE et U-Th utilisées pour le calcul des âges combinés pour les dents de Gran Dolina. E=Email, D=Dentine, C=cément. Les erreurs sur les rapports isotopiques sont données à ±1 sigma. Les doses équivalentes DE sont déterminées par extrapolation d'une fonction exponentielle.

pièces présentant une technologie de type Mode 1 (tradition oldo-wayenne) (Carbonell *et al.*, 1999b), et un assemblage faunique incluant de nombreux herbivores (Van der Made, 1999), carnivores (Garcia et Arsuaga, 1999), et rongeurs dont *Mimomys savini* (Cuenca-Bescos *et al.*, 1999).

Afin de préciser la chronologie du site, plusieurs dents de grands herbivores ont été analysées de façon conjointe mais indépendante par les méthodes RPE et U-Th (Falguères *et al.*, 1999). Les datations ont été effectuées sur des échantillons provenant des niveaux TD6, TD8, TD10 et TD11. Le tableau 1 présente les données radiométriques des échantillons. La figure 3 présente les âges obtenus et indique que les résultats sont cohérents et reproductibles pour chaque couche. De plus, les âges croissent en fonction de la profondeur des couches. Des âges de 308 ± 46 ka, 332 ± 50 ka et 390 ± 59 ka (âge moyen pondéré de 337 ± 29 ka) pour TD11, et de 337 ± 51 ka, 379 ± 57 ka et 418 ± 63 ka (âge moyen pondéré de 372 ± 33 ka) pour TD10, sont cohérents entre eux si l'on tient compte des domaines d'erreur. Ils suggèrent une sédimentation rapide pour ces niveaux et une corrélation avec les stades isotopiques 9 à 11. Pour TD8, les âges sont de 586 ± 88 ka, 606 ± 91 ka et 615 ± 92 ka (âge moyen pondéré de 602 ± 52 ka). Ces résultats extrêmement reproductibles suggèrent que TD8 s'est formé au cours d'une période contemporaine du stade isotopique 15. Les dents de TD6 donnent des âges de 770 ± 116 ka, 762 ± 114 ka et 676 ± 101 ka. La présence de la polarité négative pour cette couche indique un âge supérieur à 780 ka. La combinaison de ces données indique que l'âge de TD6 est compris entre 780 et 857 ka (2 sigma d'erreur sur l'âge moyen pondéré).

Ces résultats indiquent une occupation humaine de 800 à 300 ka pour Gran Dolina. Ils renforcent l'idée selon laquelle les premiers peuplements se

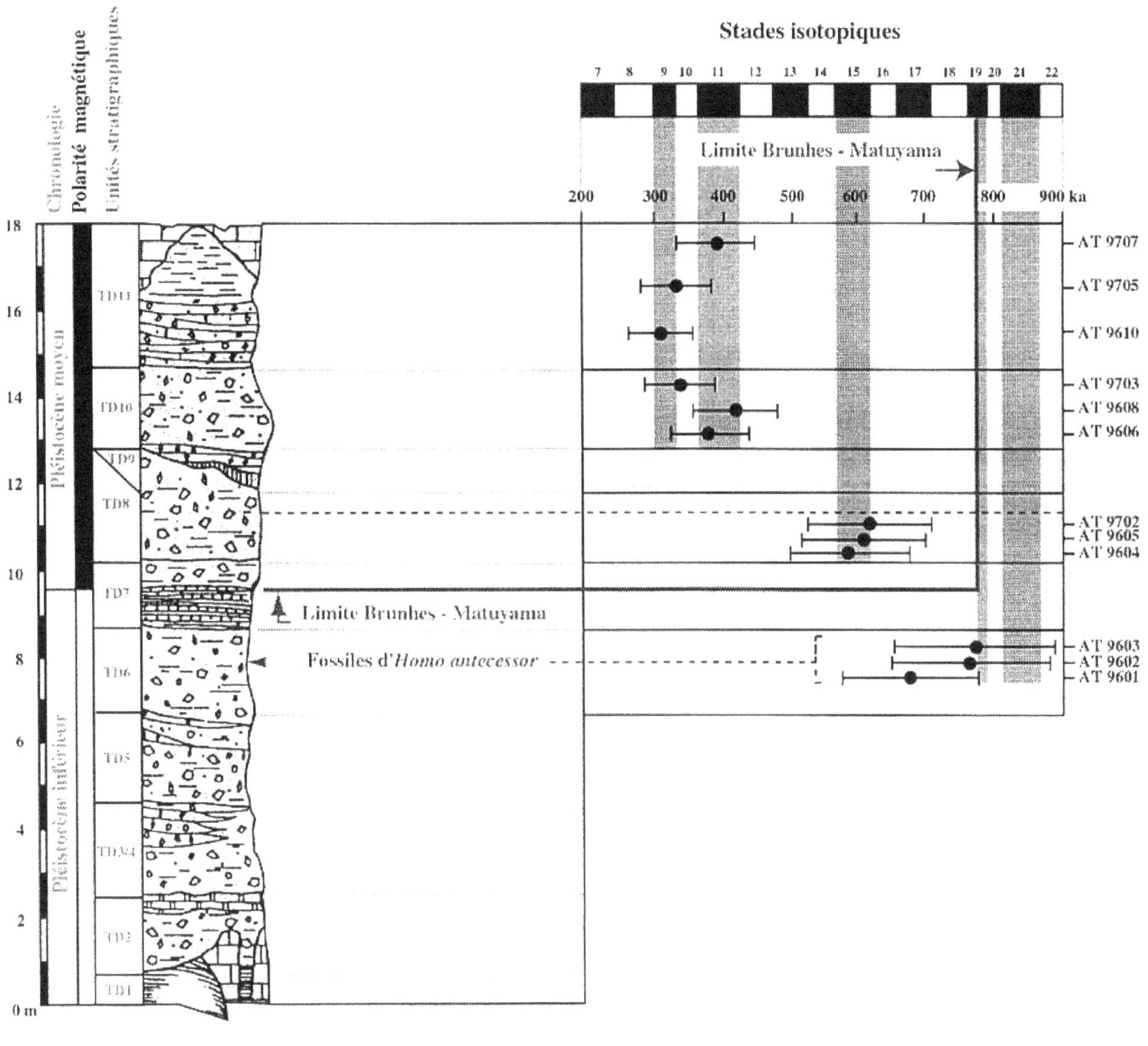

Fig 3 : Ages RPE / U-Th combinés obtenus sur dents fossiles de TD6 à TD11.

sont installés dès le Pléistocène inférieur en Europe occidentale.

Sima de los Huesos

C'est une petite cavité qui s'ouvre à la base d'un conduit vertical, située dans l'une des galeries de la Cueva Mayor. De très nombreux restes humains et d'ours ainsi que d'autres carnivores en nombre plus réduit (voir Garcia *et al.*, 1997) et quelques rongeurs ont été trouvés (Cuenca-Bescos *et al.*, 1997).
La figure 4 correspond à une coupe stratigraphique synthétique du site (d'après Arsuaga *et al.*, 1997). À la base, des argiles marneuses stériles sur lesquelles reposent des argiles stériles. Viennent ensuite les argiles fossilifères recouvertes en partie par des argiles stériles notamment dans la Rampa. Ce dépôt est scellé par une croûte stalagmitique au niveau de la Rampa et au niveau de la zone B des fouilles (CPV). Au sommet, des sédiments remaniés sont partiellement recouverts par des couches de guano. Au niveau de la zone A des fouilles, les argiles sont en contact irrégulier avec des sables et limons qui semblent reposer sur les argiles marneuses de base. Les premiers restes humains ont été découverts en 1976 (Aguirre *et al.*, 1976). Aujourd'hui, plus de 3000 restes humains ont été exhumés ce qui représente la collection la plus importante de fossiles humains découverts dans un site pour le Pléistocène moyen.
Plusieurs types d'échantillons ont été analysés par différentes méthodes de datation (Bischoff *et al.*, 1997) et dont les résultats sont présentés dans le tableau 2. De nombreux échantillons de calcite ont été analysés par U-Th et ^{14}C (fig. 4). Les fragments prélevés dans les zones A et B ainsi que dans SRB, au bas de la Rampa, présentent tous un équilibre isotopique indiquant un âge supérieur à 350 ka. Cependant, ces fragments ne sont pas en position stratigraphique originelle. Les échantillons recouvrant la Rampa (plancher stalagmitique

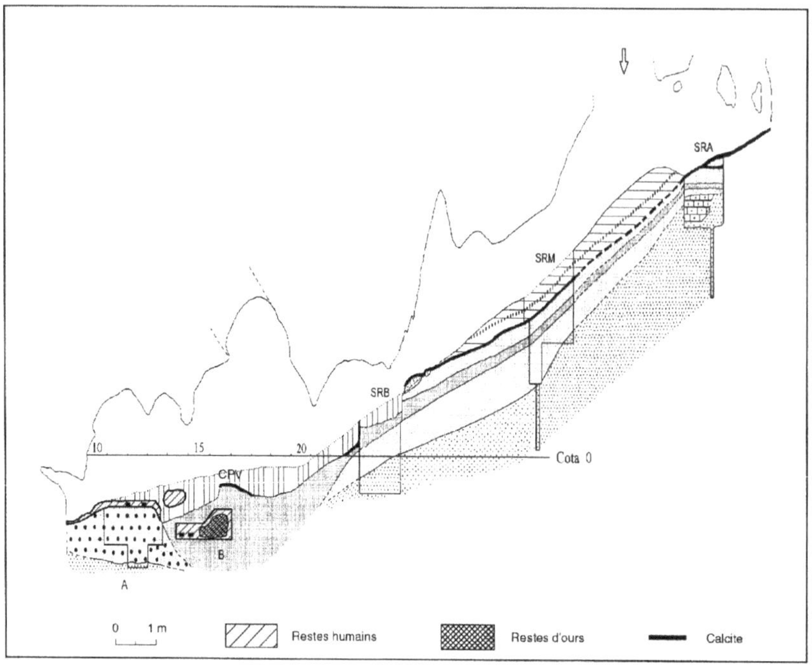

Fig. 4 : Coupe synthétique de la Sima de los Huesos à Atapuerca (d'après Arsuaga et al., 1997).
Localisation des échantillons de calcite, de restes humains et d'ours.

Echantillons	**C-14**		**séries-U**			**RPE**		**Remarques**
		U-Th	**U-Pa**	**TIMS**	**EU**	**LU**	**Combinés**	
Calcite								
Colada spéléothème								
SRA		93-95						Th-230/Th-232 < 3
SRM	18-21	46-180						
SRB	17-18	132-200						
CPV		62-112						Th-230/Th-232 < 4
Fragments calcite								Incertitude stratigraphique
dans SRB		> 350						
dans Zone A		> 350						
dans Zone B		> 300						
Restes humains								
AT75		320 +233 / -73	> 175					Spectrométrie gamma
Zone A		142		124-148				Système ouvert
Zone B				108-221				Système ouvert
Remanié		177		80-155				Incertitude stratigraphique
Dents et os								
Colada os renard	25	23-37						
CPV os ours		53-131						
Zone B								
Dents		95-> 350						
Os		128-240			182-228	267-337	195-323	
		142-240			182-194	267-298	195-216	> âges EU
		128-136			219-228	333-337	315-323	> âges LU

Tab. 2: Ages obtenus sur calcite, ossements et dents à partir de différentes méthodes de datation

appelé colada) donnent des âges compris entre 90 et 200 ka (en prenant en compte les domaines d'erreur). Les rapports isotopiques indiquent que ces échantillons sont contaminés par du thorium exogène ce qui diminue la fiabilité des résultats. Enfin, un échantillon provenant de la croûte stalagmitique CPV donne un âge compris entre 60 et 110 ka. Mais il est également contaminé. Plusieurs fragments de restes humains ont été analysés par les méthodes fondées sur les déséquilibres dans les familles de l'uranium (spectrométries alpha et gamma, et spectrométrie de masse par thermo-ionisation, TIMS), (Voir fig. 4). Les âges obtenus par TIMSdans les zones A et B sont compris entre 108 et 221 ka. Ils sont en contradiction avec l'âge obtenu par spectrométrie gamma non destructive sur l'un des premiers fossiles découverts, AT75, qui est de 320 +233 / -73 ka (U-Th) et supérieur à 175 ka par U-Pa (Yokoyama, 1989). Enfin, des analyses combinées (RPE et U-Th) sur ossements et dents d'ours provenant de la zone B (fig. 4) ont donné des âges compris entre 200 et 300 ka. Ces données suggèrent que les ours sont entrés dans la grotte il y a plus de 300 ka et l'ont fréquentée pendant près de 100 ka. D'autre part, les relations stratigraphiques mettent en évidence que les hommes ont «fréquenté» la grotte avant les ours.

Arago

La caune de l'Arago est située sur la commune de Tautavel à 30 km au nord-ouest de Perpignan. Une série de huit carottages a permis de réaliser une étude complète sur l'épaisseur totale du remplissage et la stratigraphie des dépôts quaternaires qui a été décrite par ailleurs (Voir Lumley *et al.*, 1984). La datation de ce site a commencé avec le colloque international de Tautavel organisé en 1981 (Lumley et Labeyrie, 1981). Plus de 250 échantillons ont été sélectionnés et pas moins de 550 analyses ont été effectuées par une vingtaine de laboratoires internationaux utilisant plusieurs méthodes telles que les séries de l'uranium (U-Th), la thermoluminescence (TL), la résonance paramagnétique électronique (RPE), les traces de fission (TF), la racémisation des acides aminés (RAA). La grande dispersion des résultats obtenus fut à l'origine d'un débat concernant l'âge de ce site et en particulier l'âge des restes humains découverts quelques années auparavant (Yokoyama *et al.*, 1982 ; Shen, 1985).
Depuis, de gros efforts ont été consentis afin de tenter de comprendre et améliorer les résultats obtenus. C'est ainsi que plusieurs thèses ont été soutenues et de nombreuses campagnes de prélèvement d'échantillons ont été effectuées.

Nous présentons ici un bilan des résultats obtenus par U-Th sur le plancher stalagmitique (Ensemble IV) situé à la base du complexe stratigraphique supérieur et qui clôt les couches contenant les restes humains.

Échantillons analysés

Un grand nombre d'échantillons de calcite a été prélevé dans le pilier stalagmitique nord (fig. 5). En effet, à la suite du creusement d'une tranchée et de plusieurs carottages réalisés au sein de cette formation, il a été possible d'effectuer près de 50 prélèvements permettant de faire une comparaison des résultats obtenus par la méthode des séries de l'uranium (U-Th) dans différents laboratoires. Cette tranchée est orientée sud-sud-ouest/nord-nord-est. Le pilier stalagmitique est observable sur près de deux mètres et atteint une épaisseur de plus de 50 cm près de la paroi. La majorité des échantillons a été prélevée sur la paroi ouest du pilier. Quelques uns proviennent de la paroi est. C'est le cas notamment des échantillons extraits de la carotte 17. Quelques analyses par RPE ont également été effectuées à titre de comparaison (Falguères, 1986).
Les échantillons dénommés PB ont été analysés au laboratoire de l'US Geological Survey à Menlo Park, Etats-Unis. Les échantillons PK ont été mesurés à University of Southern California de Los Angeles, Etats-Unis. Enfin, les calcites intitulées YC, SH et CF ont été analysées au Centre des faibles Radioactivités de Gif-sur-Yvette, France.

Résultats et discussion

Le tableau 3 présente les teneurs en uranium, les rapports isotopiques et les âges de tous les échantillons étudiés. La teneur en uranium est homogène et varie de 0.13 à 1.23 ppm. De rares échantillons présentent une teneur plus élevée comprise entre 1.49 et 3.30 ppm d'uranium. Les rapports $^{234}U/^{238}U$ varient de 1.02 à 1.19. Les échantillons sont en général bien cristallisés et la contamination détritique du thorium est relativement peu importante. Les rapports $^{230}Th/^{232}Th$ inférieurs à 15 indiquent une contamination suffisante pour rendre les âges incertains (Bischoff et Fitzpatrick, 1991). Parmi les 46 échantillons analysés, 9 seulement ont des rapports inférieurs ou égaux à 15. Pour ces derniers, les âges ont été corrigés selon le schéma appliqué aux carbonates impurs, proposé par Ku et Liang (1984).

Les âges obtenus s'échelonnent de 104 ka à plus de 350 ka. À première vue, ils sont difficilement interprétables étant donné les résultats très différents qui sont observés pour des échantillons très proches (exemple de PB5a et de PB5b). Une étude stratigraphique a montré que cette formation est constituée par «une série de planchers

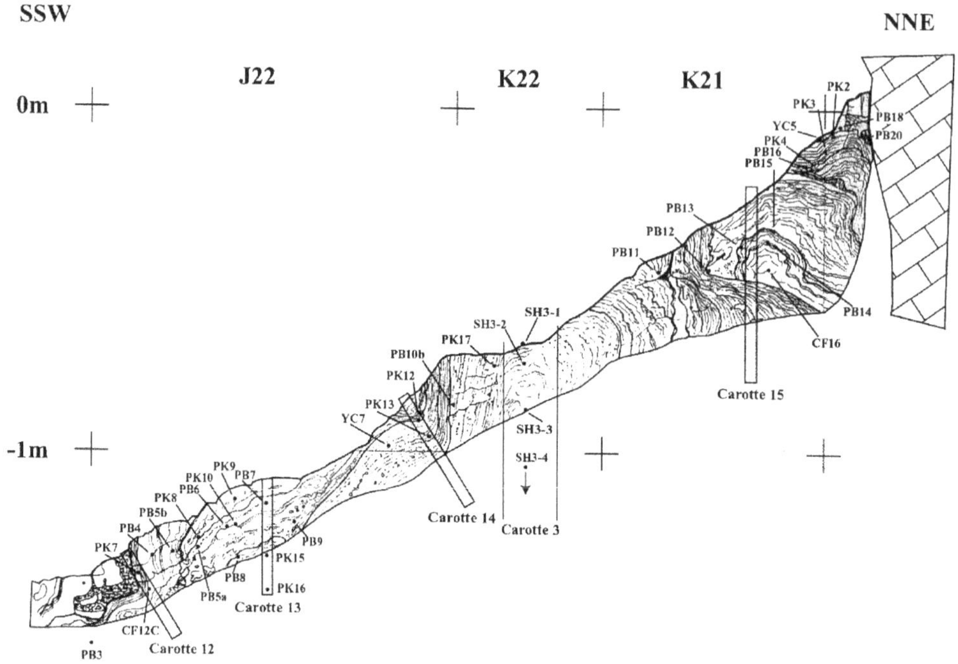

Fig. 5 : Localisation des échantillons analysés dans le pilier stalagmitique nord, paroi ouest de la tranchée, caune de l'Arago.

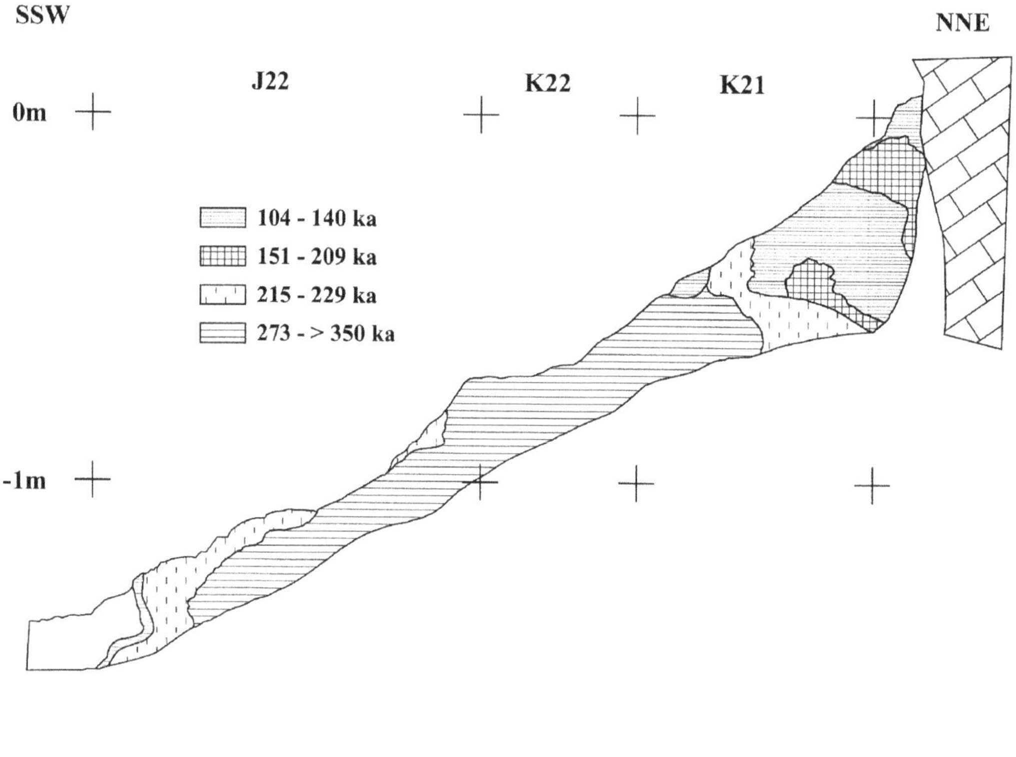

Fig. 6 : Différentes phases de croissance de la calcite de la tranchée du pilier stalagmitique nord, paroi ouest.

PB	PK	CF	SH	Zone	Uppm	U-234/U-238	Th230/U234	Th-230/Th-232	AGE kans
PB3				I22	0.34	1.13 ± 0.03	1.10 ± 0.04	8	> 350
PB4				J22	0.60	1.07 ± 0.02	0.97 ± 0.03	30	321 +202 -69
PB5a				J22	0.14	1.03 ± 0.04	1.10 ± 0.05	37	> 350
PB5b				J22	0.27	1.07 ± 0.03	0.88 ± 0.04	85	215 +84 -48
PB6				J22	0.29	1.09 ± 0.02	1.03 ± 0.03	11	> 350
PB7				J22	1.49	1.06 ± 0.01	0.97 ± 0.03	15	336 +141 -91
PB8				J22	0.55	1.00 ± 0.02	0.97 ± 0.03	7	> 350
PB9				J22	0.58	1.09 ± 0.02	0.90 ± 0.03	23	235 +71 -43
PB10b				J22	0.65	1.09 ± 0.01	0.96 ± 0.02	27	300 +39 -26
PB11				K21	1.38	1.17 ± 0.01	0.69 ± 0.02	19	122 +13 -12
PB12				K21	0.35	1.07 ± 0.02	0.89 ± 0.03	12	229 +52 -35
PB13				K21	0.67	1.14 ± 0.02	0.67 ± 0.02	24	118 +12 -11
PB14				K21	0.59	1.14 ± 0.02	0.68 ± 0.02	22	120 +12 -11
PB15				K21	0.26	1.13 ± 0.02	0.63 ± 0.02	18	104 +10 -9
PB16				K21	0.29	1.06 ± 0.03	0.77 ± 0.02	15	157 +12 -10
PB17				K21	0.51	1.06 ± 0.03	0.73 ± 0.02	>100	139 +10 -8
PB18				L21	0.51	1.16 ± 0.04	0.80 ± 0.03	30	164 +14 -11
PB19				I22	0.89	1.02 ± 0.02	0.98 ± 0.04	7	> 350
PB20				L21	0.52	1.14 ± 0.02	0.76 ± 0.03	21	149 +21 -17
PB32				K21	0.33	1.17 ± 0.02	0.69 ± 0.03	19	122 +17 -14
	PK2			L21	0.28	1.16 ± 0.03	0.68 ± 0.02	76	119 + - 5
	PK3			L21	0.25	1.11 ± 0.02	0.77 ± 0.01	62	151 + - 6
	PK4			K21	0.33	1.13 ± 0.04	0.88 ± 0.02	79	209 +17 -15
	PK5			K21	0.28	1.11 ± 0.03	0.71 ± 0.02	77	130 +6 -5
	PK6			K21	0.18	1.13 ± 0.05	0.74 ± 0.03	9	141 + - 12
	PK7			J22	0.20	1.07 ± 0.04	0.73 ± 0.04	18	140 + - 13
	PK8			J22	0.16	1.06 ± 0.03	0.89 ± 0.02	23	226 +21 -18
	PK9			J22	0.27	1.06 ± 0.05	0.76 ± 0.03	14	152 + - 12
	PK10			J22	1.84	1,03 ± 0.03	0.97 ± 0.03	31	354 +110 -54
	PK12			J22	0.13	1,08 ± 0.04	0.94 ± 0.03	16	273 +50 -35
	PK13			J22	0.14	1,07 ± 0.04	0.95 ± 0.03	16	289 +50 -35
	PK15			J22	1.74	1,12 ± 0.04	1.00 ± 0.03	73	368 +133 -61
	PK16			J22	1.23	1.19 ± 0.03	1.09 ± 0.03	50	> 550
	PK17			K22	0.28	1.10 ± 0.03	1.00 ± 0.04	16	383 +ind. -91
		CF12C		J22					224 + - 31
		CF16		K21					159 + -17
		CF17A		K21					157 + - 22
			SH3-1	K22	0.23	1.12 ± 0.03	1.00 ± 0.04	35	369 +139 -87
			SH3-2 (1)	K22	0.28	1.09 ± 0.03	1.06 ± 0.04	49	> 350
			SH3-2 (2)		0.28	1.06 ± 0.03	1.01 ± 0.04	31	> 317
			SH3-3 (1)	K22	0.21	1.06 ± 0.02	1.13 ± 0.05	23	> 350
			SH3-3 (2)		0.22	1.14 ± 0.04	0.99 ± 0.04	35	330 +203 -67
			SH3-4	K22	3.30	1.12 ± 0.02	1.05 ± 0.04	70	> 350
			YC5 (1)	K21	0.33	1.11 ± 0.03	0.68 ± 0.03	> 200	119 +11 -10
			YC5 (2)		0.36	1.11 ± 0.03	0.73 ± 0.03	> 100	138 +12 -11
			YC7 (1)	J22	0.30	1.07 ± 0.01	0.98 ± 0.02	26	341 +55 -36
			YC7 (2)		0.31	1.06 ± 0.01	1.04 ± 0.03	16	> 350
			YC7 (3)		0.30	1.04 ± 0.01	1.13 ± 0.02	17	> 350
			YC7 (4)		0.31	1.06 ± 0.04	1.04 ± 0.05	19	> 350

Tab. 3: Teneur en uranium, rapports isotopiques et âges des échantillons étudiés pour le pilier nord

stalagmitiques feuilletés et interstratifiés de dépôts détritiques formés essentiellement par des sables limono-argileux» (Lumley *et al.*, 1984). Les âges U-Th obtenus ont été soigneusement étudiés en fonction des couches observées sur le terrain. Plusieurs groupes d'âges peuvent être différenciés (fig. 6). Le premier qui correspond à la partie centrale (lignes parallèles et horizontales sur la figure 6) donne des âges systématiquement supérieurs à 300 ka. Le deuxième indique des âges resserrés entre 215 et 230 ka (lignes discontinues verticales). Le troisième groupe comprend des âges qui s'échelonnent entre 100 et 200 ka. Cette répartition est cohérente avec la stratigraphie. En effet, une épaisse stalagmite se serait formée à la base du plancher et dont la partie sommitale aurait été érodée. Puis, sur les parties externes de cette formation se seraient déposées des couches plus récentes. La quasi totalité des âges U-Th est en accord avec ce mode de formation étant donné que les âges sont donnés avec un sigma d'erreur. La stalagmite de base se serait développée au cours d'une période contemporaine du stade isotopique 9 ou plus ancienne. Ensuite, les données radiométriques obtenues sur les couches représentées par des lignes discontinues verticales (fig. 6) indiquent que ces niveaux se seraient déposés au cours du début du stade isotopique 7. Puis la partie représentée par un quadrillage serait contemporaine de la fin du stade isotopique 7. Enfin, la partie la plus récente se serait déposée au cours du dernier interglaciaire (stade isotopique 5).

Cette étude est intéressante à plusieurs titres. Premièrement, elle permet d'assigner un âge supérieur à 350 ka aux restes humains trouvés dans le sol G de l'ensemble III sous-jacent à la formation stalagmitique. Elle confirme ainsi les âges précédents de 455 ka obtenus par spectrométrie gamma non destructive directement sur le crâne Arago XXI (Yokoyama et Nguyen, 1981). Ces données sont également en accord avec les âges RPE obtenus sur des quartz éoliens prélevés entre les sols E et F de 430 ± 85 ka (Yokoyama *et al.*, 1985). Il n'est cependant pas possible, compte tenu des marges d'erreur importantes, de préciser si le sol G qui contient les restes humains s'est déposé au cours du stade isotopique 10 ou 12.

Deuxièmement, les données U-Th suggèrent que les différentes couches calcitiques se sont formées au cours de périodes tempérées humides exception faite pour les couches représentées par un quadrillage dans lesquelles quelques âges U-Th sont contemporains d'une période correspondant au stade isotopique 6. Ces échantillons sont tous situés près de la paroi NNE de la grotte et des phénomènes de percolation entraînant vraisemblablement des recristallisations localisées peuvent avoir contribué à un léger rajeunissement de ces âges.

Visogliano

Ce gisement est situé sur le karst de Trieste, nord-est de l'Italie, sur le flanc d'une petite doline. Il est composé de deux dépôts distincts : le premier constitue le remplissage d'un abri de 8 m d'épaisseur (couches A). Le second dépôt (couches B) a été découvert de façon fortuite sous les débris rocheux d'une carrière d'onyx calcaire. Ces deux séries stratigraphiques sont séparées par une érosion profonde remplie de terre rouge et de gros blocs calcaires qui empêchent d'établir une relation stratigraphique franche entre elles (Cattani *et al.*, 1991 ; Tozzi, 1995). Les premières observations ont permis de distinguer trois unités dans le remplissage.

- Un dépôt stalagmitique épais d'au moins un mètre à la base, appelé «Onyx».
- Les couches B se superposent vraisemblablement à l'onyx sans qu'un contact évident n'ait été observé cependant. Elles sont formées d'une brèche à éléments grossiers enrobés dans une matrice. Les couches sont inclinées vers l'intérieur de la cavité.
- Les couches A, situées à une vingtaine de mètres des couches précédentes sont visibles dans l'abri. Les niveaux inférieurs (couches 45-40) sont caractérisés par des sédiments, des pollens et une faune suggérant des conditions climatiques tempérées. Au-dessus, une alternance de phases froides et de phases froides et sèches incluant des événements d'effondrement du plafond et de dépôts de lœss se succèdent tout au long de la partie moyenne du remplissage (couches 39-24). L'assemblage faunique se compose d'espèces steppiques telles que *Ochotona, Citellus, Microtus gregalis, Equus* et *Ovis ammon antiqua.* Le remplissage supérieur (couches 24-11) débute par une couverture d'argile rubéfiée et laminée.

Elle est suivie des dépôts de gélifraction constitués d'éléments clastiques. La séquence se termine par des colluvions argileuses. La présence de *Ursus deningeri, Cervus elaphus acoronatus, Dama clactoniana, Sorex runtonensis, Arvicola cantiana, Pliomys episcopalis* indique que la séquence peut être attribuée au Pléistocène moyen moyen. De plus, les changements obser-vés dans l'évolution dentaire de *Arvicola cantiana* suggèrent de placer la séquence de Visogliano entre la phase d'Isernia-Mosbach et la phase des travertins inférieurs d'Ehringsdorf, ce qui correspond aux stades isotopiques 13-12 ou 11-10 (Maul *et al.*, 1998).

L'assemblage lithique des couches inférieures, constitué de choppers, éclats peu retouchés et quelques proto-bifaces est principalement taillé en calcaire local. À partir de la couche 39, le silex devient dominant et l'assemblage est fortement microlithique avec un fort pourcentage de denticulés. Dans les niveaux supérieurs, l'industrie peut être attribuée au Tayacien.

Cinq dents et un fragment de mandibule humains attribués à *Homo erectus* ont été exhumés des niveaux inférieurs (couches B).

Résultats préliminaires

Plusieurs dents de grands herbivores (cheval, rhinocéros, cerf) ont été analysées par les méthodes U-Th et RPE combinées. Ces échantillons proviennent des couches 44, 41, 38, 24, 15, 13 et 11 (fig. 7). Le tableau 4 montre les teneurs en uranium, les rapports isotopiques et les paléodoses des échantillons. Les teneurs en uranium sont comprises entre 0.7 et 7.7 ppm dans l'émail, 62 et 157 ppm dans la dentine. La teneur en uranium est moins importante dans le cément que dans la dentine d'environ 20 % pour les deux dents Vi9807 et Vi9806. Le tableau 5 indique les âges

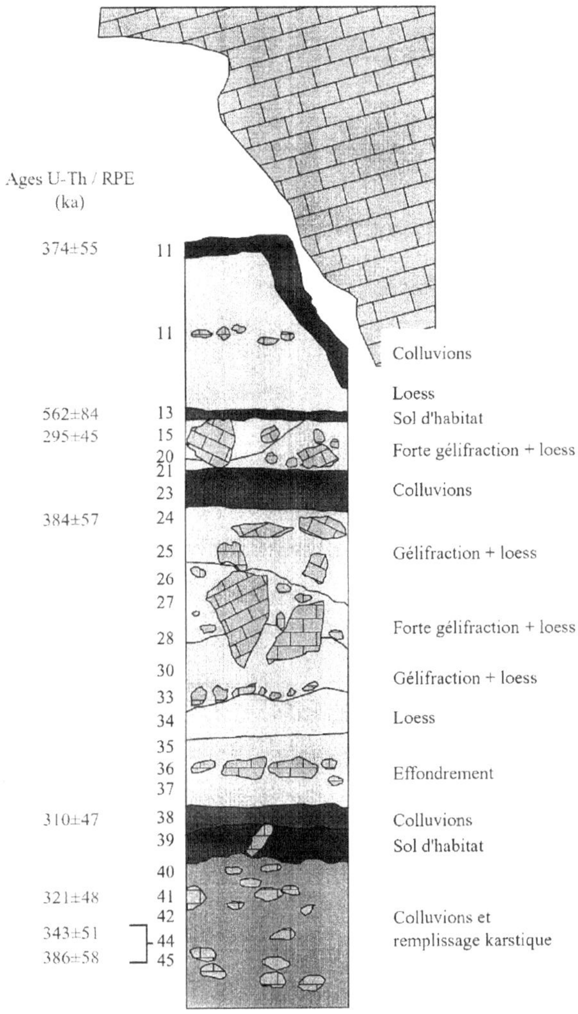

Fig. 7 : Schéma stratigraphique et âges radiométriques préliminaires obtenus à Visogliano.

obtenus par les différentes méthodes. Les âges U-Th obtenus sur l'émail sont systématiquement plus jeunes que ceux obtenus par RPE EU, ce qui suggère une incorporation d'uranium postérieure à l'enfouissement des échantillons et qui a directement affecté les âges U-Th. La combinaison des données U-Th et des données RPE a permis de déterminer un facteur p d'incorporation de l'uranium pour chaque tissu dentaire. Pour les couches les plus anciennes (44 et 41), les âges combinés oscillent entre 386 ± 58 ka et 321 ± 48 ka et sont relativement reproductibles. Les données de la grande faune et les mesures effectuées sur l'épaisseur de l'émail des rongeurs placent ces couches entre 500 et 350 ka (Maul *et al.*, 1998). La valeur mesurée de la teneur en eau du sédiment correspond vraisemblablement à une valeur minimale et les âges présentés sont donc des âges minimum. Nous avons posé récemment des dosimètres dans ces niveaux afin de vérifier la valeur de la dose gamma reçue par les échantillons. Il faut souligner cependant que la forte teneur en uranium dans les dents réduit considérablement la contribution de la dose due au sédiment qui est comprise entre 15 et 30% de la dose totale. Pour les couches les plus récentes, les âges combinés ne croissent pas en fonction de la profondeur et ne sont pas reproductibles. En effet, seuls les résultats obtenus pour les échantillons Vi9804 et Vi9806 semblent être cohérents avec les âges obtenus pour les couches inférieures. D'après ces résultats et bien qu'il existe une lacune sédimentaire entre les couches 40 et 39, il semble que peu de temps se soit écoulé entre le dépôt des dernières couches inférieures et le dépôt des premières couches supérieures. L'échantillon Vi9805 présente un âge de 384±57 ka. Pour cette dent recueillie à la base de la couche 24, l'estimation de la dose gamma a été faite seulement à partir des sédiments lœssiques associés. La valeur obtenue est sans doute sous estimée en raison de la proximité de niveaux argileux qui n'ont pas été pris en compte dans le calcul de l'âge. Celui-ci pourrait donc être surestimé. Un dosimètre a été placé récemment et sa lecture donnera une vision plus réaliste de la dose qu'a reçue cette dent. Les échantillons Vi9807 et Vi9808 proviennent de fouilles anciennes et leur position stratigraphique n'a pas pu être clairement établie. Les âges trop anciens ne peuvent être pris en compte pour le moment et nous analyserons prochainement de nouvelles dents exhumées au cours des dernières campagnes de fouille.

Les âges obtenus pour les couches 44 et 41 suggèrent que ces couches se sont déposées au cours d'une période contemporaine du stade isotopique 11-10 avec les restrictions mentionnées ci-dessus. Ils confèrent un âge minimum aux restes humains et confirment un âge supérieur à 350 ka pour l'homme de Visogliano.

4. BILAN GÉNÉRAL

L'application des méthodes RPE et U-Th sur les trois sites étudiés permet de confirmer l'hypothèse d'une chronologie longue en Europe occidentale. En effet, les dates obtenues sur Gran Dolina assignent un âge compris entre 780 et 860 ka pour TD6 qui contient les restes humains d'*Homo antecessor*. La couche TD8 est datée avec une excellente reproductibilité à 600 ka, niveau dans lequel est observée la disparition de *Mimomys savini*.

À la Sima de los Huesos, les couches fossilifères sont datées entre 200 et 300 ka, ce qui correspond à la période d'occupation des couches supérieures de Gran Dolina (TD11).

Entre les deux, les restes humains de la caune de l'Arago (Sol G) et ceux de Visogliano sont quasiment contemporains (fig. 8).

	Age RPE (ka)		Age U-Th (ka)			RPE and U-Th combiné			
	EU	LU	Email	Dentine	Cément	p émail	p dentine	p cément	Age (ka)
Vi9808	361±38	408±43	223 +81/-43	> 350	---	- 0.720	- 1.000	---	374±55
Vi9807	347±38	551±60	147 +14/-13	210 +18/-16	188 +14/-12	+0.342	- 0.384	- 0.237	562±84
Vi9806	226±24	348±36	151 +13/-12	152 +8/-7	174 +15/-13	- 0.477	- 0.470	- 0.642	295±45
Vi9805	339±37	483±53	245 +40/-29	227 +18/-15	---	- 0.784	- 0.718	---	384±57
Vi9804	278±30	387±41	207 +32/-24	218 +21/-18	---	- 0.769	- 0.807	---	310±47
Vi9803	254±27	421±44	180 +21/-17	218 +18/-15	---	- 0.597	- 0.778	---	321±48
Vi9802	265±29	414±45	170 +23/-19	295 +48/-35	---	- 0.479	- 0.940	---	343±51
Vi9801	267±29	475±52	178 +17/-15	190 +10/-9	---	- 0.451	- 0.504	---	386±58

Tab. 5 : Ages obtenus par les différentes méthodes pour les dents de Visogliano. Pour la détermination des âges par les données combinées, le facteur p a été calculé pour les différents tissus. Les erreurs sur les âges combinés sont estimées à 15%.

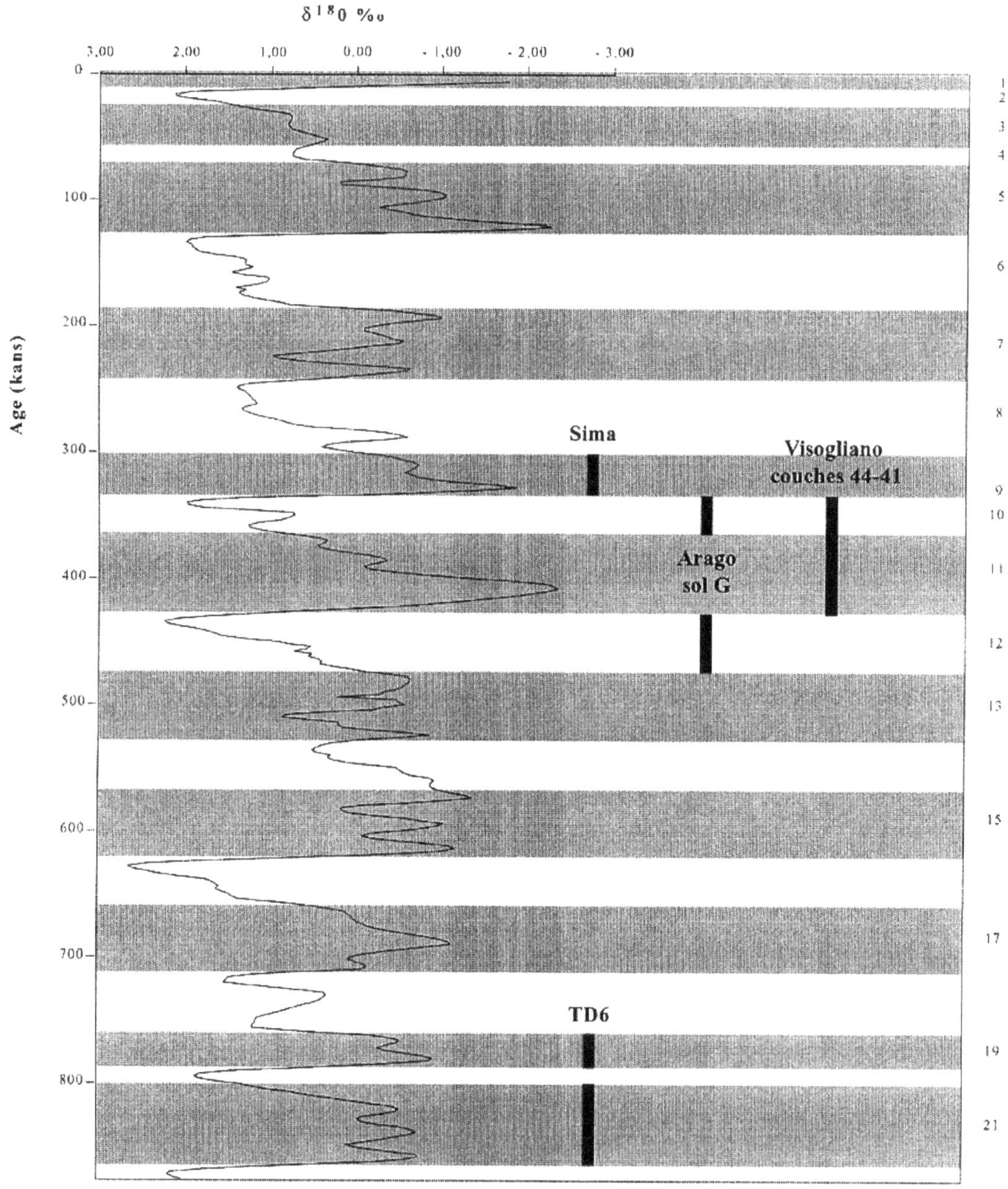

Fig. 8 : Position chronologique des couches à restes humains des sites étudiés par rapport à la courbe isotopique marine (d'après Bassinot *et al.*, 1994).

À la caune de l'Arago, les analyses U-Th ont été effectuées dans trois laboratoires différents ce qui permet d'accorder une crédibilité supplémentaire à cette étude d'un point de vue méthodologique. D'autre part, les résultats, obtenus par RPE sur quelques échantillons, sont cohérents avec les données U-Th (Falguères, 1986).
Ce faisceau de dates est également en accord avec les données de la faune qui attribuent un âge compris entre 500 et 350 kans pour le complexe stratigraphique moyen (Crégut, 1980 ; Guérin, 1987). À la base, la faune est caractérisée par de nombreux carnivores dont *canis lupus mosbachensis* et *Ursus deningeri*, associés à de grands herbivores, qui confère à cette faune un cachet de transition entre les faunes cromériennes et celles qui s'installent dans la deuxième moitié du Pléistocène (Moigne *et al.*, 2000). Les premières analyses de rongeurs ont permis d'établir des analogies entre les couches H à D de l'Arago et la couche H d'Orgnac III par la présence *de Microtus gregalis* notamment (Chaline, 1981). La datation d'un plancher stalagmitique situé stratigraphiquement sous la couche H lui attribue un âge maximum de 300-350 kans (Falguères *et al.*, 1988).
Les données radiométriques confirment également l'âge obtenu par spectrométrie gamma non destructive sur le crâne Arago XXI de 450 kans (Yokoyama & Nguyen, 1981). Cet ensemble de données situe l'occupation humaine trouvée dans le sol G au cours du stade isotopique 12 ou 10.

À Visogliano, les résultats obtenus sur les dents des couches inférieures (44 et 41) permettent d'attribuer un âge minimum aux restes humains trouvés dans les couches B qui serait contemporain du stade isotopique 11-10.

L'ensemble de ces résultats apporte ainsi une contribution importante à la connaissance de l'évolution de l'homme au cours du Pléistocène moyen en Europe en positionnant de façon directe (datation sur dents) ou indirecte (datation sur calcite) les restes humains fossiles.

BIBLIOGRAPHIE

AGUIRRE E., BASABE J.M. et TORRES T. (1976) - Los fosiles humanos de Atapuerca. *Zephyrus* 26-27, p. 489-511.

ARSUAGA J.L., MARTINEZ I., GRACIA A., CARRETERO J.M., LORENZO C., GARCIA N. et ORTEGA A.I. (1997) - Sima de los Huesos (Sierra de Atapuerca, Spain). The site. *Journal of Human Evolution*, 33, p. 109-127.

BASSINOT F.C., LABEYRIE L., VINCENT E., QUIDELHEUR X., SHACKLETON N.J. et LANCELOT Y. (1994) - The astronomical theory of climate and the age of the Brunhes-Matuyama magnetic reversal. *Earth Planet. Sci. Let.* 126, p. 91-108.

BERMUDEZ De CASTRO J.M., ARSUAGA J.L., CARBONELL E. ROSAS A., MARTINEZ I. et MOSQUERA M. (1997) - A hominid from the Lower Pleistocene of Atapuerca, Spain : possible ancestor to Neandertals and Modern Humans. Science, 276, p. 1392-1395.

BISCHOFF J.L. et FITZPATRICK J. (1991) - U-series dating of impure carbonates : An isochron technique using total-sample dissolution. *Geochimica et Cosmochimica Acta*, 55, p. 543-554.

BISCHOFF J.L., FITZPATRICK J.A., LEON L., ARSUAGA J.L., FALGUÈRES C., BAHAIN J.J. et BULLEN T. (1997) - Geology and preliminary dating of the hominid-bearing sedimentary fill of the Sima de los Huesos chamber, Cueva Mayor of the Sierra de Atapuerca, Burgos, Spain. *Journal of Human Evolution*, 33, p. 129-154.

BISCHOFF J.L. et ROSENBAUER R.J. (1981) - Uranium-series dating of human skeletal remains from the Del Mar and Sunnyvale sites, California. *Science*, 213, p. 1003-1005.

CARBONELL E., BERMUDEZ de CASTRO J.M., ARSUAGA J.L., DIEZ J.C., ROSAS A., CUENCA-BESCOS G., SALA R., MOSQUERA M. et RODRIGUEZ X.P. (1995) - Lower Pleistocene hominids and artifacts from Atapuerca-TD6 (Spain). *Science* 269, p. 826-830.

CARBONELL E., ESTEBAN M., MARTIN NAJERA A., MOSQUERA M., RODRIGUEZ X.P., OLLE A., SALA R., VERGES J.M., BERMUDEZ De CASTRO J.M. et ORTEGA A.I. (1999a) - «The Pleistocene site of Gran Dolina, Sierra de Atapuerca, Spain : a history of the archaeological investigations». *Journal of Human Evolution*, 37, p. 313-324.

CARBONELL E., GARCIA-ANTON M.D., MALLOL C., MOSQUERA M., OLLE A., RODRIGUEZ X.P., SAHNOUNI M., SALA R. et VERGES J.M. (1999b) - The TD6 level lithic industry from Gran Dolina, Atapuerca (Burgos, Spain) : Production and use. *Journal of Human Evolution*, 37, p. 653-693.

CATTANI L., CREMASCHI M., FERRARIS M.R., MALLEGNI F., MASINI F., SCOLA V. et TOZZI C. (1991) - Le gisement du Pléistocène moyen de Visogliano (Trieste) : Restes humains, industries, environnement. L'*Anthropologie*, 95, n° 1, p. 9-36.

CUENCA-BESCOS G., LAPLANA C. et CANUDO J.I. (1999) - Biochronological implications of the Arvicolidae (Rodentia, Mammalia) from the Lower Pleistocene hominid-bearing level of Trinchera Dolina 6 (TD6, Atapuerca, Spain) - *Journal of Human Evolution* 37, p. 353-373.

ENCA-BESCOS G., LAPLANA C., CANUDO J.I. et ARSUAGA J.L. (1997) - Small mammals from Sima de los Huesos. *Journal of Human Evolution* 33, p. 175-190.

CHALINE J. (1981) - Les rongeurs de la Caune de l'Arago à Tautavel et leur place dans la biostratigraphie européenne. In : *Absolute dating and Isotope Analysis in Prehistory - Methods and limits* (eds H. de Lumley and J. Labeyrie), Prétirage, CNRS, Paris, p. 193-203.

CRÉGUT E. (1980) - La faune de mammifères du gisement pléistocène moyen antérissien de la Caune de l'Arago (Tautavel, Pyrénées-Orientales, France). *Comptes Rendus Académie des Sciences de Paris*, 290, série D, p. 751-754.

FALGUÈRES C. (1986) - *Datation des sites acheuléens et moustériens du midi méditerranéen par la méthode de résonance de spin électronique.* Thèse de Doctorat du Muséum National d'Histoire Naturelle, Paris, 173 p., non publiée.

FALGUÈRES C., BAHAIN J.J., YOKOYAMA Y., ARSUAGA J.L., BERMUDEZ de CASTRO J.M., CARBONELL E., BISCHOFF J.L. et DOLO J.M. (1999) - Earliest humans in Europe : the age of TD6 Gran Dolina, Atapuerca, Spain. *Journal of Human Evolution* 37, p. 343-352.

FALGUÈRES C., SHEN G. et YOKOYAMA Y. (1988) - Datation de l'aven d'Orgnac III : comparaison par les méthodes de la résonance de spin électronique (ESR) et du déséquilibre des familles de l'uranium. L'*Anthropologie*, 92, p. 727-731.

GARCIA N. et ARSUAGA J.L. (1999) - Carnivores from the Early Pleistocene hominid-bearing Trinchera Dolina 6 (Sierra de Atapuerca, Spain). *Journal of Human Evolution* 37, p. 415-430.

GARCIA N., ARSUAGA J.L. et TORRES T. (1997) - The carnivore remains from the Sima de los Huesos Middle Pleistocene site (Sierra de Atapuerca, Spain). *Journal of Human Evolution* 33, p. 155-174.

GRÜN R., SCHWARCZ H.P. et CHADAM J. (1988) - ESR dating of tooth enamel : coupled correction for U-uptake and U-series disequilibrium. *Nuclear Tracks and Radiation Measurements*, 14, p. 237-241.

GUÉRIN C. (1987) - Biochronologie. In : *Géologie de la Préhistoire*, p. 931-935.

IKEYA M. (1982) - A model of linear uranium accumulation for ESR age of Heidelberg (Mauer) and Tautavel bones. *Japanese Journal of applied Physics*, 22, L763-L765.

IKEYA M. (1993) - New applications of electron Spin Resonance dating, dosimetry and microscopy. Singapore : *World Scientific.*

IVANOVICH M. et HARMON R.S. (1992) - *Uranium-series disequilibrium : Applications to Earth, Marine and Environmental Sciences*, 2nd Edition. Oxford, Clarendon Press.

KU T.L. et LIANG Z.C. (1984) - The dating of impure carbonates with decay-series isotopes. *Nucl. Instr. Meth. Phys. Res.*, 223, p. 563-571.

LUMLEY H. de, FOURNIER A., PARK Y.C., YOKOYAMA Y. et DEMOUY A. (1984) - Stratigraphie du remplissage pléistocène moyen de la caune de l'Arago à Tautavel. Etude de huit carottages effectués de 1981 à 1983. L'*Anthropologie*, 88, n° 1, p. 5-18.

LUMLEY H. de et LABEYRIE J. (1981) : *Absolute dating and Isotope Analysis in Prehistory - Methods and limits*, Prétirage, CNRS, Paris, 720 p.

MADE J. Van Der (1999) Ungulates from Atapuerca TD6. *Journal of Human Evolution* 37, p. 389-413.

MAUL L., MASINI F., ABBAZZI L. et TURNER A. (1998) - The use of different morphometric data for absolute age calibration of some south- and Middle European arvico-lid populations. *Palaeontographia Italica*, 85, p. 111-151.

MOIGNE A.M., BELDA V., BRIKI D, KACIMI S., LACOMBAT F., MOUTOUSSAMY J., QUILES J., RIVALS F. et TESTU A. (2000) - Les faunes de grands mammifères du Pléistocène moyen de la Caune de l'Arago (complexe stratigraphique moyen) à Tautavel. Leur place dans le cadre biostratigraphique et paléoclimatique du Quaternaire. Les horizons biostratigraphiques Arago CMI, CMII et CMIII. *Colloque International de Tautavel*, 10-15 avril 2000, communication orale.

PARES J.M. et PEREZ-GONZALES A. (1995) - Palaeomagnetic age for hominid fossils at Atapuerca archaeological site, Spain. *Science* 269, p. 830-832.

SHEN G. (1985) - *Datation des planchers stalagmitiques de sites acheuléens en Europe par les méthodes des déséquilibres des familles de l'uranium et contribution méthodologique.* Thèse de Doctorat d'Etat, Université Pierre et Marie Curie, Paris VI, non publiée, 162 pages.

TOZZI C. (1995) - Il Paleolitico inferiore e medio del Friuli Venezia Giulia. *Atti XXIII Riun. Ist. Ital. Preist. Protost.*, p. 21-36.

YOKOYAMA Y. (1989) - Direct gamma-ray spectrometric dating of Anteneandertalian and Neandertalian human remains. Hominidae. *Proceedings of the second International Congress of Human Palaeontology.* Milan, Jaca Book, p. 387-390.

YOKOYAMA Y., FALGUÈRES C. et QUAEGEBEUR J.P. (1985) - ESR dating of quartz from quaternary sediments : first attempt. *Nuclear Tracks*, 10, p. 921-928.

YOKOYAMA Y. et NGUYEN H.V. (1981) - Datation directe de l'Homme de Tautavel par la spectrométrie gamma, non destructive, du crâne humain fossile Arago XXI. *C.R. Acad. des Sc. de Paris*, 292, série III, p. 741-744.

YOKOYAMA Y., QUAEGEBEUR J.P., BIBRON R., LÉGER C., NGUYEN H.V. et POUPEAU G. (1982) - Datation du site de l'Homme de Tautavel par la résonance de spin électronique (ESR *C.R. Acad. des Sc. de Paris*, 294, série II, p. 759-764.

DATATION PAR LUMINESCENCE : UNE ÉVALUATION DE LA REPRÉSENTATIVITÉ DES RÉSULTATS DE DATATION ET DE LEURS INCERTITUDES

Pierre GUIBERT (*), Céline ROQUE (*), Emmanuel VARTANIAN (*), Françoise BECHTEL (*), Max SCHVOERER (*)

RÉSUMÉ

La signification des incertitudes de datation constitue une interrogation commune aux chronologistes et aux spécialistes du passé. Nous avons tenté de répondre à cette question selon deux approches expérimentales. D'une part, des expériences d'intercomparaison de mesures de radioactivité et des mesures d'âge impliquant plusieurs laboratoires et méthodes, ont été mises en oeuvre. D'autre part, plus spécifiquement dans le cadre de la datation par thermoluminescence, deux importants problèmes posés par les conditions de gisement ont été examinés : celui de l'évolution géochimique du milieu d'enfouissement et celui du remplissage des niveaux archéologiques par des matériaux de radioactivité contrastée. Des solutions ont été proposées et testées au cours de ce travail.
D'une manière globale, les mesures de radioactivité obtenues par des équipes différentes, ou les datations réalisées en commun et/ou sur des échantillons différents représentatifs du même événement à dater sont en accord, c'est-à-dire que les intervalles d'incertitude correspondants se recouvrent. Cela signifie que les sources de variabilité ont donc été correctement caractérisées et évaluées, impliquant, pour les expériences décrites et les sites étudiés, une représentativité correcte des incertitudes et des résultats de datation.

ABSTRACT

One of the main questions which is common to chronologists and archaeologists, is the meaning of the uncertainties of dating results. Answering to that question has been attempted by a combination of different experimental approaches. Firstly, intercomparisons of radioactivity and age measurements have been carried out by different laboratories and methods. Secondly, within the framework restricted to luminescence dating methods, two important problems of accuracy posed by burial conditions, have been addressed: the geochemical evolution and the radioactive inhomogeneity of the archaeological layers. Methodological solutions have been proposed and their reliability verified.

As a general observation, the radioactivity or the age measurements that have been obtained by different laboratories are in good agreement, in the view of the actual capabilities of the methods employed. This means that the sources of variability in radioactivity and/or age measurements were successfully characterized and their effects were correctly evaluated.

1. PROBLÉMATIQUE ET OBJECTIFS MÉTHODOLOGIQUES

L'évaluation des incertitudes en datation représente un enjeu fondamental pour la connaissance du passé. En effet, l'élaboration de modèles de peuplement, de diffusion d'un trait culturel..., ou plus généralement l'élaboration d'un modèle de progression d'un événement archéologique particulier, repose sur l'utilisation d'échelles chronologiques établies à partir de méthodes de datation différentes et/ou par des laboratoires différents. L'exploitation de ces données pose notamment le problème de la connaissance et de la compréhension d'éventuels écarts entre résultats de datation. C'est en fait la perception des incertitudes et de ce qu'elles signifient qui doit être affinée.

Des questions d'ordre fondamental sont ainsi posées dont la principale concerne la signification et la validité de l'incertitude affectée au résultat de la datation ; autrement dit, l'incertitude proposée, qui est calculée à partir des fluctuations connues et/ou estimées des paramètres pris en compte dans la datation, représente-t-elle correctement l'étendue de l'erreur susceptible d'être commise dans la détermination de l'âge ? En particulier, comment évaluer et tenir compte de l'évolution du milieu, des variations des conditions de conservation au cours du temps ?

Nous proposons d'examiner ces questions à partir de l'étude du matériel archéologique recueilli sur deux sites de référence :
à la Grotte XVI, site paléolithique dans la commune de Cénac et St-Julien, en Dordogne, (fouilles J.Ph. Rigaud, Institut de Préhistoire et de Géologie du Quaternaire, UMR CNRS 5808, Talence),
sur le site néolithique de Matera-Trasano (fouilles J. Guilaine, Centre d'Anthropologie des Sociétés Rurales, UPR CNRS 239, Toulouse).

En premier lieu nous nous sommes intéressés aux incertitudes de mesure. L'opération proposée consistait en une comparaison interlaboratoire de mesures de radioactivité naturelle et de dose annuelle d'irradiation, grandeurs physiques qu'il est nécessaire de déterminer au cours de toute datation par luminescence ou par RPE.
Au-delà de ces aspects purement techniques et instrumentaux, nous avons exploré également des

(*) UMR 5060 Institut de Recherche sur les Archéomatériaux - Université de Bordeaux 3 – CNRS - CRPAA (Centre de recherche en Physique Appliquée à l'Archéologie) - Maison de l'Archéologie, Esplanade des Antilles - 33607 Pessac cedex

problèmes de représentativité des mesures de radioactivité liés aux conditions de gisement : nous avons ainsi tenté d'évaluer l'impact de phénomènes dispersifs sur la précision de la datation tels que, d'une part, la migration de radioéléments dans le milieu d'enfouissement et, d'autre part, l'hétérogénéité lithologique du remplissage sédimentaire dans lequel a été mis au jour le matériel datable.

Une analyse «a posteriori» des résultats de datation complète l'étude de la représentativité des mesures. Nous abordons ainsi les questions de normalité, au sens statistique, de la distribution de séries de dates supposées caractériser le même événement chronologique. Pour une même méthode de datation, ici la thermoluminescence, nous tenterons donc, grâce à une analyse de dispersion, d'évaluer la qualité des datations proposées pour des foyers moustériens à la Grotte XVI en Dordogne (Rigaud *et al.*, 1995), et pour les premières implantations néolithiques à Matera Trasano, en Basilicate, Italie (Guilaine, 1996).

Enfin, nous comparerons les résultats de datation obtenus par des méthodes différentes, thermoluminescence et radiocarbone, relatifs aux premières implantations néolithiques à Matera-Trasano. Nous évaluerons ainsi, à partir de cet exemple, la validité des intervalles chronologiques proposés par les deux méthodes, validité qui sera ainsi discutée en termes de compatibilité entre résultats de datation.

2. VÉRIFICATION EXPÉRIMENTALE DE L'INCERTITUDE SUR LES MESURES DE RADIOACTIVITÉ NATURELLE ET DE DOSE ANNUELLE D'IRRADATION : UNE EXPÉ-RIENCE À LA GROTTE XVI)

2.1 Objectifs de l'opération et équipes impliquées

Il s'agit d'une expérience d'intercomparaison de mesures de radioactivité, qui interviennent au cours d'une des étapes de la datation par TL (thermoluminescence), OSL (luminescence optiquement stimulée) ou RPE (Résonance paramagnétique électronique). Cette opération implique les laboratoires français de datation et de dosimétrie (tab. 1) (Yokoyama et N'Guyen, 1980 ; Valladas, 1982 ; Faïn *et al.*, 1985 ; Dumercq, 1986 ; Guibert et Schvoerer, 1991). Nous nous sommes plus particulièrement intéressés ici à la vérification expérimentale des incertitudes de mesure.

Deux opérations distinctes ont été réalisées dans une situation réelle de site archéologique, à la Grotte XVI, commune de Cénac et Saint-Julien, en Dordogne :

CRPAA	Centre de Recherche en Physique Appliquée à l'Archéologie, Maison de l'Archéologie, UMR 5060, CNRS - Univ. Bx 3, 33 Pessac
IPGQ	Institut de Préhistoire et de Géologie du Quaternaire, UMR 9933 CNRS - Univ. Bx 1 - Culture, 33 Talence
LAM-IReS	Laboratoire d'Analyses et Mesures, Institut de Recherches Subatomiques, 67 Strasbourg
LPC	Laboratoire de Physique Corpusculaire, Université Blaise Pascal, 63 Aubière
LP-MNHN	Laboratoire de Préhistoire, Muséum National d'Histoire Naturelle, 75 Paris
LSCE	Laboratoire des Sciences du Climat et de l'Environnement, CEA / CNRS, 91 Gif sur Yvette

Tab. 1 : Equipes impliquées dans le programme d'intercomparaison de mesures de radioactivité à la Grotte XVI, Dordogne.

• la première a consisté à mesurer directement par dosimétrie TL *in situ* la dose annuelle γ et cosmique délivrée par l'environnement en différents points de la grotte ;
• la seconde a consisté à mesurer en laboratoire la radioactivité de prélèvements de sédiments et de fragments de roche calcaire recueillis sur le site.

Dans les deux cas, il s'agissait d'évaluer les incertitudes qualifiables d'instrumentales, c'est-à-dire la combinaison des incertitudes statistiques et des incertitudes systématiques d'étalonnage. Le protocole d'intercomparaison mis en oeuvre a visé à minimiser les effets dispersifs dûs à une éventuelle hétérogénéité radioactive du milieu d'enfouissement et à celle des prélèvements de roches et sédiments.

2.2 Dosimétrie *in situ* par TL

Cinq points de mesure ont été retenus. Le regroupement des résultats pour chaque point de mesure est très satisfaisant (tab. 2). La dispersion est faible, comprise entre 5 % et 1,3 % en valeur relative. Aucun écart systématique significatif entre les mesures proposées par les différents laboratoires (Bordeaux, Clermont, Gif) n'a été mis en évidence (fig. 1). L'incertitude annoncée par chaque équipe est de l'ordre ou supérieure aux écarts expérimentaux observés, ce qui montre que le paramètre «incertitude» a été correctement évalué par les équipes (Bechtel *et al.*, 1997).

2.3 Analyse de la radioactivité naturelle en laboratoire

Les échantillons choisis pour cette étude sont des sédiments sableux (6 échantillons) et des fragments de roche calcaire (2 échantillons) de très faible activité. Les matériaux ont fait l'objet d'une préparation spécifique permettant de limiter les

point	CRPAA	LPC	LSCE	moyenne ± écart-type
1	591±41	534±27	591±29	572±27
2	615±44	630±24	610±30	618±9
3	546±41	482±24	518±26	515±26
4	625±41	639±32	644±32	636±8
5	399±38	413±25	103±20	405±6

Tab. 2 : Résultats des mesures dosimétriques exprimées en µGy/a (microGray par an) dans le quartz. Pour faciliter la comparaison des résultats, on a indiqué la moyenne arithmétique des mesures associée à l'écart quadratique moyen correspondant.

dispersions «interlaboratoire» uniquement liées à un éventuel fractionnement granulométrique involontaire du matériau au cours du partage et de la distribution aux participants ; seule la fraction fine du matériau broyé (moins de 100 µm) a fait l'objet d'intercomparaisons et non le matériau brut. Le tableau 3 précise les méthodes mises en oeuvre lors de cette expérience.

Les résultats de cette expérience ont été publiés dans le détail (Bechtel *et al.*, 1997). Pour résumer, signalons que le bon regroupement des résultats de la spectrométrie γ à bas bruit de fond pour le dosage des radioéléments naturels a été constaté. Des améliorations ponctuelles des procédures peuvent encore être envisagées dans le dosage de U et de Th par spectrométrie γ, par exemple en améliorant le confinement du radon lors de la mesure. On a noté, sans surprise, la supériorité de la spectrométrie γ à bas bruit de fond du point de vue de la précision par rapport au comptage global des particules α. Il ressort de cette expérience et de celle, similaire et synchrone, mise en oeuvre par l'équipe de Clermont (Faïn *et al.*, 1997) que, malgré quelques problèmes relativement mineurs d'étalonnage et de choix de procédures de mesure, une incertitude «instrumentale» de l'ordre de, ou inférieure à ±3 % dans la détermination de la dose annuelle est aujourd'hui accessible.
On notera que cette incertitude ne recouvre qu'une partie de l'incertitude globale de la détermination de la dose annuelle. En effet, nous n'avons pas abordé, au cours de cette expérience, les problèmes de représentativité de la mesure qui peuvent altérer la précision de la datation. Nous citerons par exemple, l'incertitude liée à l'hétérogénéité du champ d'irradiation qui peut affecter autant la dosimétrie TL *in situ* que les analyses de laboratoire de petits prélèvements de l'environnement des échantillons à dater ; la variation de la dose annuelle durant l'enfouissement des échantillons archéologiques mise en évidence par le déséquilibre des séries de l'uranium, est un problème de représentativité temporelle qui peut là aussi affecter l'incertitude de la datation.

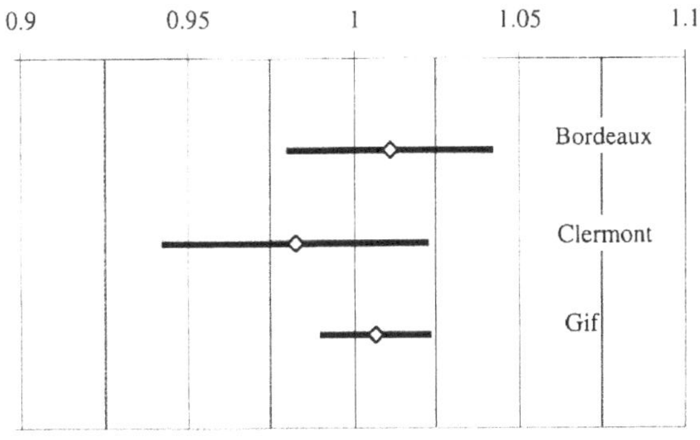

Fig. 1 : moyenne et écart-type des résultats normalisés de chaque laboratoire participant à l'expérience d'intercomparaison dosimétrique à la Grotte XVI. La dispersion globale est faible entre les équipes (Bechtel *et al.*, 1997).

Pour progresser et tenter de réduire l'incertitude globale en abordant ces questions de représentativité, il est nécessaire de faire appel à des systèmes de mesure précis et adaptés au problème à résoudre. L'amélioration de la précision instrumentale, à travers ces expériences d'intercomparaison, forme une étape de cette recherche.

3. LE PROBLÈME DE LA REPRÉSENTATIVITÉ DES MESURES : MIGRATION DE RADIOÉLÉMENTS ET HÉTÉROGÉNÉITÉ DU MILIEU D'ENFOUISSEMENT

3.1 Migration de radioéléments au cours de l'enfouissement

Des processus post-dépositionnels peuvent influencer la radioactivité du milieu d'enfouissement. En particulier, sous l'effet des eaux d'infiltration et selon les conditions de pH et oxydo-réductrices, des radioéléments peuvent être apportés ou, au contraire, être entraînés (Rosholt *et al.*, 1966 ; Gascoyne, 1982 ; Ghaleb *et al.*, 1990) ; le résultat est une variation dans le temps de la radioactivité du milieu d'enfouissement, mais aussi, éventuellement, de celle de l'objet à dater lorsque celui-ci est poreux et altérable comme une céramique par exemple. En conséquence, les mesures de radioactivité réalisées à l'occasion de la datation (TL, OSL, RPE) sont le résultat actuel d'éventuelles modifications et, en ce sens, elles peuvent n'être pas représentatives de la radioactivité moyenne à laquelle a été soumis l'échantillon à dater depuis son enfouissement, sa formation ou sa fabrication (Guibert *et al.*, 1994 ; Krbetschek *et al.*, 1994 ; Olley *et al.*, 1996). Grâce à des méthodes sensibles d'analyse de radioactivité comme la spectrométrie gamma à bas bruit de fond, l'accès à l'état d'équilibre des séries de l'uranium permet de mettre en évidence ces éventuelles modifications de composition radiochimique. En cas de déséqui-

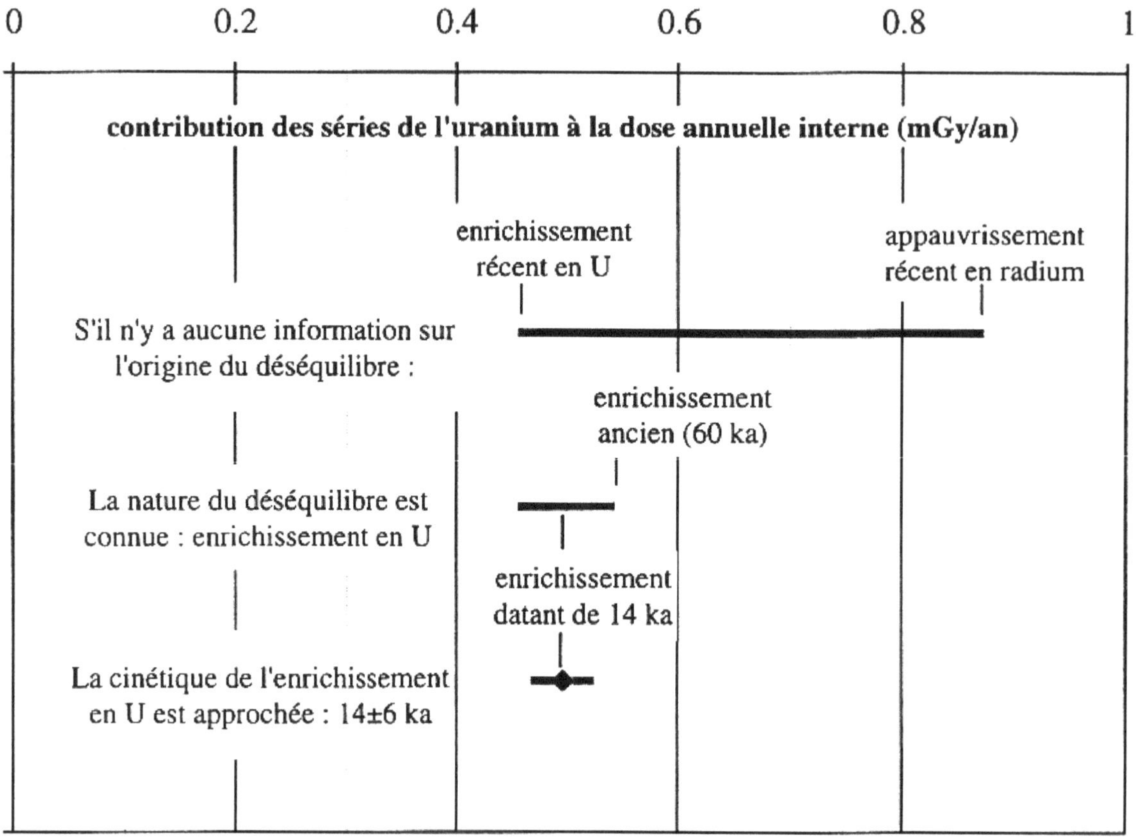

Fig. 2 : Visualisation de l'intervalle d'incertitude sur la valeur de la contribution des séries de l'uranium à la dose annuelle. L'étendue de cet intervalle évolue en fonction du degré de connaissance des caractéristiques du déséquilibre : origine et chronologie. Ces données, choisies à titre d'exemple, sont relatives à la dose annuelle interne (composantes α et β) de l'échantillon de sédiment chauffé, BDX 3606.

Laboratoire	localité	méthode mise en oeuvre
CRPAA	Bordeaux - Pessac	• Spectrométrie γ (Ge) à bas bruit de fond
LAM	Strasbourg	• Comptage α pour U et Th, • Emission de flamme pour K, (mesures réalisées au laboratoire de Géologie de la Surface, Strasbourg)
LPC	Clermont – Aubière	• Spectrométrie γ (Ge) à bas bruit de fond, • Spectrométrie d'émission atomique de plasma pour les éléments majeurs dont K (mesures réalisées au Centre de Recherches Volcanologiques, LA10, Univ. Bl. Pascal, Aubière).
LP-MNHN	Paris	• Spectrométrie γ (Ge) à bas bruit de fond

Tab. 3 : Laboratoires participants et méthodes mises en oeuvre.

libre, le travail pour le chronologiste consistera alors à déterminer quels sont les éléments dont la composition a varié puis, lorsque cela est possible, à estimer la cinétique des altérations de composition.

Les études réalisées à la Grotte XVI (Guibert *et al.*, 1997) et à Trasano (Vartanian *et al.*, 1999) ont montré la nécessité de prendre en compte le déséquilibre dans la détermination de la dose annuelle.

Étude radiochimique à la Grotte XVI

La figure 2 résume l'étude réalisée sur l'un des échantillons de sédiment chauffé provenant d'une aire de combustion moustérienne. On constate que la connaissance de la nature des éléments perturbés est critique, dans le cas présent, du point de vue de la justesse de l'évaluation de la dose annuelle et donc de l'âge.
Cet échantillon, BDX 3606, représentatif de l'ensemble des sédiments de l'aire de combustion, montre l'existence d'un déséquilibre prononcé des

séries de l'uranium. Deux cas-limites expliquent le déséquilibre observé aujourd'hui : soit c'est l'uranium qui a été surconcentré, soit c'est le radium qui a été entraîné. Par exemple avec les données relatives à l'échantillon BDX 3606, le choix de l'une ou de l'autre option modifie la contribution de l'uranium à la dose annuelle de près de 80 % : on passe de 0,46 à 0,87 mGy/a suivant le modèle utilisé. Compte tenu de la contribution des autres radioéléments, potassium et thorium, supposés immobiles et d'activité constante dans le temps, cela représente un écart voisin de 15 % entre les valeurs de la dose annuelle totale déterminées à partir des deux situations-limites mentionnées, et bien entendu, sur l'âge-TL correspondant.

On retiendra que l'ignorance même du déséquilibre, par exemple en utilisant des méthodes d'analyse élémentaire uniquement sensibles à l'élément U (activation neutronique, spectrométrie d'émission de plasma,...), conduirait de façon insoupçonnée, non plus à une incertitude mais à une erreur importante, sur cet exemple de l'ordre de 15 %. Il faut désormais éviter cet écueil en testant systématiquement l'état d'équilibre des séries radioactives de l'uranium et tenter de réduire l'incertitude qu'il implique en essayant d'identifier les éléments responsables du déséquilibre, ce qui doit permettre de déterminer le domaine de variation le plus probable de la dose annuelle d'irradiation.

Une analyse statistique de la distribution de la composition radiochimique sur près d'une cinquantaine d'échantillons de sédiment (Guibert *et al.*, 1997) a montré que l'élément à l'origine du déséquilibre était l'uranium et non le radium. Le sédiment de l'aire de combustion s'est donc trouvé enrichi en uranium. L'identification de l'élément à l'origine du déséquilibre permet de limiter l'intervalle possible de variation de la dose annuelle : c'est la deuxième barre d'incertitude du graphique ci-dessous calculée pour une ancienneté du déséquilibre comprise entre le moment du dépôt des sédiments, il y a près de 60 000 ans, et maintenant.

Enfin, grâce à l'étude de fragments de calcaire altérés présents à l'intérieur et à proximité de l'aire de combustion, on a pu corréler l'enrichissement en uranium à la précipitation de phosphates dans le milieu. Les très forts déséquilibres enregistrés sur ces calcaires témoins ont permis d'estimer l'ancienneté de cet enrichissement : en utilisant un modèle simplifié limité à une perturbation unique et rapide du milieu d'enfouissement, tout se passe comme si l'enrichissement en uranium était intervenu relativement récemment en comparaison de l'âge du niveau archéologique, vers 14 ± 6 ka (1 ka = 1000 ans). La détermination de l'ancienneté du déséquilibre permet de nouveau de restreindre l'étendue des valeurs possibles de la dose annuelle moyenne de l'uranium et en conséquence de réduire l'incertitude sur l'âge.

Étude radiochimique à Matera Trasano

La détermination de l'élément à l'origine du déséquilibre observé sur le matériel de Matera Trasano procède d'une démarche similaire à celle adoptée à la Grotte XVI. C'est une étude statistique de la variabilité des activités de ^{238}U, ^{226}Ra et ^{232}Th dans le sédiment archéologique qui a montré la plus grande dispersion des mesures de ^{238}U. Elle permet donc d'identifier l'élément mobile à l'origine du déséquilibre : l'uranium. Contrairement à la Grotte XVI, il n'a pas été possible ici de déterminer une chronologie des variations des teneurs en uranium au cours du temps. Cependant l'ouverture du milieu (c'est-à-dire la possibilité de circulation de l'eau) et l'absence de modifications climatiques depuis le Néolithique permettent de penser qu'une variation progressive de la composition en uranium (^{234}U, ^{235}U et ^{238}U) pour les céramiques à dater et le sédiment environnant est une hypothèse raisonnable, selon un modèle équivalent à celui dit «*linear uptake*» appliqué à l'émail dentaire en datation RPE.

Afin de vérifier la validité des hypothèses formulées sur l'origine du déséquilibre (variation de la teneur en uranium), nous avons recherché une démonstration par l'absurde ; la possibilité inverse a donc été testée, à savoir, une variation de l'activité du radium au lieu de l'uranium : le calcul d'âge effectué sur 11 échantillons de céramique et de terre brûlée montre alors une dispersion anormale et une incompatibilité flagrante avec les données chronologiques connues pour le Néolithique ancien en Italie du Sud-Est, les âges-TL étant trouvés bien trop jeunes en moyenne.
Nous retenons donc pour ce site, une mobilisation de l'uranium qui s'est développée durant l'enfouissement. Les âges-TL obtenus selon cette hypothèse, comme nous le verrons par la suite, présentent une distribution statistique normale et une cohérence avec les autres données chronologiques relatives au développement du Néolithique dans le bassin méditerranéen.

3.2 Hétérogénéité radiochimique du milieu d'enfouissement : une solution récente

Les hétérogénéités de composition radiochimique au voisinage des échantillons à dater, comme par exemple à la Grotte XVI, une alternance de sédiment et de blocs calcaires de très faible radioactivité, posent problème en contexte karstique notamment (Aitken *et al.*, 1985 ; Schwarcz, 1994). De plus, sur ce site, les échantillons destinés à être datés ont été mis au jour et prélevés à la surface de zones fouillées et non, dans des coupes verticales comme cela aurait été préférable du point de vue de la dosimétrie. La mesure directe de la radioactivité environnementale à l'aide de cristaux dosimètres ou d'une sonde portable que l'on aurait introduits dans le même niveau archéologique, mais dans une coupe stratigraphique proche, a été envisagée de manière classique. Cependant, en raison des hétérogénéités déjà signalées, une mesure «à distance» aurait donc présenté un risque important de non-représentativité : quelques dizaines de centimètres séparent nécessairement la position de l'échantillon à dater de celle de l'instrument de mesure.

Nous avons ainsi recherché une autre méthode de détermination de la dose annuelle environnementale. Publiée récemment (Guibert *et al.*, 1998), nous rappelons ici les lignes principales de cette méthode. Elle est basée sur la reconstruction «sur le papier» de l'environnement des échantillons à dater : par exemple à la Grotte XVI, la position et les dimensions des pierres calcaire sont repérées grâce, en particulier, aux documents de fouille (plans successifs dessinés, photographiés ou éventuellement enregistrés numériquement). On découpe l'environnement des échantillons à dater en éléments sphériques contigus concentriques de faible épaisseur (quelques centimètres) à l'intérieur desquels on évalue la proportion des différents matériaux lithiques : sédiment fin et calcaire en l'occurrence à la Grotte XVI, dont on connaît par ailleurs la composition radiochimique grâce aux analyses de laboratoire. Chaque élément de volume sphérique est émetteur ou diffuseur gamma. Sa contribution à l'irradiation dépend de l'absorption du rayonnement émis ou diffusé en direction de l'échantillon ; elle est déterminée par un coefficient de «pondération» qui varie beaucoup avec la distance et la densité du dépôt, mais assez peu avec la nature du radioélément émetteur (fig. 3) et la composition chimique du milieu d'enfouissement. Ces pondérations et les évaluations dans chaque élément de volume des concentrations des différentes composantes du dépôt permettent de déterminer la dose annuelle gamma absorbée par l'échantillon à dater dans les conditions de l'enfouissement qui précédait la fouille des niveaux.

Le gain en justesse d'une telle procédure est particulièrement important, notamment lorsque le matériau daté a une radioactivité interne faible (par exemple des silex, des quartz, des calcaires). Dorénavant, cette nouvelle approche permet de réaliser des datations dans des contextes archéologiques complexes ou incomplets car partiellement fouillés, ce qui est inhérent aux découvertes archéologiques. L'essentiel, dans tous les cas, est de reconstituer le milieu d'enfouissement grâce à des documents de terrain fidèles, mais aussi grâce au prélèvement d'éléments de l'environnement et à leur conservation par la suite, même si l'intérêt archéologique de tels échantillons est en apparence très mineur. Au même titre que la conservation de coupes témoins et de zones non fouillées, il est en effet nécessaire de pouvoir mesurer ultérieurement en cas de besoin la radioactivité de ces éléments, comme nous l'avons fait pour la datation de calcaires chauffés solutréens du site de Combe-Saunière (Dordogne) dont les niveaux paléolithiques supérieurs avaient été déjà fouillés avant notre intervention (Roque *et al.*, 2001).

Enfin signalons la portée générale de la procédure par le fait qu'elle est applicable à tout milieu, aussi complexe soit-il, comportant des matériaux de remplissage d'origine et de radioactivité diverses. La «fiabilité» des méthodes paléodosimétriques de datation se trouve donc renforcée. Nous devons signaler que ceci est réalisé au prix d'un accroissement important du nombre de paramètres à prendre en compte et donc du renforcement de la complexité de la mise en œuvre de ces méthodes.

4. ÉVALUATION DE LA NORMALITÉ DE RÉSULTATS DE DATATION PAR UNE ANALYSE DE DISPERSION : DATATIONS DE FOYERS MOUSTÉRIENS À LA GROTTE XVI ET DES PREMIÈRES IMPLANTATIONS NÉO-LITHIQUES À MATERA TRASANO

4.1 Datation de foyers moustériens à la Grotte XVI

Le résultat des datations de sédiment chauffé prélevé dans une aire de combustion moustérienne est présenté au tableau 4. Les incertitudes de mesure ont été précisées. Elles ont été réparties en deux types selon leur origine et leurs propriétés :

• Les incertitudes statistiques : elles agissent indépendamment d'un échantillon à l'autre et contribuent à la dispersion des résultats de mesure. Elles regroupent les incertitudes sur l'âge induites par les incertitudes de comptage en spectrométrie γ, celles dues à la dispersion des courbes de TL pour la mesure des doses équivalentes (quantité d'irradiation intégrée par les cristaux thermoluminescents depuis leur chauffage ancien) et les incertitudes (écart-type) sur la détermination des valeurs moyennes de la composition radiochimique des sédiments et calcaires utilisées pour la reconstruction de l'environnement des échantillons à dater.

• Les incertitudes systématiques : elles se propagent identiquement d'un échantillon à l'autre et concernent l'ensemble des résultats de mesure. Elles regroupent les incertitudes sur l'âge induites

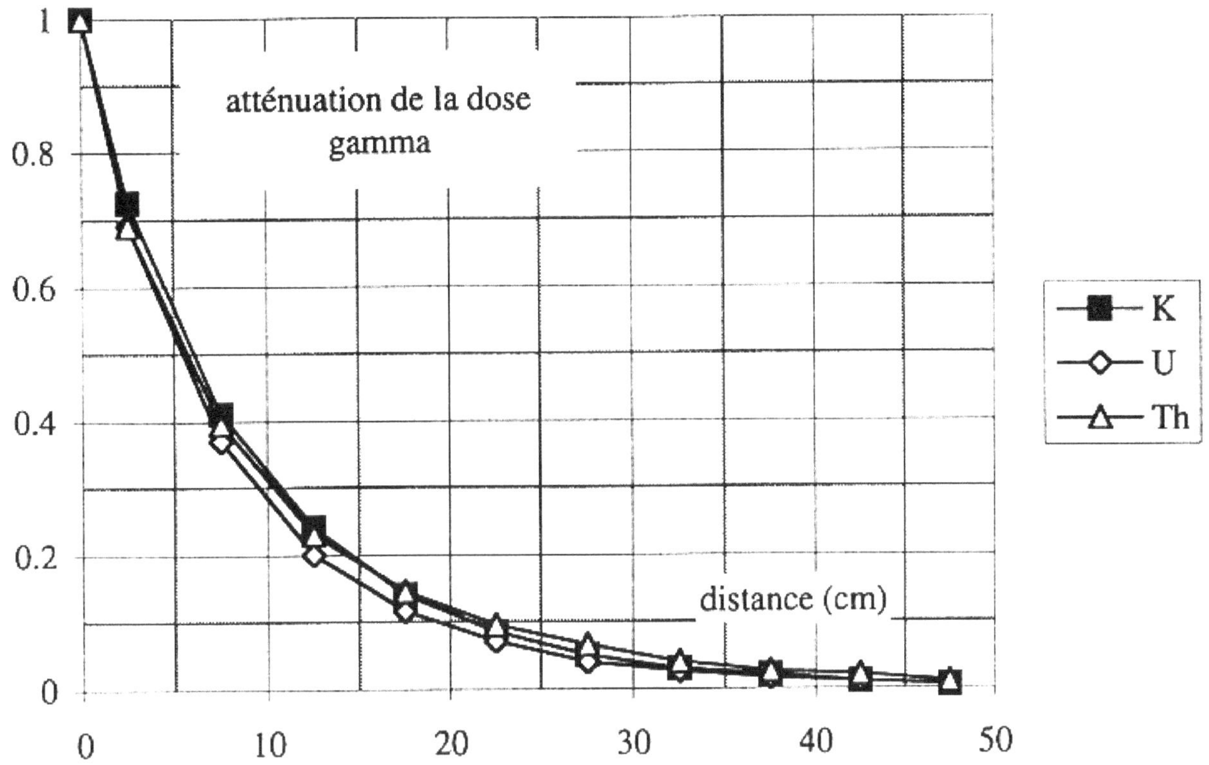

Fig. 3 : facteur de transmission de la dose d'irradiation gamma à travers un sol de densité 2 en fonction de la distance entre l'échantillon et l'élément de sol émetteur gamma. Ce facteur dépend faiblement de la nature du radioélément émetteur. En général, la contribution à la dose gamma des éléments éloignés de plus de 50 cm de l'échantillon est négligeable.

par les incertitudes d'étalonnage en spectrométrie gamma ainsi que celles sur la calibration des sources radioactives utilisées dans la détermination des doses archéologiques ; elles comprennent également l'incertitude sur l'estimation de l'humidité moyenne.

Toutes ces incertitudes sont sommées quadratiquement pour déterminer l'incertitude globale. La datation de plusieurs échantillons pour un même ensemble archéologique permet d'évaluer la convergence des mesures. Cette multiplicité constitue une garantie de la pertinence de l'approche chronologique et elle paraît incontournable en TL (et sûrement en d'autres domaines) dans les cas où l'évaluation des seules incertitudes statistiques et systématiques quantifiables pourrait être insuffisante. Aussi l'examen de la dispersion finale des résultats est-il une jauge de la qualité des datations et du bien-fondé de la prise en compte de l'existence de certains phénomènes ou de facteurs dispersifs tels que, dans le cas présent, l'évolution de la composition radiochimique en cours d'enfouissement, l'hétérogénéité du milieu, mais aussi un risque de brûlage insuffisant du matériau et le *fading* des feldspaths dans le cas particulier des sédiments chauffés moustériens de la Grotte XVI (voir Guibert *et al.*, 1999).

Au cours d'une première analyse des résultats, on compare la dispersion des valeurs obtenues aux incertitudes statistiques : on calcule la moyenne arithmétique des datations et l'écart-type de la distribution des âges. Si cet écart-type est proche de l'incertitude statistique, nous considérons qu'il y a compatibilité entre les résultats de datation : la dispersion des âges est alors de nature statistique, elle est donc «normale» dans la mesure où elle ne remet pas en cause les hypothèses sous-jacentes justifiant la moyennisation des résultats. En pratique, pour effectuer cette comparaison, nous tenons compte de la possibilité de précisions statistiques différentes selon les datations et on définit alors, pour chaque échantillon indexé i, une distance relative entre chaque âge-TL, noté x_i, affecté de l'incertitude (écart-type) statistique σ_i, et la moyenne des âges, m, par :

$$d_i = \frac{x_i - m}{\sigma_i}$$

La moyenne arithmétique des distances est voisine de 0 et la moyenne quadratique voisine de 1 si les résultats sont distribués normalement. On peut ainsi repérer aisément si la dispersion des dates est explicable par la seule fluctuation statistique des mesures.
Le tableau 4 illustre cette approche pour les sédiments chauffés moustériens de la Grotte XVI en supposant leur contemporanéité. L'écart-type de la distribution des âges, 4200 a, est ici voisine de l'incertitude statistique qui est comprise entre 2700 et 4200 a environ selon les échantillons ; l'analyse

échantillon	âge-TL ±1σ (ans/1995)	Incertitude Statistique (ans)	Incertitude Systématique (ans)	Distance à la Moyenne
BDX 2794, #273	63600±3800	2730	2530	- 0,42
BDX 2800, #279	60200±3900	2940	2430	- 1,54
BDX 3606, #415	69900±4600	3330	3000	+ 1,55
BDX 3609, #418	58800±5200	4200	2920	+ 0,64
BDX 3612, #421	66900±4500	3400	2870	+ 1,14
BDX 3615, #424	69000±4800	3740	2950	- 1,41
moyenne arithmétique écart-type	64700 4200			- 0,01 1,20
moyenne pondérée	**64600±3100**	**1300**	**2700**	

Tab. 4 : Grotte XVI, Cénac et St-Julien, Dordogne : datation des sédiments chauffés de l'aire de combustion moustérienne. L'incertitude globale associée à l'âge-TL résulte de la somme quadratique des incertitudes statistiques et systématiques. L'écart relatif réduit représente, en nombre d'écarts-types statistiques, la distance entre l'âge mesuré et la moyenne arithmétique des âges. Celle-ci a été précisée ainsi que l'écart-type de la distribution des résultats (4200 ans), de même que la moyenne arithmétique des écarts relatifs réduits et leur écart-type.

des distances par rapport à la moyenne (comprises entre -1,54 et +1,55 et de moyenne quadratique de 1,2) montre globalement que l'origine de la dispersion des âges est essentiellement statistique. Il y a donc compatibilité entre l'incertitude statistique calculée et la dispersion expérimentale des dates-TL. Ceci tend à valider les différentes procédures mises en œuvre dans cette opération et à garantir la normalité des résultats de datation.

4.2 Datation des premières implantations néolithiques à Matera Trasano

L'ensemble des résultats de datation TL otenus à Matera Trasano est présenté au tableau 5. Deux niveaux néolithiques anciens ont fait l'objet de l'étude, les couches C 2.4 et C 2.3 (Vartanian *et al.*, 1999). On a examiné pour chacun d'eux la normalité des résultats à l'aide de l'indicateur que représente la distance à la moyenne exprimée en nombre d'écarts-types statistiques, comme avec l'exemple précédent. La dispersion des âges-TL dans chaque niveau est ici de nature uniquement statistique, donc «normale».

Il est ainsi possible, pour augmenter la précision de la datation, de moyenner ces résultats par une procédure de pondération : le coefficient de pondération affecté à chaque date est choisi proportionnel à l'inverse du carré de l'écart-type statisti-

échantillon	date TL (av. JC) ±incertitude globale	Incertitude statistique (ans)	Incertitude systématique (ans)	Distance à la moyenne
Couche 2.4				
BDX 4174	6053 ± 412	317	263	- 0,24
BDX 4175	6709 ± 681	630	259	0,92
BDX 4177	5922 ± 599	541	257	- 0,38
moyenne arithmétique écart-type	6228 344			0,11 0,62
Date moyenne pondérée	**6129 ± 362**	**251**	**261**	
Couche 2.3				
BDX 4184	5622 ± 560	514	222	- 0,07
BDX 4189	6510 ± 636	585	251	0,06
BDX 4199	6136 ± 455	388	237	- 0,81
BDX 4201	6194 ± 552	490	253	1,49
BDX 4202	5851 ± 450	383	237	0,80
BDX 4203	6956 ± 600	531	279	- 0,68
BDX 4240	6448 ± 434	355	249	- 1,05
BDX 4244	5911 ± 439	368	239	0,59
Moyenne arithmétique Ecart-type	6204 399			0,04 0,83
date moyenne pondérée	**6163 ± 288**	**152**	**244**	

Tab. 5 : Matera Trasano, datations par TL de céramiques provenant des niveaux néolithiques anciens 2.4 et 2.3 (d'après Vartanian *et al.*, 1999).

niveau archéologique	références	âge BP	intervalle calibré (1σ)	intervalle calibré (2σ)
Couche 2.4	Ly-5297	7030 ± 160	[5996-5697] BC	[6175-5587] BC
Couche 2.3	Ly-5296	6950 ± 150	[5956-5633] BC	[6104-5526] BC

Tab. 6 : Matera Trasano, datations radiocarbone (Lyon) des niveaux néolithiques anciens étudiés par TL (d'après Vartanian *et al.*, 1999).

que de chaque résultat. La procédure permet de réduire les incertitudes statistiques mais non les incertitudes systématiques qui sont incompressibles.
L'examen des dates moyennes montre que les niveaux 2.4 et 2.3 sont très rapprochés dans le temps, les intervalles se recouvrant parfaitement.

On a montré, de plus, sur la base de ces datations et de leurs incertitudes statistiques, que les deux niveaux ont dû se succéder en moins de 300 années.

5. INTERCOMPARAISON DE RÉSULTATS DE DATATION OBTENUS PAR DES MÉTHODES DIFFÉRENTES : NÉOLITHIQUE ANCIEN À MATERA-TRASANO

Le tableau 6 présente les datations par radiocarbone calibrées (Stuiver et Reimer, 1993) effectuées sur des charbons de bois provenant des mêmes couches que les échantillons étudiés en TL. La comparaison TL/^{14}C montre le recouvrement des intervalles de confiance pour l'ensemble des niveaux datés. Ce que l'on constate c'est une tendance de la TL à fournir des âges légèrement plus élevés que le radiocarbone. Les écarts entre TL et ^{14}C (centre des intervalles de confiance) sont respectivement de 265 années (3 % en valeur relative) et de 358 années (4,5 % en valeur relative) pour les niveaux 2.4 et 2.3. L'examen de ces données montre, compte tenu des incertitudes des deux méthodes, globales (statistiques et systématiques) pour la TL, statistiques uniquement pour le ^{14}C, que ces deux ensembles de dates sont cependant compatibles.
Du point de vue méthodologique, ce résultat est important car il montre d'une part l'accord entre les incertitudes statistiques calculées en TL et la dispersion réelle des datations, et d'autre part la compatibilité entre les écarts interméthodes et les incertitudes globales des datations, qui comprennent notamment, pour ce qui concerne la TL, une incertitude sur la détermination de l'humidité moyenne «archéologique» des matériaux datés et de leur environnement sédimentaire.
Du point de vue archéologique, en tenant compte à la fois du radiocarbone et de la TL, nous pouvons donc proposer l'intervalle 6200-5800 av. JC pour les premières implantations néolithiques à Matera Trasano.

6. BILAN MÉTHODOLOGIQUE SUR L'ÉVALUATION ET LE RÔLE DES INCERTITUDES

L'évaluation correcte des incertitudes est une préoccupation importante de notre communauté de chronologistes. L'affinement des méthodes de datation qui constitue l'un des moteurs de l'activité de recherche méthodologique, nécessite de s'interroger sur la pertinence des intervalles chronologiques proposés. Pour cela, plusieurs types d'action sont envisageables : on peut mettre en place des opérations d'intercomparaison spécifiques, ou bien, on profite de programmes de datation engagés par ailleurs à d'autres fins pour «lire» les résultats obtenus en termes de validation des procédures. Le travail présenté ici relève de ces deux approches.

La mise en oeuvre à la Grotte XVI d'une opération d'intercomparaison de mesures de radioactivité de prélèvements de matériaux naturels, ou de dose annuelle environnementale *in situ*, a permis d'évaluer l'état actuel des écarts interlaboratoires pour des techniques de mesure similaires. Il apparaît que l'accord entre les résultats est très satisfaisant. Ceci est particulièrement encourageant, car il est ainsi montré la maîtrise instrumentale et analytique des laboratoires participants, témoignage de la réalité des importants progrès méthodologiques réalisés au cours des quelques dernières 15 années (De Planque et Gesell, 1986 ; Guibert *et al.*, 1988).

La datation par TL, OSL ou RPE n'est pas une simple mesure physique fournie par un appareillage adéquat selon des procédures automatisées et établies une fois pour toutes. Elle intègre en effet des données qui sont interprétées au cas par cas en termes de représentativité temporelle ou spatiale.
Par exemple, la possibilité d'une évolution géochimique du milieu d'enfouissement au cours des temps archéologiques nécessite de s'interroger sur la représentativité temporelle des mesures de radioactivité que l'on réalise aujourd'hui sur le matériau à dater et son environnement. Il est donc nécessaire, pour chaque site, voire pour chaque zone d'échantillonnage, de rendre possible la mise en évidence de telles perturbations du milieu grâce à des outils analytiques adaptés, aptes à détecter l'une des conséquences de ces perturbations, le déséquilibre des séries de l'uranium. Ignorer le problème reviendrait à augmenter les risques

d'erreur dans les datations. Le prendre en compte peut avoir comme conséquence, dans une première analyse, d'élargir les barres d'incertitude, mais il en résulte une plus grande fiabilité dans les résultats annoncés ; on notera ici le parallélisme avec l'effet de la calibration du radiocarbone sur l'âge lui-même et l'intervalle de confiance associé. Dans de nombreux cas, comme à la Grotte XVI ou à Trasano-Matera, il est possible de déterminer la nature des éléments à l'origine du déséquilibre et ainsi de restreindre l'intervalle de variation possible de la dose annuelle d'irradiation au cours du temps. La précision de la datation s'en trouve donc accrue.
Le remplissage des niveaux archéologiques par des éléments lithologiques de radioactivité constrastée et de dimensions multicentimétriques implique la possibilité de gradients de l'irradiation gamma et donc interroge sur la représentativité spatiale des mesures de dose annuelle gamma. En effet, les méthodes usuelles de détermination de la dose annuelle gamma échouent pour de telles configurations de gisement. La méthode de reconstruction proposée par notre équipe (Guibert *et al.*, 1998) tient compte de la complexité de l'environnement et aboutit à la détermination de la dose annuelle gamma à laquelle était soumis l'échantillon à dater avant la fouille des niveaux. Elle est en cela représentative de l'irradiation «archéologique». Le gain en justesse est évidemment appréciable par rapport aux techniques proposées jusqu'alors (Aitken *et al.*, 1985 ; Schwarcz, 1994). Cette progression méthodologique va au-delà du resserrement des intervalles d'incertitude, car elle permet d'élargir le champ d'application de la datation par luminescence (ou RPE) en accèdant à la datation avec une incertitude «raisonnable» de matériaux de faible radioactivité (quartz, silex, calcaires chauffés) recueillis dans des environnements complexes.

La validité d'une datation est généralement évaluée en réalisant le bilan des incertitudes affectant le résultat. Cependant, seules les incertitudes quantifiables, c'est-à-dire calculables ou estimables, contribuent à l'évaluation de l'intervalle de confiance. Aussi est-il nécessaire, lorsque cela est possible, de tenter de vérifier si cette évaluation est correcte. C'est l'une des raisons pour lesquelles nous recommandons la multiplicité des datations pour le même événement à dater. Comme dans les exemples étudiés dans ce travail, la séparation des incertitudes selon leur type, incertitudes statistiques qui affectent aléatoirement chaque datation, et systématiques qui affectent de la même manière l'ensemble des résultats, permet de prévoir la dispersion. Une comparaison simple de la distribution réelle des âges obtenus à celle attendue, à partir du calcul d'incertitudes, permet donc d'évaluer la normalité des datations. L'observation d'une distribution normale est en quelque sorte l'indice d'une réponse positive à l'ensemble des hypothèses émises : prise en compte et évaluation correcte des incertitudes de type statistique, et homogénéité archéologique de l'échantillonnage. A l'inverse, l'existence d'anomalies nécessite un retour vers la physique et/ou vers l'archéologie, avec, pourquoi pas, l'émergence de nouveaux champs de recherche.

Le stade ultime d'évaluation des datations réside dans la comparaison inter-méthodes. L'exemple présenté dans ce travail, à Matera-Trasano, montre, pour ce qui concerne la TL, que c'est l'ensemble des incertitudes statistiques et systématiques qui importe dans cet essai comparatif. Le léger décalage observé entre TL et C14 (3 à 4,5 %) est ici compatible avec les incertitudes des deux méthodes qui sont donc en accord, compte tenu des possibilités actuelles de précision. Ajoutons que, contrairement aux implications de la problématique initiale de ce projet de recherche, il ne peut y avoir dans ce cas de concurrence entre radiocarbone et thermoluminescence. Les deux méthodes sont complémentaires et les résultats concordants se valident mutuellement ; en prenant en compte les deux séries de dates, on parvient à restreindre l'intervalle chronologique pour l'établissement des plus anciennes phases néolithiques à Trasano-Matera. D'une manière plus globale, il nous paraît donc important d'insister sur l'intérêt de la multiplicité des approches chronologiques, multiplicité au niveau de l'échantillonnage pour une même méthode de datation, mais aussi multiplicité des méthodes, lorsque, bien évidemment, le contexte général de la recherche le permet.

Remerciements

Ce travail de recherche a reçu le soutien du CNRS au titre du programme Paléoenvironnement, Evolution des Hominidés (PeH 97-18) et du GDR 1033 «Méthodes Nucléaires en Archéologie». D'autres ressources provenant du Ministère de la Culture, de la Région Aquitaine et de l'Université de Bordeaux 3 ont été mises à contribution. Nous remercions tout particulièrement Claude Ney, Guy Salignière et Pierre Selva, membres de notre laboratoire, ainsi que toutes les équipes qui ont accepté de jouer le jeu des intercomparaisons.

BIBLIOGRAPHIE

AITKEN M.J., CLARK P.A., GAFFNEY C.F. et LOVBORG L. (1985) - Beta and gamma gradients, *Nuclear Tracks*, vol. 10, n° 4-6, p. 647-653.

BECHTEL F., GUIBERT P., SCHVOERER M., VARTANIAN E., FAÏN J., MIALLIER D., MONTRET M., PILLEYRE Th., SANZELLE S., BAHAIN J.J., FALGUÈRES C., TRIPIER J., POUPEAU G., MERCIER N. et VALLADAS H.(1997) - Évaluation de l'incertitude de mesure de la dose annuelle en datation par luminescence (TL, OSL) et par RPE : une expérience d'intercomparaison à la Grotte XVI, Cénac et St-Julien, Dordogne, *Revue d'Archéométrie*, n° 21, p. 21-27.

DE PLANQUE G. et GESELL T.F. (1986) - Environmental measurements with thermoluminescence dosemeters - trends and issues, *Radiation Protection Dosimetry*, 17, p. 193-202.

DUMERCQ B. (1986) - *TL de cristaux intégrateurs d'énergie d'origine radioactive : $CaSO_4$:Dy et $CaSO_4$:Tm; application dosimétrie γ et à la datation de céramiques néolithiques du Soudan*, Thèse de Doctorat d'Université, Univ. Bordeaux III et Bordeaux I, 142 p.

FAIN J., ERRAMLI H., MIALLIER D., MONTRET M. et SANZELLE S. (1985) - Environmental gamma dosimetry using TL dosimeters : efficiency and absorption calculations, *Nuclear Tracks*, vol. 10, n° 4-6, p. 639-646.

FAÏN J., MIALLIER D., MONTRET M., PILLEYRE Th., SANZELLE S., SOUMANA S., BECHTEL F., GUIBERT P., SCHVOERER M., VARTANIAN E., MERCIER N., VALLADAS H., BAHAIN J.J., FALGUÈRES C., TRIPIER J. et JORON J.L. (1997) - Intercomparaisons dosimétriques dans le cadre de la datation par TL et par RPE, Partie 2 : Milieux naturels témoins de la région de Clermont-Ferrand (Puy de Dôme), *Revue d'Archéométrie*, vol. 21, p. 29-34.

GASCOYNE M. (1982) - Geochemistry of the actinides and their daughters, *in Uranium series disequilibrium : applications to environmental problems*, Ivanovitch and Harmon Ed., Clarendon Press, Oxford, p. 33-55.

GHALEB B., HILLAIRE-MARCEL C., CAUSSE C., GARIEPY C. et VALLIÈRES S. (1990) - Fractionation and recycling of U and Th isotopes in a semi-arid endoreic depression of central Syria, *Geochimica et Cosmochimica Acta*, 54, p. 1025-1035.

GUIBERT P., SCHVOERER M. et DENAGBE S. (1988) - Datation par thermoluminescence : contribution de CRIAA à une expérience internationale de mesure de dose annuelle béta, *Revue d'Archéométrie*, vol. 12, p. 17-27.

GUIBERT P. et SCHVOERER M. (1991) - TL dating : Low background gamma spectrometry as a tool for the determination of the annual dose, *Nuclear Tracks and Radiation Measurements*, vol. 18, n° 1/2, p. 231-238.

GUIBERT P., SCHVOERER M., ETCHEVERRY M.P., SZEPERTYSKI B. et NEY C. (1994) - IXth millenium B.C. ceramics from Niger : detection of a U-series disequilibrium and TL dating, *Quaternary Science Reviews*, vol. 13, p. 555-561.

GUIBERT P., BECHTEL F. et SCHVOERER M. (1997) - Déséquilibre des séries de l'uranium, implications sur la dose annuelle en datation par thermoluminescence : une étude à la Grotte XVI, Cénac et Saint-Julien, Dordogne (France), *Quaternaire*, vol. 8, n° 4 , p. 377-389.

GUIBERT P., BECHTEL F., SCHVOERER M., MÜLLER P. et BALESCU S. (1998) - A new method for gamma dose-rate estimation of heterogeneous media in TL-dating, *Radiation Measurements*, vol. 29, n° 5, p. 561-572.

GUIBERT P., BECHTEL F., SCHVOERER M., RIGAUD J.-Ph. et SIMEK J.F. (1999) - Datation par thermolumines-cence de sédiments chauffés provenant d'une aire de combustion moustérienne (Grotte XVI, Cénac et St-Julien, Dordogne, France), *Revue d'Archéométrie*, 23, p. 163-176.

GUILAINE J. (1996) - La néolithisation de la Méditerranée occidentale, in *Actes de : The Neolithic in the Near East and Europe, Colloquium XVII, XIIIth International Congress of Prehistoric and Protohistoric Sciences*, ABACO Edizioni, Forli, p. 53-68.

KRBETSCHEK M.T., RIESER U., ZÖLLER L. et HEINICKE J. (1994) - Radioactive disequilibria in paleodo-simetric dating of sediments, *Radiation Measurements*, 23, n° 2/3, p. 485-489.

OLLEY J.M., MURRAY A.S. et ROBERTS R.G. (1996) - The effects of disequilibria in the uranium and thorium decay chains on burial dose rates in fluvial sediments, *Quaternary Geochronology*, vol. 15, p. 751-760.

RIGAUD J.-Ph., SIMEK J.F. et GÉ T. (1995) - Mousterian fires from Grotte XVI (Dordogne, France), *Antiquity*, vol. 69, p. 902-912.

ROQUE C., GUIBERT P., VARTANIAN E., BECHTEL F. et SCHVOERER M. (2001) - Thermoluminescence dating of calcite : study of heated limestone fragments from upper palaeolithic layers at Combe-Saunière, Dordogne, France, *Quaternary Geochronology (Quaternary Science Review)*, 20, p. 935-938.

ROSHOLT J.N., DOE B.R. et TATSUMOTO M. (1966) - Evolution of the isotopic composition of uranium and thorium in soil profiles, *Geological Society of America Bulletin*, vol. 77, p. 987-1004.

SCHWARCZ H.P. (1994) - Current challenges to ESR dating, *Quaternary Geochronology*, vol. 13, p. 601-605.

SOUMANA S, FAÏN J., MIALLIER D., MONTRET M., PILLEYRE TH., SANZELLE S. et AKSELROD M. (1994 - Gamma and enclosure dosimetry for TL/ESR dating with the new Al_2O_3:C TL dosemeter, *Radiation Measurements*, vol. 23, n° 2/3, p. 501-506.

STUIVER M. et REIMER P.J. (1993) - Calibration 1993, *Radiocarbon*, vol. 3, p. 258-265.

VALLADAS G. (1982) - Mesure de la dose γ annuelle de l'environnement d'un site archéologique par un dosimètre TL, *PACT*, vol. 6, p. 77-85.

VARTANIAN E., GUIBERT P., NEY C., BECHTEL F., SCHVOERER M. et GUILAINE J. (1999) - Chronologie de la néolithisation en Italie du Sud-Est : nouvelles datations grâce à la thermoluminescence (TL) sur le site de Matera Trasano, *L'Anthropologie*, T. 103, n° 2, p. 289-305.

YOKOYAMA Y. et N'GUYEN H.V. (1980) - Direct and non-destructive dating of marine sediments, Mn nodules and corals, by high resolution γ ray spectrometry, *Isotope marine Chemistry*, Ed. Uchida Rokakuko, Tokyo, p. 259-289.

LES PEUPLEMENTS PRÉHISTORIQUES DANS LE SUD-EST DE LA FRANCE À LA FIN DU PLÉISTOCÈNE MOYEN : 400 - 120 000 ANS. TERRA AMATA, ORGNAC 3, BAUME BONNE, LAZARET. CADRE GÉOCHRONOLOGIQUE ET BIOSTRATIGRAPHIQUE, PALÉOENVIRONNEMENTS ET ÉVOLUTION CULTURELLE DES DERNIERS ANTÉNÉANDERTALIENS

Patricia VALENSI (*), Hassan AOURAGHE (**) et (***), Salvador BAILON (*), Dominique CAUCHE (*), Jean COMBIER (****), Emmanuel DESCLAUX (*), Jean GAGNEPAIN (*****), Claire GAILLARD (******), Samir KHATIB (*), Henry de LUMLEY (******), Anne-Marie MOIGNE (***), Marie-Hélène MONCEL (******), Olivier NOTTER (*****)

RÉSUMÉ

Les gisements de Terra Amata, Orgnac 3, Baume-Bonne et Lazaret, situés dans le Sud-Est de la France renferment des séquences stratigraphiques qui se succèdent dans le temps, durant la seconde partie du Pléistocène moyen. Les données géologiques, paléontologiques et culturelles sont présentées pour chaque site et des corrélations sont proposées avec la chronologie isotopique marine. Bien que tous situés dans une même aire géographique, ces gisements présentent toutefois certaines particularités très régionales, tant au niveau culturel qu'environnemental.

ABSTRACT

The prehistoric settlements in the southeast of France during the second part of the Middle Pleistocene, 400 000 – 120 000 years. Terra Amata, Orgnac 3, Baume Bonne, Lazaret.
Terra Amata, Orgnac 3, Baume Bonne and Lazaret sites, situated in the Southeast of France contain stratigraphic sequences which succeed each other in time during the second part of the Middle Pleistocene. The geological, paleontological and cultural data are presented for each site and some correlations are proposed with the isotopic stages of the marine chronology. Even if the sites are located in the same geographic area, it appears that very regional characteristics exist from the cultural and environmental point of view.

1. INTRODUCTION

Les séquences archéo-stratigraphiques se rapportant à la deuxième partie du Pléistocène moyen (400 000 ans à 120 000 ans) sont connues dans le sud-est de la France par quelques gisements de plein-air et surtout par divers remplissages de grotte et abris sous roche. L'étude multidisciplinaire de ces gisements permet de mettre en évidence l'évolution culturelle des hommes, de leur environnement, et d'en souligner par ailleurs leurs spécificités régionales.

Les gisements présentés dans ce travail (fig. 1) concernent d'une part, le site de plein air de Terra Amata (Alpes-Maritimes) qui marque une période tempérée du début de cette deuxième partie du Pléistocène moyen, avec une industrie acheuléenne associée à une faune dont les taxons archaïques sont absents, et d'autre part, les grottes d'Orgnac 3 (Ardèche), de la Baume Bonne (Alpes-de-Haute-Provence) et du Lazaret (Alpes-Maritimes), qui renferment respectivement de grandes séquences stratigraphiques et dont certains niveaux archéologiques sont contemporains. La grotte de la Baume Bonne, par exemple, nous livre un remplissage de forte puissance, avec à la base, des couches contemporaines des niveaux archéologiques de Terra Amata et d'Orgnac 3, et vers le sommet de la séquence, des couches contemporaines du remplissage du Lazaret qui marque la fin du Pléistocène moyen .

2. PRÉSENTATION GÉNÉRALE DES GISEMENTS

Le site de plein air de Terra Amata renferme une succession de plages marines intercalées de dépôts sédimentaires d'origine continentale (loess et argiles). La détermination de l'âge de ces formations s'appuie essentiellement sur les données stratigraphiques et en particulier sur la succession des plages fossiles déposées sur le Mont Boron (Lumley *et al.*, 1976). Le matériel archéologique provient uniquement de l'ensemble stratigraphique C1. Sa base C1a renferme des sols d'habitats préhistoriques interstratifiés dans des lits de galets, de limons argileux et dans un cordon littoral, attribués au stade isotopique 11. D'autres sols

(*) Laboratoire départemental de Préhistoire du Lazaret, Parc de la villa «la Côte», 33 bis Boulevard Franck Pilatte, 06300 Nice, France
(**) Laboratoire de Paléontologie, Université Mohamed 1, 60 000 Oujda, Maroc
(***) Centre Européen de Recherches Préhistoriques, Avenue Léon Jean Grégory, 66720 Tautavel, France
(****) Institut de Recherche du Val de Saône, Centre d'Enseignement Supérieur, 18 cours Moreau, 71000 Mâcon, France
(*****) Musée de Préhistoire des gorges du Verdon, 04500 Quinson, France
(******) Département de Préhistoire, Muséum National d'Histoire Naturelle, Institut de Paléontologie Humaine, 1 , rue René Panhard, 75013 Paris, France

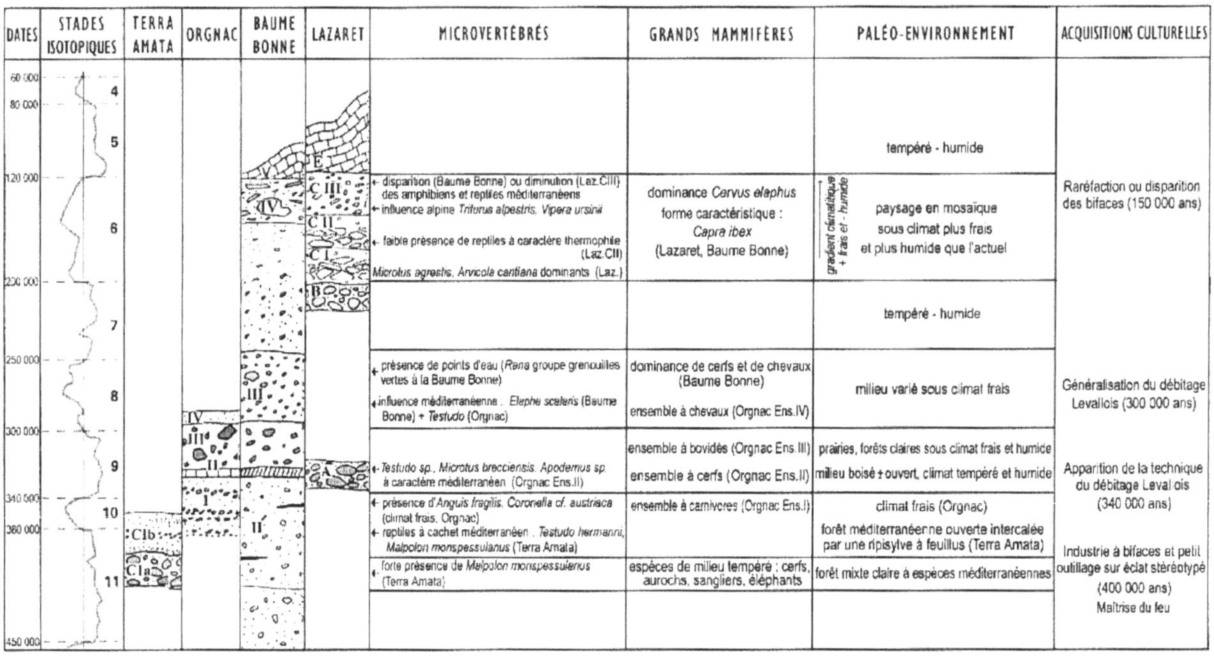

Fig. 1 : Cadre stratigraphique, évolution des faunes, paléoenvironnements et acquisitions culturelles

d'occupation ont été mis en évidence dans la dune sus-jacente C1b, qui marque une période plus froide pouvant être rapportée au tout début du stade 10.

La grotte d'Orgnac 3 renferme quatre ensembles stratigraphiques principaux, établis à partir des données sédimentologiques (Combier, 1967 ; Khatib, 1994). L'ensemble I, à fraction grossière prédominante, a été déposé lors d'un climat général froid. Ce dépôt contient essentiellement quelques ossements de carnivores et des restes de renne (Aouraghe, 1992). L'ensemble II ou ensemble à Cervidés est un dépôt argileux à gros blocs, interstratifiés de planchers stalagmitiques, datés d'environ 340 000 - 350 000 ans (Shen, 1985 ; Masaoudi, 1995) et correspondant au stade isotopique 9. L'industrie de ce niveau peut être rapportée à un Acheuléen supérieur à débitage non Levallois. L'ensemble III plus riche en argiles à cailloux correspond à un climat plus frais et humide. Les Bovidés (chamois, thars) sont abondants et l'association faunique caractérise le stade isotopique 9. La technique du débitage Levallois fait son apparition puis se généralise (Combier, 1967 ; Moncel, 1999). Au sommet du remplissage, l'ensemble stratigraphique IV correspond aux dernières occupations humaines et a été daté d'environ 300 000 ans (début du stade isotopique 8) par la méthode des traces de fission sur des cendres volcaniques (Debard, 1988 ; Khatib, 1994). L'association faunique, caractérisée par l'abondance du cheval *E. stenheimensis,* souligne l'ouverture du paysage et l'installation d'un climat plus frais.

La grotte-abri de la Baume Bonne. Grâce aux importants travaux de terrain de ces dernières années, il est actuellement possible de situer l'évolution géologique du remplissage dans un cadre chronologique plus précis (Gagnepain et Gaillard, 1996). La base de la séquence quaternaire est constituée de sables fins, probablement d'âge antérieur à 400 000 ans. Cet ensemble renferme des industries sur galets associées à un outillage sur éclat peu standardisé (Lumley, 1976 ; Hong, 1993). Au-dessus, un deuxième ensemble de sables fins correspond probablement au stade isotopique 10. La faune y est absente, mais l'outillage lithique, plus standardisé que précédemment, est abondant. Au-dessus de ce niveau, la présence d'argiles plastiques rouges surmontées de dépôts gris noirs semble indiquer une amélioration climatique attribuée au stade isotopique 9. Le débitage Levallois y fait son apparition. Un cailloutis sus-jacent, à matrice sableuse, témoigne d'une nouvelle dégradation climatique, corrélée au stade isotopique 8. Cet ensemble contient des restes fauniques associés à une industrie à débitage centripète dominant. On observe également des traces d'utilisation du feu. Les dépôts attribués au stade isotopique 7 sont représentés par des sables limoneux rouges, stériles en faune. Ils sont eux-mêmes recouverts par un autre cailloutis anguleux daté entre 140 000 et 200 000 ans environ (Gagnepain *et al.*, 1996) et corrélé au stade isotopique 6.

La grotte du Lazaret. Au-dessus de deux plages marines quaternaires (complexes A et B), dont la plus récente a été attribuée au stade isotopique 7 (Bahain, 1993 ; Michel et Yokoyama, 2001) se sont déposés, sur plus de 5 mètres d'épaisseur, des dépôts continentaux (complexe C) constitués de cailloutis et de blocs enrobés dans une argile rouge de colluvion (Abdessadok, 1985). Ces dépôts du complexe C correspondant aux niveaux archéologiques peuvent être subdivisés en trois grands ensembles stratigraphiques (C I, C II et C III) et ont été datés par la méthode U-Th / ESR combinée sur émail dentaire (Michel, 1995) : C I compris entre 190 000 et 170 000 ans, C II compris entre 170 000 et 150 000 ans et C III compris entre 150 000 et 130 000 ans environ. La faune, caractéristique du stade isotopique 6 (Valensi & Abbassi, 1998), est associée à une industrie de transition entre Acheuléen et Moustérien (Darlas, 1994 ; Cauche, 2002).

3. BIOSTRATIGRAPHIE ET PALEOENVIRONNEMENTS

Les associations fauniques de Terra Amata (Mourer-Chauviré & Renault-Miskovsky, 1980) et d'Orgnac 3 (Aouraghe, 1992) caractérisent des faunes tempérées qui pourraient être mises en correspondance avec la biozone MNQ23 de Guérin, avec en particulier à Orgnac 3, le genre *Macaca* qui perdure dans la région, *Canis lupus lunellensis, Vulpes vulpes jansoni, Capreolus süssenbornensis, Equus caballus mosbachensis*, comme représentants des lignées guides et qui sont associés à d'autres formes caractéristiques telles que *Crocuta crocuta, Dicerorhinus hemitoechus, Hemitragus bonali, Rupicapra rupicapra.*
Les niveaux plus froids mis en évidence dans ces deux gisements, à l'aide principalement des données stratigraphiques et sédimentologiques n'enregistrent pas de forte variation faunique, mais seulement une meilleure représentation des espèces de milieu ouvert au profit des formes tempérées de milieu boisé (Bailon, 1991).

Les faunes plus récentes de la Baume Bonne et du Lazaret peuvent être rapportées à la biozone MNQ24 et attribuées à deux climatozones froides, dont la plus ancienne correspond aux niveaux inférieurs de la Baume Bonne, avec l'association *H. bonali* et *S. hemitoechus* (Psathi, 1996) et dont la plus récente correspond aux couches supérieures de la Baume Bonne et à la séquence du Lazaret. Les formes caractéristiques sont représentées par *Capra ibex, Canis lupus mediterraneus, Ursus spelaeus* à caractères archaïques. Les faunes froides telles que *Rangifer tarandus, Coelodonta antiquitatis* sont rares et signalées par quelques restes au sommet de la séquence du Lazaret. Durant le stade isotopique 6, l'association faunique présente un cachet relativement tempéré, comprenant du bœuf primitif, de l'éléphant antique, des petits cervidés forestiers tels que le daim, le chevreuil et surtout le cerf qui reste l'espèce prédominante dans la région (Valensi & Abbassi, 1998).

4. LES ASSEMBLAGES LITHIQUES

Ces quatre sites de la fin du Pléistocène moyen dans le sud-est de la France permettent de visualiser, sur près de 300 000 ans, les comportements techniques et typologiques des Anténéandertaliens dans leur cadre environnemental.

Les assemblages lithiques qu'ils ont laissés comme témoignages sont attribués à l'Acheuléen dans le site de Terra Amata et à une de ses variantes, le Tayacien, dans le cas des industries des niveaux inférieurs de la Baume Bonne ; à l'Acheuléen supérieur voire déjà au Paléolithique moyen (selon les auteurs) à Orgnac 3, au Lazaret et pour la partie supérieure de la séquence de la Baume Bonne (Combier, 1967 ; Lumley, 1976 ; Lumley *et al.*, 1976 ; Hong, 1993 ; Darlas, 1994 ; Moncel, 1999).

Tous ces sites ont livré en plus ou moins grand nombre l'un des outils les plus caractéristiques de l'Acheuléen : le biface. Ce dernier, toujours dans de faibles proportions est associé à d'autres types d'outils sur galet.

Le débitage d'une quantité importante d'éclats et la réalisation d'un petit outillage sur produits de débitage est cependant ce qui caractérise l'ensemble des occupations de ces sites, avec des méthodes de production plus spécifiques dans certains cas. Absent à Terra Amata, le débitage Levallois apparaît à Orgnac 3 dès le stade isotopi-que 9 pour se développer ensuite, et il est présent également à la Baume Bonne à partir du stade 8. Ce type de débitage est par contre beaucoup plus rare au Lazaret.

5. HABITAT ET MODE DE VIE

Les quatre gisements présentés renferment des traces évidentes d'occupation humaine et ont tous été définis comme des sites d'habitat d'Anténéandertaliens, soit de plein air (Terra Amata) (Valensi, 2001), soit en grotte (Orgnac 3, Baume Bonne et Lazaret). Les gisements en grottes ont également servi d'abris aux animaux, comme à la base de la séquence d'Orgnac 3 (Aouraghe, 1992) ou au Lazaret (Valensi, 2000).

L'utilisation du feu est visible dès le stade isotopique 11, à Terra Amata où les foyers étaient aménagés soit sur un sol préalablement empierré de galets, soit dans une petite cuvette creusée dans le sable (Lumley *et al.*, op. cit.). À Orgnac 3, un foyer creusé en cuvette est décrit à la base de l'ensemble III (niveau archéologique 6) (Combier, 1967). À la Baume Bonne, des charbons et quelques os brûlés apparaissent dès l'ensemble II, dans des couches attribuées au stade isotopique 8. Au Lazaret, de petits foyers sans aménagement particulier sont présents sur tous les sols, associés à de nombreuses esquilles brûlées de très petite taille (Valensi, 2000).

Concernant le bestiaire des hommes préhistoriques, il est peu diversifié et sans espèce particulièrement dominante dans le site de plein-air de Terra Amata. On notera toutefois une chasse aux Lapins particulièrement importante (El Guennouni, 2001). À Orgnac 3, les herbivores chassés par les préhistoriques sont très diversifiés, avec en fonction des niveaux, une prédominance de certaines espèces, dictée sans doute par les pressions environnementales. Au Lazaret, on note une chasse sélective centrée sur le cerf et sur le bouquetin, accompagnée d'une exploitation maximale des carcasses.

6. CONCLUSIONS

Les gisements de Terra Amata, Orgnac 3, Baume-Bonne et Lazaret, situés dans le Sud-Est de la France ont enregistré plusieurs phases climatiques successives. Durant les phases tempérées, les dépôts sont représentés soit par des niveaux marins, soit par des planchers stalagmitiques ou par des sédimentations argileuses. Des phénomènes géochimiques importants (altération, encroûtement carbonaté, phosphatation) ont été mis en évidence et ont largement contribué à la destruction du matériel paléontologique. La faune, de type quaternaire évolué, caractérise des environnements forestiers plus ou moins ouverts, sous climat plus ou moins tempéré et humide. Les taxons à cachet méditerranéen sont largement représentés.

Durant les phases froides, les dépôts sont formés soit de cailloutis, parfois gélivés, soit de sables dunaires ou éoliens. Toutefois de petites oscillations climatiques plus tempérées et plus humides ont pu être enregistrées dans ces séquences, mises en évidence principalement par des dépôts plus argileux et par la présence de cailloutis corrodés. On note durant ces périodes glaciaires, relativement longues, l'arrivée d'espèces froides comme par exemple au stade 6, le rhinocéros laineux et le renne. Il y a néanmoins la persistance de taxons méditerranéens qui rappellent que cette région a joué le rôle de zones-refuges.

Du point de vue culturel, tous ces sites ont livré des bifaces, plus ou moins nombreux et évolués, associés à d'autres outils sur galet. La disparition du biface est enregistrée, pour les gisements étudiés, dans les dépôts supérieurs de l'ensemble CIII du Lazaret, daté de la fin du stade 6, alors que les outils sur galets perdurent dans tous les assemblages. L'activité de débitage est prédominante. Le débitage Levallois apparaît durant le stade isotopique 9, en particulier à Orgnac 3. Il est présent au début du stade 8, toujours à Orgnac 3 et à la Baume Bonne. D'autres modes de débitage sont également observables et correspondent à des indices de comportements plus orientés vers le Paléolithique moyen. L'outillage sur éclat se multiplie, composé principalement de racloirs mais aussi d'encoches comme à la Baume Bonne. La diversité des comportements est vraisemblablement autant à relier à des activités spécifiques qu'à des tendances techniques régionales.

Enfin, parmi les critères évolutifs importants de cette période, on note une généralisation de l'usage du feu et des modes de chasse moins opportunistes, de plus en plus spécialisés.

BIBLIOGRAPHIE

ABDESSADOK S. (1985) - Études sédimentologique de l'ensemble supérieur du remplissage pléistocène moyen de la grotte du Lazaret et minéralogique de la fraction légère de quelques formations quaternaires du Mont Boron. *Thèse de 3ème cycle, Univ. Paris VI et Muséum National d'Histoire Naturelle, Paris.*

AOURAGHE H. (1992) - Les faunes de grands mammifères du site pléistocène d'Orgnac 3 (Ardèche, France). Étude paléontologique et palethnographique. Implications paléoécologiques et biostratigraphiques. *Thèse de Doctorat du Muséum National d'Histoire Naturelle, Paris*, 492 p.

BAHAIN J.-J. (1993) - Datation par résonance de spin électronique (ESR) de carbonates et d'émail dentaire quaternaires : potentiel et problèmes. *Thèse de Doctorat du Muséum National d'Histoire Naturelle, Paris*, 114 p.

BAILON S. (1991) - Amphibiens et Reptiles du Pliocène et du Quaternaire de France et d'Espagne : mise en place et évolution des faunes. *Thèse de Doctorat de l'Université de Paris VII*, 2 volumes, 499 p. texte, 89 p. fig.

CAUCHE D. (2002) - Les cultures moustériennes en Ligurie italienne : étude des industries lithiques des grottes de la Madonna dell'Arma, d'Arma delle Manie et de Santa Lucia Superiore. *Thèse de Doctorat, Univ. de la Méditerranée, Aix-Marseille II*, 283 p.

COMBIER J. (1967) - *Le Paléolithique de l'Ardèche dans son cadre bioclimatique.* Mémoire n° 4. Bordeaux, 462 p.

DARLAS A. (1994) - L'Acheuléen final des couches supérieures de la grotte du Lazaret (Nice, Alpes-Maritimes) *L'Anthropol.* (Paris), 98 (2-3) : 267-304.

DEBARD E. (1988) - Le Quaternaire du Bas-Vivarais d'après l'étude des remplissages d'avens, de porches, de grottes et d'abris sous roche. Dynamique sédimentaire, paléoclimatologie et chronologie. *Documents des Laboratoire de Géologie de Lyon, Univ. Claude-Bernard Lyon 1*, n° 103, 317 p.

EL GUENNOUNI K. (2001) - Les lapins du Pléistocène moyen et supérieur de quelques sites préhistoriques de l'Europe méditerranéenne : Terra Amata, Orgnac 3, Baume Bonne,

Grotte du Lazaret, Grotte du Boquete de Zafarraya, Arma delle Manie. Etude paléontologique, taphonomique et archéozoolo-gique. *Thèse de Doctorat du Muséum National d'Histoire Naturelle, Paris*, 402 p.

GAGNEPAIN J. et GAILLARD C. (1996) - La grotte-abri de la Baume Bonne : une séquence culturelle et chronostratigraphique de 300 000 ans. *Rapport de Fouille. Ministère de la Culture, Service Régional de l'Archéologie de Provence-Alpes-Côte-d'Azur, Aix-en-Provence* ; 93 p., inédit.

GAGNEPAIN J., GAILLARD C., ABBASSI M., AJAJA O., BAHAIN J.-J., BOUAJAJA M., EL HAMMOUTI K., FALGUERES C., HONG M.-Y., LAURENT M., MECKURIA B., MESTOUR B., PATOU-MATHIS M., PERRENOUD C. (1996) - Synthèse chronostratigraphique et culturelle du site de la Baume Bonne à Quinson (Alpes de Hte Provence, France). *XIII International Congress U.I.S.P.P., Forli (Italie)*, 8-14 sept. 1996, Section 5, Abstract 1, résumé : p. 154-155.

HONG M.-Y. (1993) - Le Paléolithique inférieur de l'Abri de la Baume Bonne (Quinson, Alpes-de-Hte Provence). Étude technologique et typologique de l'industrie lithique. *Thèse de Doctorat du Muséum National d'Histoire Naturelle, Paris*, 320 p.

KHATIB S. (1994) - Datation des cendres volcaniques et analyses géochimiques du remplissage d'Orgnac 3 (Ardèche, France). *Quaternaire*, 5 (1), p. 13-22.

LUMLEY H. (de) (1976) - La Baume Bonne (Quinson, Alpes-de-Hte Provence). *Livret-Guide de l'excursion C2, IX° Congrès U.I.S.P.P.*, 13-18 sept. 1976, Nice, p. 29-38.

LUMLEY H. (de), LUMLEY M.-A. (de), MISKOVSKY J.-C. et RENAULT-MISKOVSKY J. (1976) - Le site de Terra Amata. In :. LUMLEY H. (de) dir., «Sites paléolithiques de la région de Nice et Grotte de Grimaldi», *Livret-guide de l'excursion B1, IX° Congrès U.I.S.P.P.*, 13-18 sept. 1976, Nice, p. 53-54.

MASAOUDI H. (1995) - Application des méthodes du déséquilibre des familles de l'uranium (^{230}Th/^{234}U) et de la résonance de spin électronique (ESR) à la datation des sites d'Orgnac 3, de Payre et de l'abri des Pêcheurs (Ardèche). *Thèse de doctorat du Muséum National d'Histoire Naturelle, Paris* ; 155 p.

MICHEL V. (1995) - Étude des influences des processus de fossilisation sur le fondement de la datation par U-Th et ESR de mâchoires (os, dent) de Cervus elaphus des niveaux archéologiques de la grotte du Lazaret. *Thèse de Doctorat du Muséum National d'Histoire Naturelle, Paris* ; 240 p.

MICHEL V., YOKOYAMA Y. (2001) - Méthodes U-Th/ESR en Préhistoire et problèmes d'altération des matériaux : exemple de la datation des carbonates et apatites de la grotte du Lazaret. *In :* J-N. Barrandon, P. Guibert, V. Michel (Eds.), « Datation ». *Actes des XXI° Rencontres internationales d'archéologie et d'histoire d'Antibes*, 19-21 octobre 2000, Antibes, APDCA, p. 187-205.

MONCEL M.-H. (1999) - Les assemblages lithiques du site Pléistocène moyen d'Orgnac 3 (Ardèche, Moyenne Vallée du Rhône, France), *ERAUL* 89, Univ. de Liège, 446 p.

MOURER-CHAUVIRE C. et RENAULT-MISKOVSKY J. (1980) - Le paléoenvironnement des chasseurs de Terra Amata (Nice, Alpes-Maritimes) au Pléistocène moyen. La flore et la faune de grands mammifères. *Géobios*, 13 (3), p. 279-287.

PSATHI E. (1996) - Etude paléontologique, paléoécologique et biostratigraphique du site de la Baume-Bonne (Alpes-de-Haute-Provence). *DEA du Muséum National d'Histoire Naturelle « Quaternaire : Géologie, Paléontologie Humaine, Préhistoire », Paris*, 98 p.

SHEN G. (1985) - Datation des planchers stalagmitiques de sites acheuléens en Europe par les méthodes des déséquilibres des familles de l'uranium et contribution méthodologique. *Thèse de Doctorat d'Etat, Univ. P. et M. Curie, Paris VI.*

VALENSI P. (2000) - The archaeozoology of Lazaret cave (Nice, France). *International Journal of Osteoarchaeology*, 10, p. 357-367.

VALENSI P. (2001) - The Elephants ot Terra Amata open air site (Lower Paleolithic, France). In : G. Cavaretta, P. Gioia, M. Mussi, M.R. Palombo (Eds.) "The World of Elephants". *Proceedings of the 1st International Congress, Rome (Italie)*, 16-20 oct. 2001, p. 260-264.

VALENSI P. et ABBASSI M. (1998) - Reconstitution de paléoenvironnements quaternaires par l'utilisation de diverses méthodes sur une communauté de Mammifères - Application à la grotte du Lazaret. *Quaternaire*, 9 (4) : p. 291-302.

Remerciements : Nous remercions A. Echassoux, K. El Guennouni, F. Lacombat, A.-C. Paunescu, T. Roger (Laboratoire départemental de Préhistoire du Lazaret, Nice), V. Michel (Cépam, Valbonne) et J. Quilès (Institut de Paléontologie Humaine, Paris) pour leurs conseils et leurs corrections.

PALÉOENVIRONNEMENT ET PALÉOCLIMATOLOGIE DE L'ITALIE AU PLEISTOCÈNE. PALYNOLOGIE DES SITES DE CA'BELVÉDÈRE DI MONTE POGGIOLO, ISERNIA LA PINETA, SANTA LUCIA SUPERIEURE, ARMA DELLE MANIE ET ABRI MOCHI.

David KANIEWSKI (*), Elena KARATSORI (*), Vincent LEBRETON (*), Josette RENAULT-MISKOVSKY (*)

RÉSUMÉ

Les nouvelles analyses palynologiques de quelques sites paléolithiques italiens (Ca'Belvedere di Monte Poggiolo, La Pineta, Arma delle Manie, Santa Lucia Superiore and Abri Mochi) complètent les données paléoenvironnementales et paléoclimatiques antérieures. Ces analyses, correspondant à des images discontinues de la végétation entre le Paléolithique inférieur et le Paléolithique supérieur, documentent les conditions environnementales et climatiques de l'Italie depuis les premières occupations humaines jusqu'à la culture aurignacienne.

ABSTRACT

Palynological analyses of five Italian Palaeolithic sites (Ca'Belvedere di Monte Poggiolo, la Pineta, Arma delle Manie, Santa Lucia Superiore and Abri Mochi) gave several new palaeoenvironmental and palaeoclimatic data.

These studies present a discontinued vegetation history from Lower to Upper Palaeolithic and document the environmental and climatic conditions from the earliest human occupations to the Aurignacian culture in Italy.

Les nouvelles analyses palynologiques de quelques sites paléolithiques italiens complètent les données paléoenvironnementales et paléoclimatiques antérieures.

1. LE GISEMENT DE CA'BELVÉDÈRE DI MONTE POGGIOLO

Le gisement paléolithique inférieur de Ca' Belvedere di Monte Poggiolo en Emilie-Romagne est un site majeur pour la connaissance des premiers peuplements de l'Italie, dès le Pléistocène inférieur (Peretto *et al.*, 1998).
Des tests palynologiques, visant à préciser le contexte environnemental et climatique de cette occupation humaine, témoignent d'un couvert végétal dégradé, avec un milieu steppique mis en place sous un climat froid autour de 1 Ma (Cattani, 1992).
Les analyses palynologiques (Lebreton, 2001) entreprises sur les Argiles Azurées marines qui précèdent la continentalisation du secteur de Monte Poggiolo révèlent une végétation semi-ouverte de type «parc» (Lebreton *et al.*, 1999). Les herbacées xérophiles constituent une prairie et occupent la zone littorale. Sur les berges d'une ri-vière, à proximité du rivage, une ripisylve réduite se développe sur des sols argileux ou marneux retenant l'eau. À l'intérieur des terres, à la faveur des premières élévations du relief, des bosquets d'arbres caducifoliés s'étendent sur les premières pentes et forment un parc sur des sols calcaires bien drainés. Sur les versants bien ensoleillés, la végétation xérophile herbacée et méditerranéenne occupe des secteurs plus ouverts sur des sols calcaires en basse altitude. Enfin, vers les sommets et sur les versants peu ensoleillés, les conifères relaient les arbres caducifoliés, avec certainement une mince bande altitudinale où les deux groupements se côtoient. Si l'appartenance de *Pinus* aux groupements de conifères installés sur les reliefs est probable, il faut aussi penser, au vu de la grande variabilité écologique de ce genre, que certaines espèces prennent place au sein de la végétation littorale, parmi la végétation xérophile et les bosquets de caducifoliés sur les reliefs de basse altitude. Ce paysage s'est certainement mis en place sous un climat tempéré frais et sec, à la faveur d'une période interglaciaire ou d'un épisode interstadiaire il y a environ 1,4 Ma (Fig. 1).

2. LE SITE D'ISERNIA LA PINETA

Le site d'Isernia la Pineta en Molise, daté du début du Pléistocène moyen, a livré une abondante faune de grands mammifères associée à un outillage lithique du Paléolithique inférieur (Peretto, 1994). Un carottage, réalisé à proximité du gisement, traverse les dépôts anthropiques. Son étude retrace l'histoire du remplissage du bassin lacustre d'Isernia. Les analyses palynologiques entreprises sur le site d'Isernia La Pineta (Lebreton, 2001 ; 2002) complètent celles obtenues sur la séquence proche d'Isernia-Fiume Cavaliere (Accorsi, 1985 ; Accorsi *et al.*, 1996). La nouvelle séquence documente le cadre paléoenvironnemental et paléoclimatique contemporain du dépôt des argiles précédant l'occupation du site par des hominidés,

(*) Laboratoire de Préhistoire du Muséum National d'Histoi-re Naturelle, Unité de Palynologie, Institut de Paléontologie Humaine, 1, rue René Panhard, 75013 Paris. Tél : 01.55.43.27.27 – Fax : 01.43.31.22.79

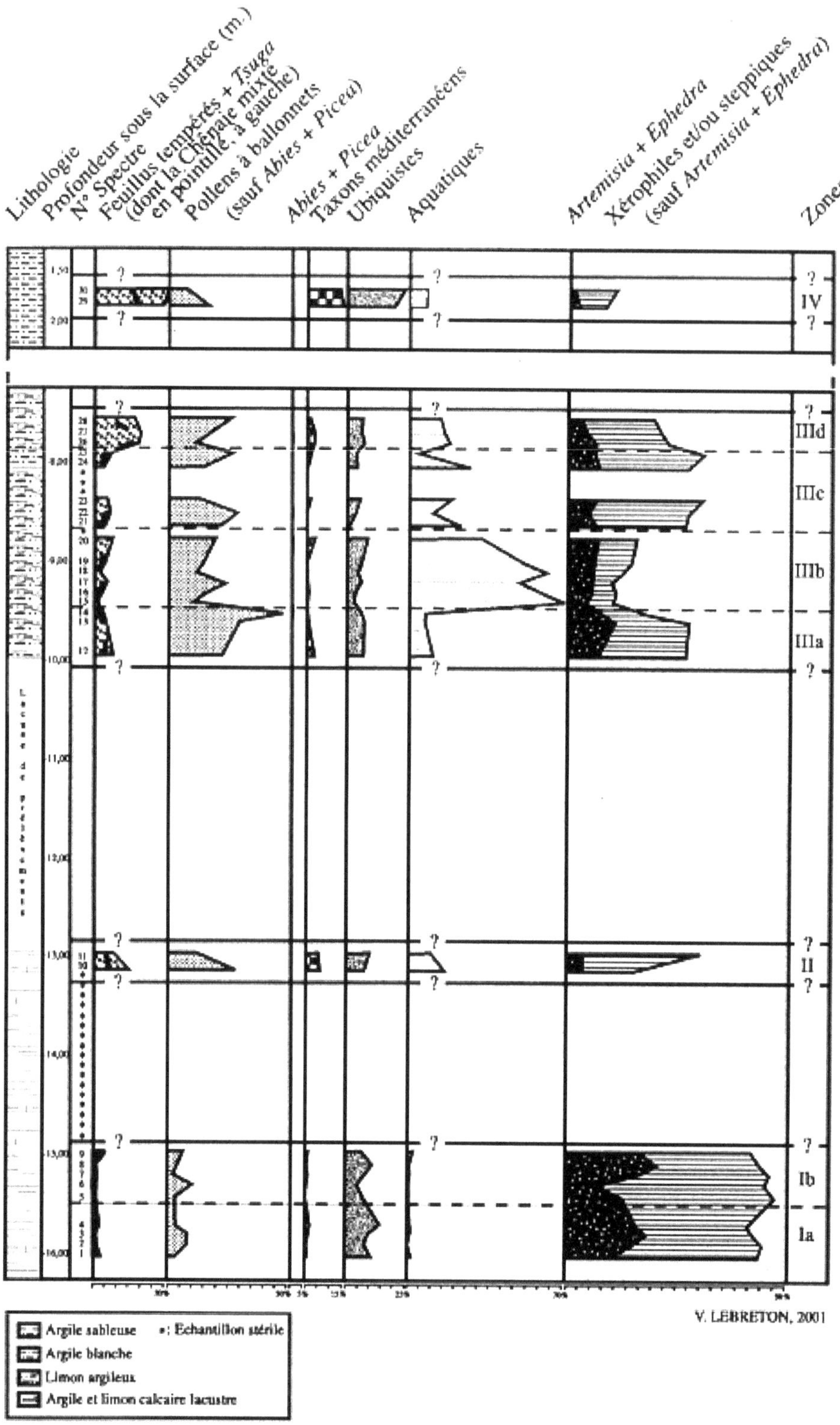

Fig. 1 : Diagrammes polliniques synthétiques des séquences MP1 (+ 189,65 m) et MP6 (+ 213,42 m) de Ca'Belvedere di Monte Poggiolo (Forli, Emilie-Romagne, Italie).

ainsi que des argiles fluviatiles postérieures aux niveaux archéologiques du gisement.

La base de la séquence évoque un paysage très largement découvert et steppique qui doit se mettre en place à la faveur d'un climat froid, mais surtout très sec (zone I). Cet épisode correspond aux conditions climatiques les plus rigoureuses enregistrées dans la séquence. Il est attribué à une période glaciaire du «complexe» bavélien ou du début du « complexe» cromérien. Une végétation semi-ouverte s'installe ensuite sous des conditions tempérées fraiches toujours marquées par une sécheresse générale (sous-zone IIIa, IIIb et IIIc). Une flore typiquement aquatique permet de suivre les variations du niveau lacustre. De brèves reprises de l'humidité sont également enregistrées (zone II, sous-zone IIId et zone IV). Les prairies proches sont probablement colonisées par des groupements xérophiles herbacés et arborés, auxquels se joignent probablement les taxons méditerranéens. Enfin, sur les reliefs avoisinant le bassin lacustre, des rares bosquets de feuillus et de conifères sont sans doute distribués en bandes de végétation altitudinales. Ces formations semi-ouvertes isodes interstadiaires peuvent être attribuées, soit à des épisodes intermédiaires, soit à des débuts ou fins de périodes interglaciaires du «complexe» bavélien ou cromérien (fig. 2).

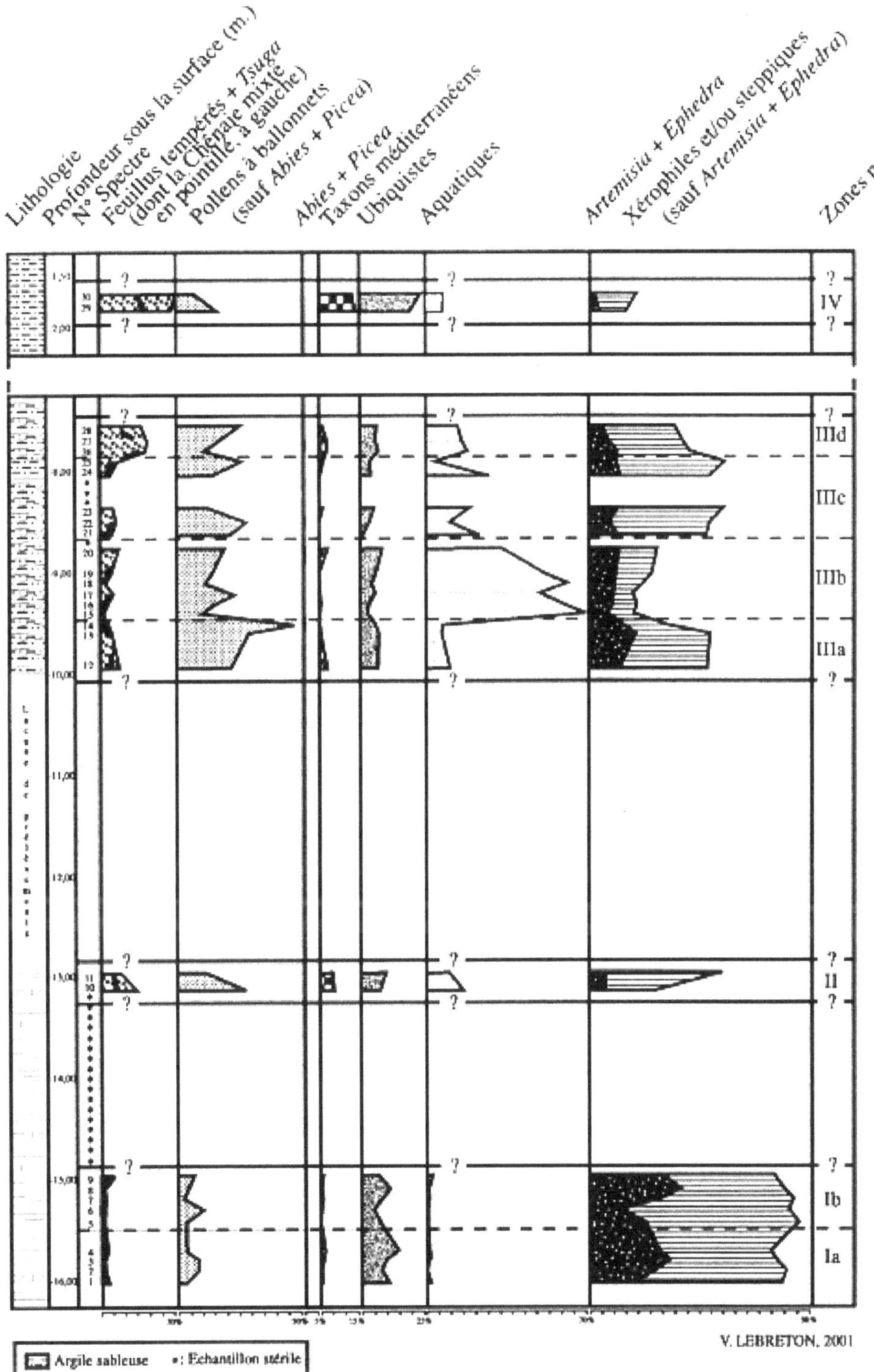

Fig. 2 : Diagramme pollinique synthétique du sondage S2 d'I-sernia La Pineta (Isernia, Molise, Italie). Altitude : +451,38 m.

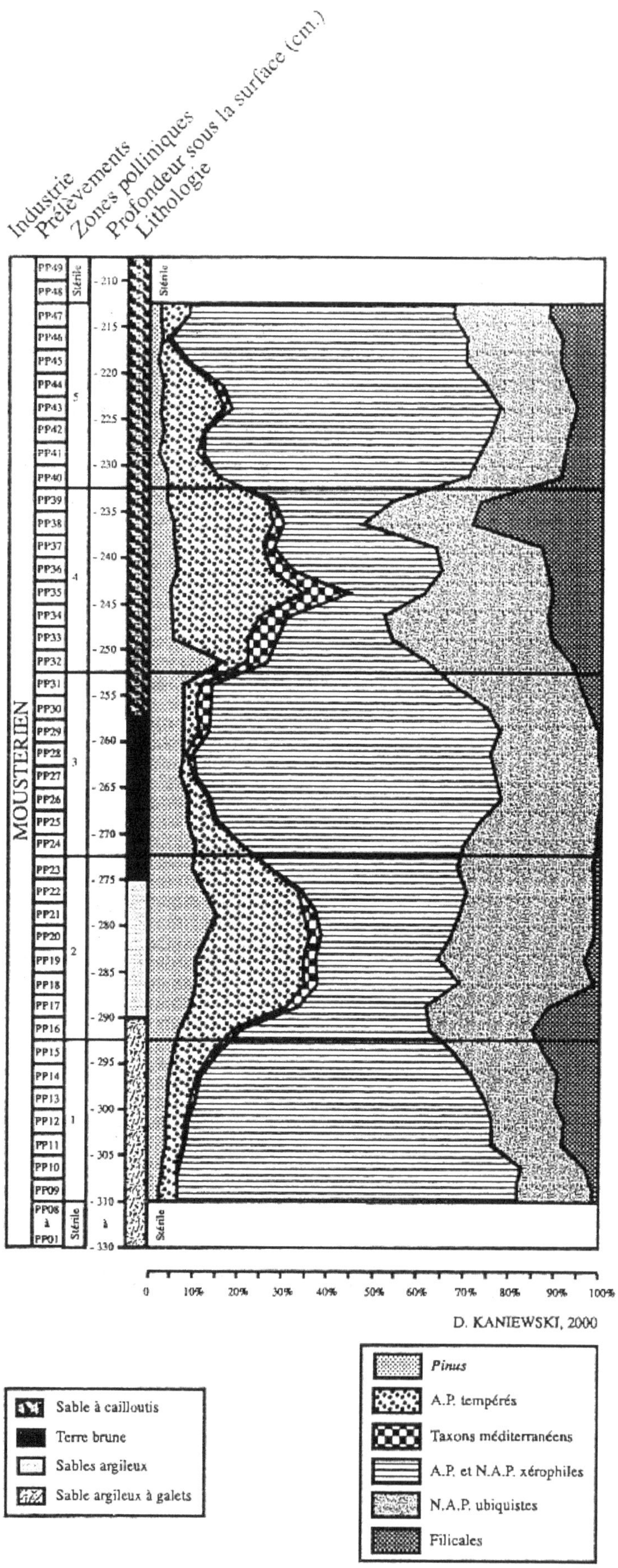

Fig. 3 : Diagramme pollinique synthétique de Santa Lucia supérieure (Toirano, Ligurie, Italie). Altitude : + 211 m.

3. LA GROTTE DE SANTA LUCIA

La grotte de Santa Lucia supérieure est située en Ligurie italienne, dans la province de Savone, sur les pentes occidentales du Mont San Pietro. Les premières excavations ont permis la découverte de nombreux restes fauniques associés à de l'industrie moustérienne (Tozzi, 1963 ; Lumley-Woodyear, 1969). De récentes fouilles ont mis à jour des restes humains attribués aux néanderthaliens et à des hommes modernes.
L'étude palynologique du site (Kaniewski, 2002 ; Kaniewski *et al*, 2004) a permis une division en cinq zones, retraçant l'évolution du paysage (Kaniewski, 1999). Le remplissage pollinique étudié s'est effectué globalement sous un climat plus frais que l'actuel, permettant l'émergence et le développement de *Betula* dans le domaine méditerranéen. Cependant, l'installation sporadique d'espèces arbustives tempérées, voire thermophiles, suggère un recul du froid permettant la réapparition de la forêt caducifoliée. Le maintien et la survie de celle-ci lors de péjorations climatiques semblent essentiellement dus à la présence de zones abritées servant de refuges à un cortège floristique écologiquement exigeant (Fig. 3). La comparaison des spectres sporo-polliniques avec les autres diagrammes régionaux, comme la grotte de la Calmette et la grotte de l'Hortus (Renault-Miskovsky, 1972), et les séquences de références des Echets (Beaulieu et Reille, 1989) et de la vallée di Castiglione (Follieri *et al*., 1988) paraît placer le remplissage archéologique du site Santa Lucia supérieure entre les stades isotopiques 4 et 3.

4. LE GISEMENT MOUSTÉRIEN DE LA GROTTE DE MANIE

Le gisement moustérien de la grotte de Manie est situé près de Finale Ligure, dans la province de Savone. Un premier sondage, effectué en 1962, a permis la découverte d'une faune associée à de l'industrie moustérienne (Isetti et Lumley, 1962). Ce site est l'un des plus grands de la région de Finale et, de par ses industries, l'un des plus caractéristiques du Paléolithique moyen (Lumley-Woodyear, 1969). Des fouilles systématiques, initiées en 1964, se poursuivent encore actuellement.
Une étude palynologique préliminaire a mis en évidence un couvert forestier où *Pinus* et *Corylus* dominent au sein d'une strate herbacée à Asteraceae et Poaceae (Arroba *et al*., 1976). L'analyse pollinique systématique du remplissage du site, en cours d'étude (Karatsori, 2003), évoque un paysage semi-ouvert à faiblement arboré. La séquence étudiée montre deux épisodes d'amélioration climatique qui encadrent une phase plus rigoureuse. Ces deux épisodes se caractérisent par le développement d'arbres thermophiles (*Corylus*, *Quercus* type-*pedunculata/pubescens*, *Tilia*, *Ulmus*...) ainsi que par la présence des taxons méditerranéens (*Quercus* type-*ilex/coccifera*, *Olea*, *Phillyrea*, *Pistacia*...). Quant à la période plus rigoureuse, elle est marquée par le recul de ces genres et l'installation des taxons steppiques et/ou xérophiles (Amaranthaceae/ Chenopodia-ceae, Asteraceae type-échinulé, *Artemisia*...). Ce paysage ouvert à semi-ouvert semble néanmoins conserver un caractère méditerranéen (Fig. 4).

5. L'ABRI MOCHI

L'Abri Mochi, en Ligurie italienne, fait partie du vaste ensemble des grottes de Grimaldi et s'ouvre au pied de la falaise des Baousse Rousse. La stratigraphie établie par A.C. Blanc et L. Cardini, et décrite ensuite par H. de Lumley (*In* : Renault-Miskovsky, 1972) fait apparaître, à la base de la coupe, un ensemble moustérien surmonté par les dépôts du Paléolithique supérieur.
Le paysage contemporain des niveaux moustériens documente une steppe herbacée à Asteraceae, mise en place sous un climat froid, aride et sec (Lebreton, 1997).

Une série de prélèvements au sein de la séquence aurignacienne a permis l'établissement d'un diagramme pollinique qui révèle :
1. l'étagement de deux types d'associations végétales, celle des sommets les plus proches avec les Cônifères relayés vers le bas par la forêt caducifoliée (Bouleaux, Chênaie, Ostryaie) et celle du littoral formée d'un groupement d'essences plus thermophiles, pour la plupart méditerranéennes.
2. la brusque augmentation du taux de boisement au niveau de l'Aurignacien typique, avec une poussée des taxons méditerranéens (Oleaceae, *Quercus* type-*ilex/coccifera*), synchrone d'une élévation de la température à mettre en parallèle avec l'interstade d'Arcy (Fig. 5) (Leroi-Gourhan, *In* : Renault-Miskovsky, 1972).
Le remplissage archéologique de l'Abri Bombrini est en sorte le prolongement de l'Abri Mochi vers le littoral. Le diagramme pollinique (Arobba, 1984) concerne :
- le Moustérien final où le couvert forestier est uniquement représenté par le Pin.
- l'Aurignacien «archaïque» ou Protoaurignacien (encore dépourvu de palynologie à l'Abri Mochi) représenté par une végétation riche en taxons forestiers thermophiles et méditerranéens qui pourraient témoigner d'un réchauffement climatique de courte durée à la limite Moustérien-Paléolithique supérieur (Renault-Miskovsky et Onoratini, 1997 ; Onoratini et Renault-Miskovsky, 1998).

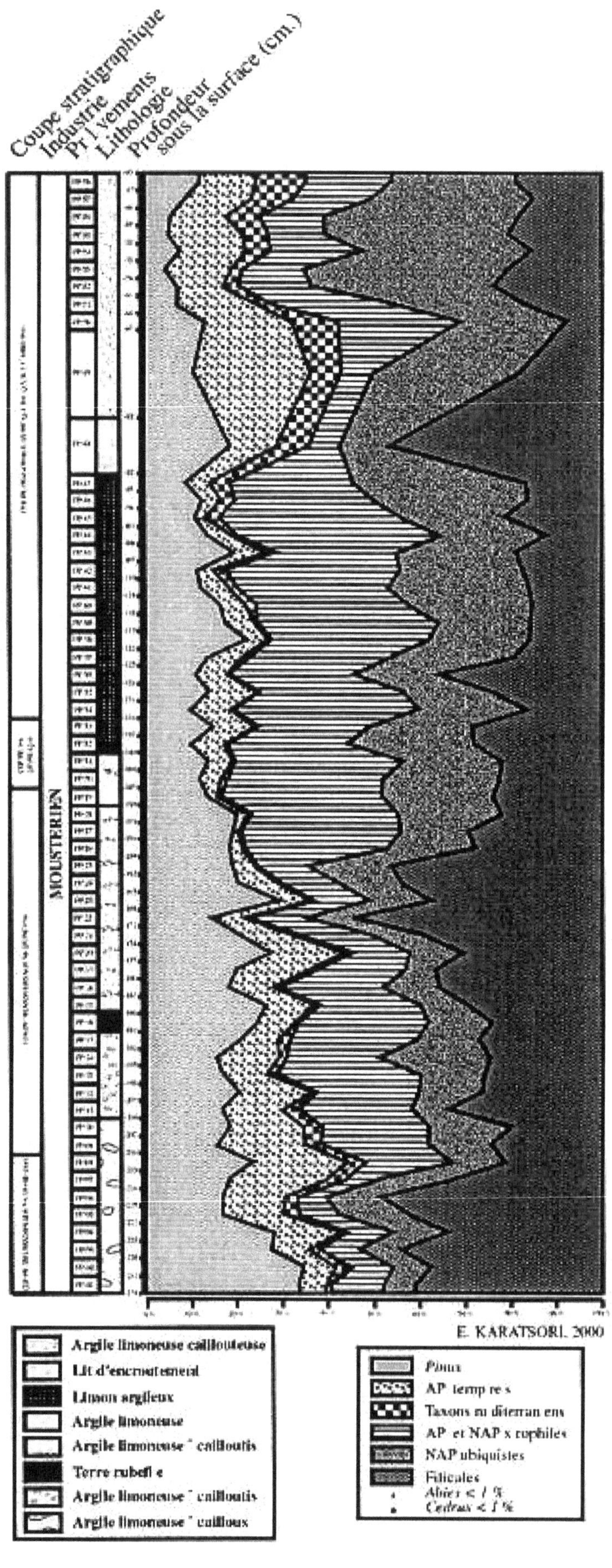

Fig. 4 : Diagramme pollinique synthétique d'Arma delle Manie (Finale Ligure, Ligurie, Italie). Altitude : + 250 m.

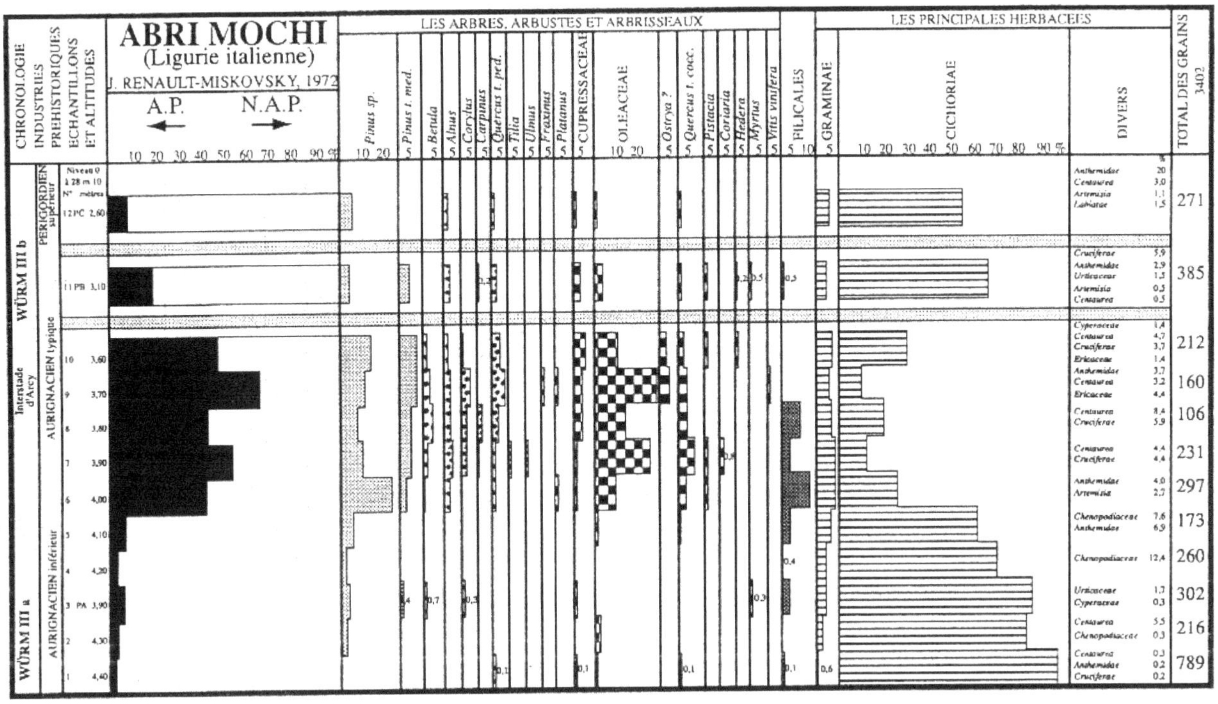

Fig. 5 : Diagramme pollinique synthétique de l'Abri Mochi (Baousse Rousse, Ligurie, Italie). Altitude : + 28,10 m.

BIBLIOGRAPHIE

ACCORSI C.A. (1985) - The contribution of palynology in the reconstruction of the environment. *In* : Peretto C. (ed.), *Homo, Journey to the origins of man's history*, Catalogo della omonima mostra, Cataloghi Marsilio, Venezia, p. 192-201.

ACCORSI C.A., CREMASCHI M. et MERCURI A.M. (1996) - Qualche dato sul paesaggio dell'accapamento paleolitico di Isernia (Molise, Italia centrale) : dati litostratigrafici e spettri pollinici della serie « Isernia-Fiume Cavaliere ». *In* : Peretto C., (ed.) *I reperti paleontologici di Isernia La Pineta*. Istituto regionale per gli studi storici del Molise «V. Cuoco». Cosmo Iannone Editore, Isernia, p. 7-23.

AROBBA D. (1984) - Lo scavo paleolitico al Riparo Bombrini (Balzi Rossi di Grimaldi, Ventimiglia). *Rivista ingauna e intemelia*. Nuova Serie, Anno XXXIX, n° 3-4, p. 1-20.

AROBBA D., GIUGGIOLA O., IMPERIALE G., LAMBERTI A., OXILIA M. et VICINO G. (1976) - Le Mànie. Il giacimento musteriano dell' Arma (Finale Ligure - SV). *Archeologia in Liguria, Scavi e scoperte 1667-75*, Soprintendenza Archeologica della Liguria, ed. Genova.

BEAULIEU J.-L. (de) et REILLE M. (1989) - The transition from temperate phases to stadials in the long Upper Pleistocene sequence from Les Echets (France). *Palaeogeography, Palaeoclimatology, Palaeoecology*, 72, p. 147-159.

CATTANI L. (1992) - Il ricoprimento vegetale nell'area padana durante il pleistocene inferiore e medio. *In* : Peretto C. (ed.). *Actes du Congrès International de Forlì, 13-16 décembre 1989, I primi abitanti della Valle Padana : Monte Poggiolo, nel quadro delle conoscenze europee*. Jaca Book., Milan, p. 291-302.

FOLLIERI M., MAGRI D. et SADORI L. (1988) - 250.000 year pollen record from Valle di Castiglione (Roma). *Pollen et Spores*, Vol. XXX, n° 3-4, p. 329-356.

ISETTI G. et LUMLEY H. (de) (1962) - Prima segnalazione di un giacimento musteriano nell'Arma delle Mànie (Finale). *Rivista Inganna e Intemelia*, XVI, n° 1-4, p. 3-8.

KANIEWSKI D. (1999) - Contribution à la connaissance des climats et des paysages de la Ligurie italienne au Pléistocène supérieur : Palynologie du site moustérien Santa Lucia supérieure. *Mémoire de D.E.A.*, Muséum National d'Histoire Naturelle, Paris, 51 p.

KANIEWSKI D. (2002) – Reconstitution des paysages et des climats contemporains des Homo neanderthalensis d'après l'analyse pollinique de deux sites moustériens ligures : la grotte de Madonna dell'Arma (San Remo) et la grotte de Santa Lucia superiore (Toirano). *Thèse*, Muséum National d'Histoire Naturelle, Paris, 355 p.

KANIEWSKI D., RENAULT-MISKOVSKY J., TOZZI C., LUMLEY H. de (2004) – Santa Lucia superiore (Toirano, Ligurie) : Reconstitution locale de la végétation ligure durant le Pléniglaciaire ancien. Geobios (In press).

KARATSORI E. (2003) – Environnement végétal de l'Homme fossile et climats en Ligurie pendant le dernier cycle climatique et le postglaciaire. *British Archaeological Reports (BAR)* S 1159, 250 p.

LEBRETON V. (1997) - Études palynologiques des remplissages pléistocènes supérieurs de l'Abri Mochi (Baousse

Rousse - Grimaldi - Ligurie italienne) et de la grotte de Kalamakia (Aréopolis - Grèce). *Mémoire de D.E.A.*, Museum National d'Histoire Naturelle, 60 p.

LEBRETON V., DARLAS A. et CATTANI L. (1999) - Palynological analyses from Kalamakia Cave (Greece) and from Ca'Belvedere di Monte Poggiolo (Italy). *In.* : Human population origins in the circum-mediterranean area : adaptation of the hunter-gatherer groups to environmental modifications, *Arkeos*, 5, perspectivas em dialogo, p. 85-100.

LEBRETON V. (2001) – Paysages et climats contemporains des premiers Hominidés en Italie. Analyse pollinique des sites du Pléistocène inférieur et moyen de Ca'Belvedere di Monte Poggiolo (Forli, Emilie-Romagne) et de la Pineta (Isernia, Molise). *Thèse*, Muséum National d'Histoire Naturelle, Paris, 261 p.

LEBRETON V. (2002) – Végétation et climat au Pléistocène inférieur et moyen à La Pineta (Isernia, Italie*). Comptes Rendus Palevol* 1, p. 11-17.

LUMLEY-WOODYEAR H. (de) (1969) - *Le Paléolithique inférieur et moyen du midi méditerranéen dans son cadre géologique*. Tome I, Ligurie-Provence. Vème Supplément à Gallia préhistoire, 467 p.

ONORATINI G. et RENAULT-MISKOVSKY J. (1998) - Préhistoire et environnement du Paléolithique supérieur du sud-est de la France. *In* : Vermeersch P.M. et Renault-Miskovsky J. (eds.), *European late pleistocene, isotope stages 2 and 3 : humans, their ecology & cultural adaptations*, INQUA Congress in Durban, South Africa, p. 131-174

PERETTO C. (1994) - *Le industrie litiche del giacimento paleolitico di Isernia la Pineta. La tipologia, le tracce di utilizzazione, la sperimentazione*. Istituto Regionale per gli studi storici del Molise «V. CUOCO». Cosmo Iannone Editore, Isernia, 493 p.

PERETTO C., AMORE F.O., ANTONIAZZI A., ANTONIAZZI Al., BAHAIN J.-J., CATTANI L., CAVALLINI E., ESPOSITO P., FALGUÈRES C., GAGNEPAIN J., HEDLEY I., LAURENT M., LEBRETON V., LONGO L., MILLIKEN S., MONEGATTI P., OLLE A., PUGLIESE N., RENAULT- MISKOVSKY J., SOZZI M., UNGARO S., VANNUCCI S., VERGES J.M., WAGNER J.-J., YOKOYAMA Y. (1998) - L'industrie lithique de Ca' Belvédère di Monte Poggiolo : stratigraphie, matière première, typologie, remontages et traces d'utilisation. *L'Anthrop.*, n° 4, p. 343-465.

RENAULT-MISKOVSKY J. (1972) - Contribution à la paléoclimatologie du midi méditerranéen pendant la dernière glaciation et le post-glaciaire d'après l'étude palynologique de remplissages de grottes et abris sous-roche. *Bull. Musée d'Anthropologie préhist. de Monaco*, 18, p. 145-210.

RENAULT-MISKOVSKY J. et ONORATINI G. (1997) - Les sites du Paléolithique moyen et supérieur dans le Sud-Est de la France ; préhistoire et environnement, nouvelles données. *Préhistoire Européenne*, 10, p. 91-106.

TOZZI C. (1963) - Scavi nella grotta di Santa Lucia (Toirano). *Rivista di studi Liguri*, Tome XXVIII (1-4), p. 221-242.

LES PREMIÈRES OCCUPATIONS HUMAINES EN CHARENTE : ASPECT PALÉONTOLOGIQUE ET ASPECT PALÉOCLIMATIQUE

Stéphane LEFRANC (*), V TEILHOL (**), André DEBÉNATH (***)

1. ASPECT PALÉONTOLOGIQUE : LES RESTES HUMAINS DE FONTÉCHEVADE ET DE LA CHAISE DE VOUTHON (ABRIS SUARD ET BOURGEOIS-DELAUNAY)

L'occupation humaine dans le bassin de la Charente est très ancienne, puisque déjà les Acheuléen fréquentaient la région (fig. A).

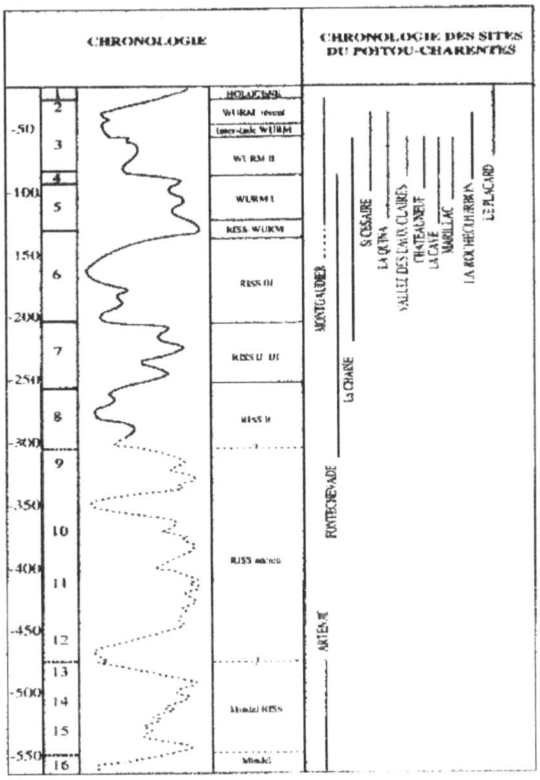

Fig. A : Cadre chronologique des gisements de Poitou-Charente.

Les vallées des tributaires de la Charente ont essentiellement été fréquentées, car elles présentent des paysages calcaires riches en grottes et abris. Nous parlerons plus précisément de la vallée de la Tardoire, puisqu'elle a livré les plus anciens restes humains de Charente.

Ses grottes et abris recèlent des traces d'occupation s'échelonnant entre le stade isotopique 10 et l'Holocène, et ont livré un nombre important de restes humains appartenant aux stades isotopiques 6, 5e, 4 et 3, et associés à des industries moustériennes (fig. B).

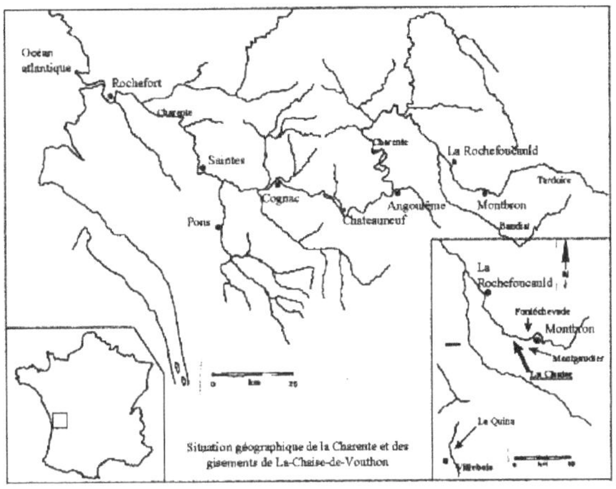

Fig. B : Carte géographique des gisements charentais.

1.1 Les restes humains rissiens : stade isotopique 6

Au cours de ses fouilles dans la grotte de Fontéchevade (1937-1955), G. Henri-Martin découvre en 1947 un frontal et un pariétal droit fragmentaires ainsi qu'une calotte crânienne comprenant le frontal et une partie des pariétaux droit et gauche (fig. C). Elle a rapporté ces restes à l'artisan du «Tayacien». Les parties conservées de la calotte portent peu de caractères morpholo giques permettant des rapprochements avec un groupe fossile. Les premières observations de Vallois (Vallois, 1958) la situe dans un groupe qu'il appelle «Présapiens», du fait de l'absence de bourrelet sus-orbitaire, et les mentalités étant encore trop étroites pour en faire un fossile plus ancien. Mais des études plus récentes effectuées par différents auteurs mettent en évidence les lacunes dans cette partie de la pièce, qui pourrait être attribuée à un Prénéandertalien (Tillier, 1975) ou un Néandertalien (Stringer, *in* Tattersall, Delson et Van Couvering, 1988). Nous savons maintenant, après des études sédimentologiques

(*) Doctorant en sédimentologie à l'Université de Perpignan, Laboratoire de Préhistoire de Tautavel, U.M.R 5590 du C.N.R.S.

(**) Doctorante en Paléontologie humaine à l'Université de Perpignan, Laboratoire de Préhistoire de Tautavel, U.M.R 5590 du C.N.R.S.

(***) Professeur de Préhistoire à l'Université de Perpignan, Laboratoire de Préhistoire de Tautavel, U.M.R 5590 du C.N.R.S.

Fig. C : Entrée de la grotte de Fontéchevade.

(Debénath, 1974b) et fauniques (Tournepiche, 1985) approfondies, qu'elle est probablement contemporaine du stade isotopique 6 (fig. D).

Fig. D : Vue supérieure de la calotte de Fontéchevade.

Fig. E : Les gisements de La-Chaise-de-Vouthon.

Le gisement paléolithique de La-Chaise-de-Vouthon se situe en Charente, entre le petit village de Montbron et La Rochefoucauld (fig. E). Il est composé du sud au nord de l'abri Duport, de l'abri Bourgeois-Delaunay, et de l'abri Suard (fig. F). Reliés entre eux par un système de galeries karstiques, ils s'ouvrent à une quinzaine de mètres au-dessus du lit de la Tardoi-re, au flanc d'un massif de calcaire bajocien. Ces abris forment un complexe important d'habitats préhistoriques, et renfermant des dépôts datés du stade 6 au stade 3 inclus.

La collection des restes humains de La Chaise regroupe le plus grand nombre d'ossements découverts à ce jour en Charente, et représente la plus grande collection d'ossements d'enfants néandertaliens connue en France à l'heure actuelle. Tous les restes humains ont été retrouvés épars. Les conditions de découverte ne permettent pas d'envisager la présence de sépultures ou de tout autre comportement cultuel.

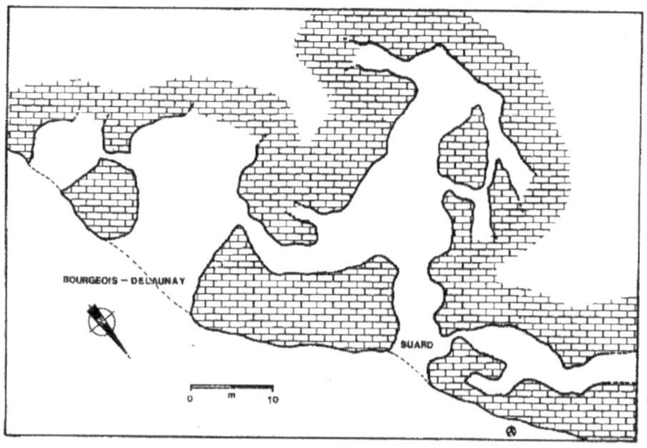

Fig. F : Situation topographique des gisements de La-Chaise-de-Vouthon.

Les fouilles méthodiques et minutieuses effectuées par A. Debénath ont permis de récolter des ossements en bon état de conservation, malgré la fragilité du matériel due au jeune âge des individus et des conditions de fouilles rendues difficiles par l'état de concrétion du sédiment dans l'abri Suard. L'abondance du matériel humain recueilli est exceptionnelle, et nous permet de mieux connaître ces hommes qui vivaient en Charente entre 200 000 ans (Suard) et 150 000 ans (Bourgeois-Delaunay).

Les restes humains de l'abri Suard, découverts par P. David puis A. Debénath entre 1949 et 1975, sont datés de la fin du stade isotopique 6. Le plancher stalagmitique qui les surmonte est daté par U/Th du stade isotopique 5e. Les ossements ont été retrouvés dans des niveaux riches en objets lithiques et restes fauniques divers. Cependant, ils étaient épars, sans connexion anatomique. On compte 53 ossements humains dont une majorité de restes crâniens, représentant plusieurs individus adultes et enfants. De nombreuses associations ont pu être réalisées, et l'on distingue aujourd'hui trois calottes d'enfants âgés entre 2 et 8 ans.

1.2 Et juste après...

L'abri Bourgeois-Delaunay (La Chaise), communiquant avec l'abri Suard, a livré également plusieurs restes humains exclus de tout complexe d'habitat. Certains ossements se situaient entre et sur les blocs de la couche sous-jacente, alors que d'autres étaient scellés dans la base du plancher stalagmitique. Ils ont donc été datés du début du stade isotopique 5e.

Les nombreux restes humains mis au jour en Charente, et plus particulièrement dans les grottes de La Chaise, complètent parfaitement les données sur l'évolution des Néandertaliens. On peut ainsi suivre les dernières étapes de l'acquisition des caractéristiques néandertaliennes, l'établissement de cette population et sa disparition, il y a environ 30 000 ans.

Le bassin de la Charente est la région de France présentant la plus grande concentration de restes humains fossiles. Après les Néandertaliens de Fontéchevade et de La Chaise qui ont fréquenté les rives de la Tardoire au cours du stade isotopique 6, les néandertaliens se sont installés le long des cours d'eau du bassin supérieur de la Charente. On retrouve leurs ossements associés à une industrie moustérienne en général de type Quina. La lignée néandertalienne est présente jusqu'au stade 3. Les restes osseux d'*Homo sapiens* sont en revanche plus rares et souvent issus de gisements déjà connus pour avoir livré des vestiges néandertaliens.

Depuis la découverte de la calotte de Fontéchevade et les discussions que son étude a provoquées, de nouvelles découvertes, telles que celle des ossements néandertaliens de La Chaise, sont venues alimenter les recherches et leur étude permettra de mieux comprendre le processus d'évolution des néandertaliens. La présence de nombreux ossements juvéniles permet d'élargir l'étude des néandertaliens au développement de l'enfant. Enfin, la répartition chronologique de ces ossements (du stade 6 au stade 3) confère, par sa rareté, un intérêt tout particulier à ces vestiges.

2. ASPECT PALÉOCLIMATIQUE : LE CAS DU REMPLISSAGE MOUSTÉRIEN DE L'ABRI BOURGEOIS-DELAUNAY

Découvert vers 1850 par J. Fermond, l'abri Bourgeois-Delaunay a fait l'objet de nombreuses fouilles (P. David de 1954 à 1963, puis A. Debénath jusqu'en 1983) et a livré de nombreux restes humains néandertaliens, de la faune et de l'industrie moustérienne.

Le cadre stratigraphique du site, établi par ces auteurs peut être divisé en trois ensembles :
- Un ensemble supérieur (couches 1 à 6, fouilles de P. David),
- Un ensemble moyen (couches 8 à 10), fouillé par A. Debénath, situé entre les deux planchers stalagmitiques de l'abri (couches 7 et 11).
- Un ensemble inférieur (couches 12 et 13).

Les niveaux moustériens situés entre les deux planchers stalagmitiques de l'abri sont l'objet de notre étude sédimentologique. Cette dernière comprend la granulométrie de la fraction fine, la morphoscopie et l'exoscopie des grains de quartz ainsi que l'étude des minéraux lourds.

2.1 Résultats de la granulométrie

Les analyses granulométriques de la fraction fine du sédiment nous montrent que, mis à part le sommet de la couche 8', les sables sont minoritaires (fig. 1) et mal classés (fig. 2 : les valeurs des quartiles Q1, Q2 et Q3 sont assez éloignées les unes des autres). La fraction granulo-métrique dominante est l'argile (à l'exception de la couche 8b et du sommet de la couche 8' où sa présence n'est toutefois pas négligeable (> 20 %)).

Tout cela semble indiquer que le principal agent de transport responsable de la mise en place de ces niveaux est l'eau.

2.2 Résultats de la morphoscopie des grains de quartz

L'étude de la forme et de l'aspect de surface des

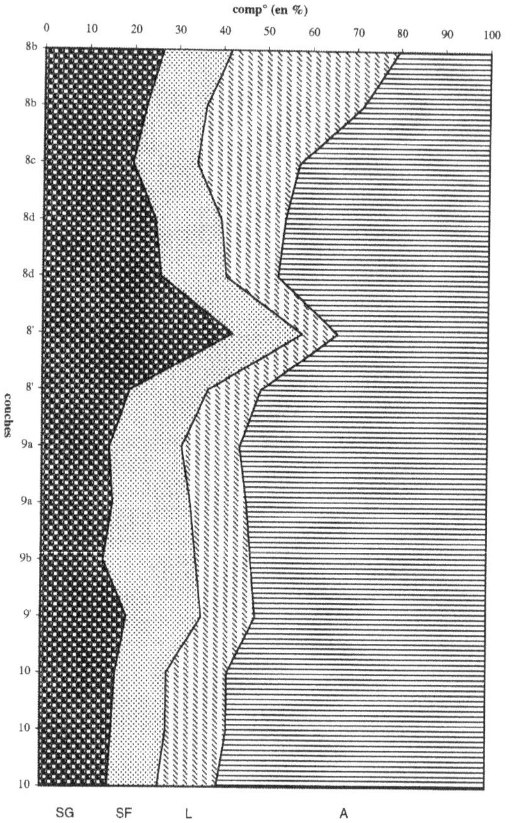

Fig. 1 : Composition granulométrique du sédiment. SG : sables grossiers - SF : sables fins - L : limons - A : argiles.

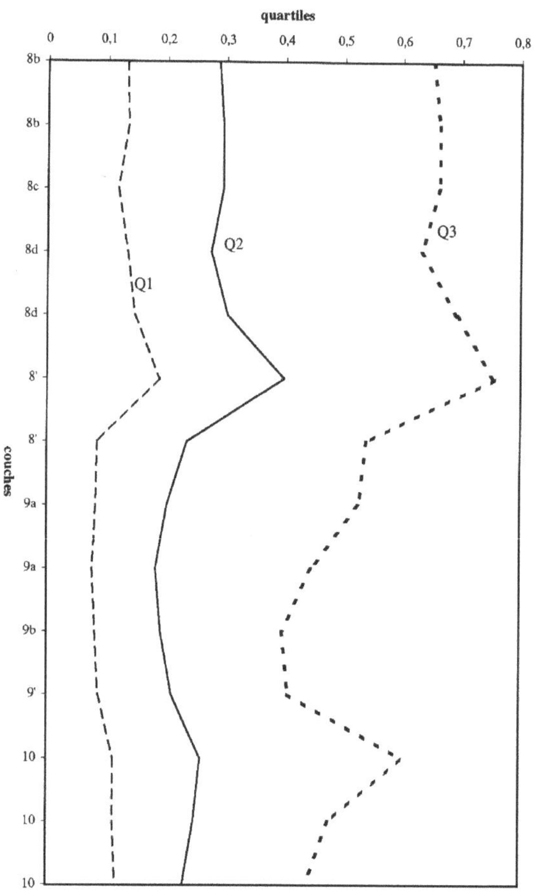

Fig. 2 : Quartiles (Q1, Q2, Q3) des sables.

grains de quartz nous montre que la grande majorité de ces derniers sont non-usés, c'est à dire de forme anguleuse, aux arêtes bien marquées (fig. 3). Cela signifie que les sédiments ont été transportés sur une faible distance.

Toutefois, des incertitudes demeurent. Elles concernent essentiellement l'origine soit autochtone (ruissellement à travers les fissures de la paroi de la grotte), soit allochtone (transport par la Tardoire, cours d'eau situé à proximité immédiate du site) des sédiments.

Des analyses supplémentaires ont permis de lever ces incertitudes.

2.3 Résultats de l'étude des minéraux lourds

Les niveaux situés entre les deux planchers stalagmitiques de l'abri sont caractérisés par un assemblage minéralogique comprenant le disthène, le zircon, le grenat, la sillimanite et la chlorite (fig. 4). Ce cortège de minéraux est équivalent à celui que l'on trouve dans le Massif Central, dont les derniers contreforts granitiques et schisteux sont

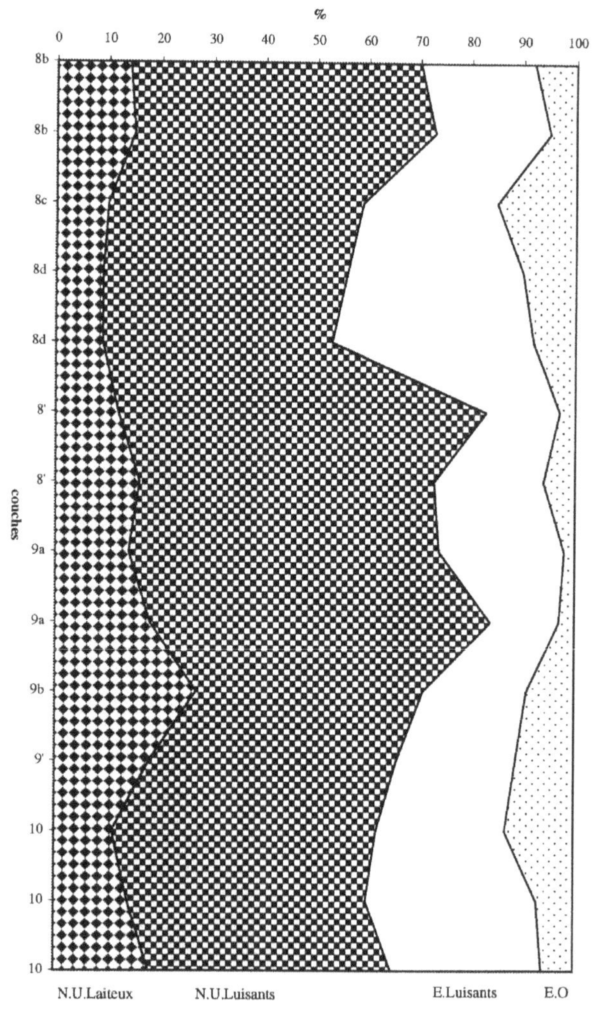

Fig. 3 : Morphoscopie des grains de quartz. NU : non usés - E : émoussés.

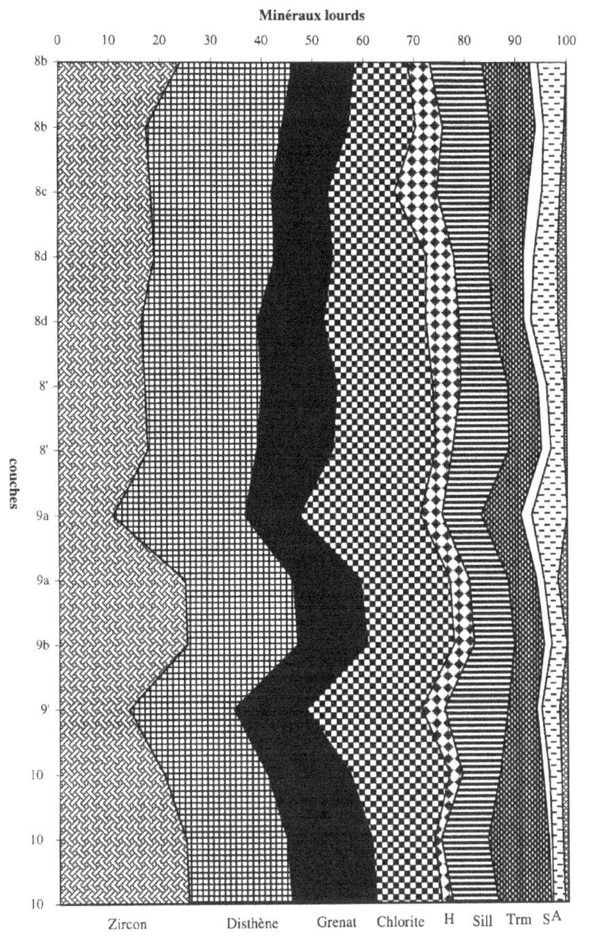

Fig. 4 : Minéraux lourds. H : hornblende - Sill : sillimanite - Trm : tourmaline - S : staurotide - A : Andalousite.

très proches de notre grotte (moins de 5 km). Ceci conforte l'hypothèse d'une origine allochtone des sédiments.

2.4 Résultats de l'exoscopie des grains de quartz

L'observation de la surface des grains de quartz au microscope électronique à balayage environnemental révèle que ceux-ci présentent de nombreuses traces de choc (fig. 6) :

- Des traces de choc en «V», aux arêtes arrondies, ce qui confirme un transport en milieu aquatique.
- Des figures de broutage, aux arêtes également émoussées, indiquant soit un transport en milieu alluvial hétérogranulaire, soit un transport en milieu glaciaire repris ensuite par l'eau.
- Des figures de choc en croissant, de grande taille, témoins d'un transport en milieu de relativement forte énergie (milieu aquatique dont l'énergie est beaucoup plus forte que celle du milieu éolien).

L'existence de figures de dissolution géométriques sur certains grains suggère une évolution pédogénétique du sédiment (ce qui pourrait être une hypothèse pour expliquer le faible taux de calcaire

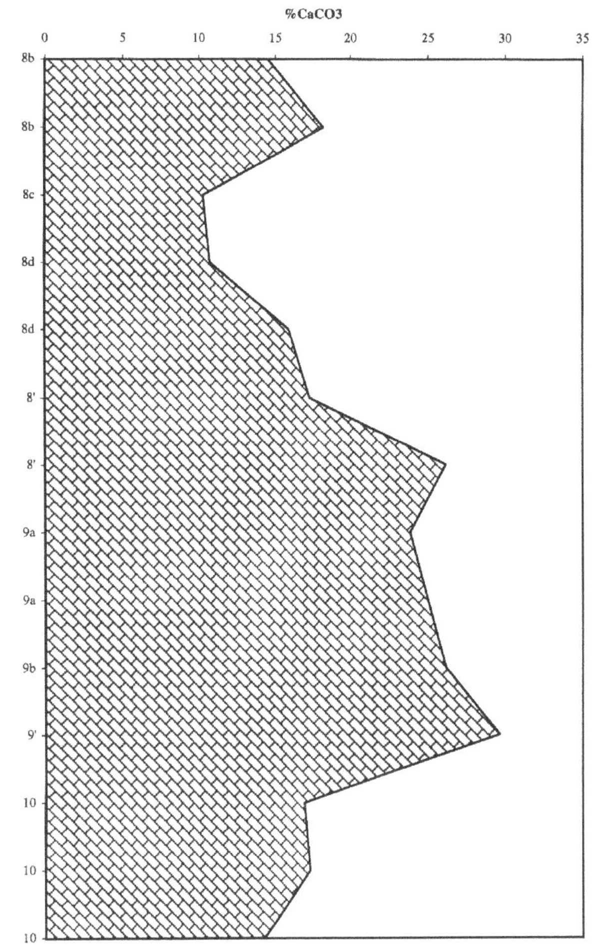

Fig. 5 : Calcimétrie de la fraction fine du sédiment.

dans les sédiments (fig. 5), l'autre étant l'hypothèse d'une origine allochtone).

3. CONCLUSION GÉNÉRALE

Toutes ces études nous ont permis de caractériser les conditions environnementales du remplissage de l'abri Bourgeois-Delaunay pendant le stade isotopique 5d. Il s'est effectué en contexte humide (apport par la rivière Tardoire), contrairement à ce que laissait présager la palynologie (indiquant un climat froid et sec avec moins de 2 % d'arbres) (fig. 7).

Ces données, associées à celles obtenues par l'étude de la faune (dominée par l'ours et le cheval) (fig.7) et de l'industrie complètent celles des restes humains néandertaliens et permettent de préciser les conditions de vie des moustériens en Charente.

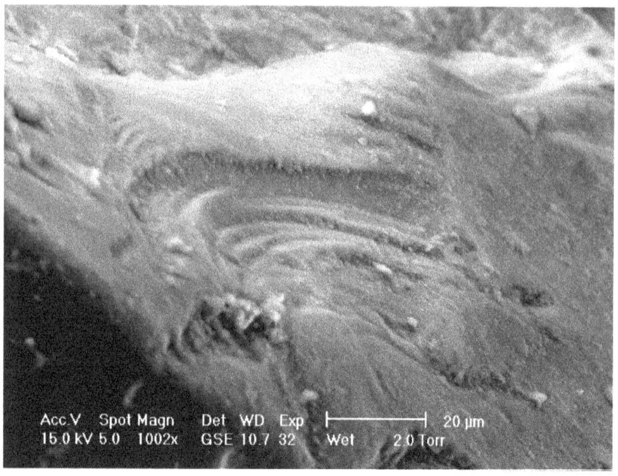

Fig. 6a : Trace de choc en croissant aux bords émoussés.

Fig. 6b : Figures de dissolution géométriques.

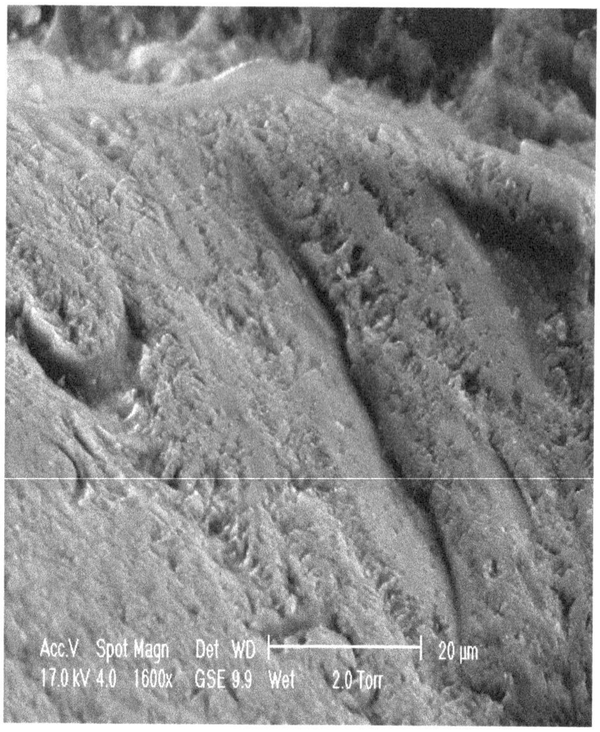

Fig. 6c : Traces de choc en croissant et figures de broutage

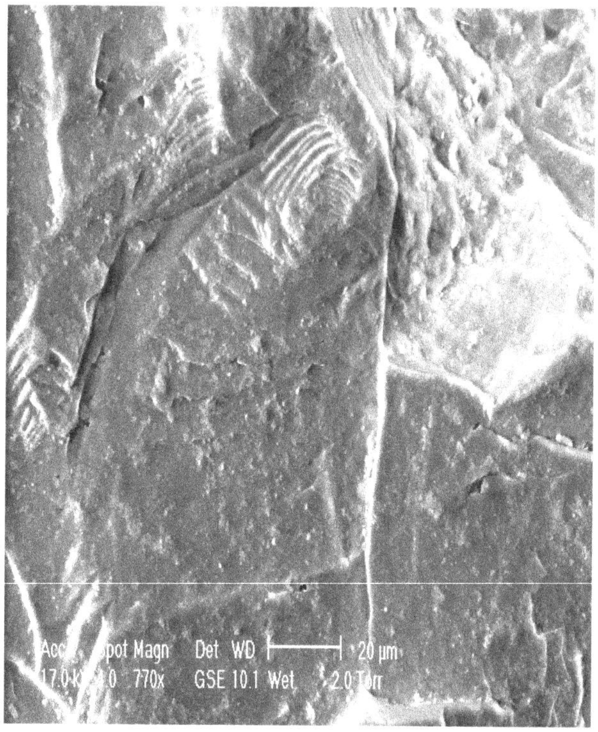

Fig. 6d : Figures de broutages.

Fig. 6 : Exoscopie des quartz

couches	dat° isotop.	faunes	données palynologiques (H.FELLAG, 1996)	données sédimentologiques: granulométrie	% de calcaire	morphoscopie des quartz	exoscopie des quartz	mx. lourds	modes de transport et de dépôt	contexte paléoclimatique
7 (1° plancher stalagmitique)	5c		**Zone d :** grande majorité de pollens d'arbres (de 52% à 65%): chêne, aulne, pin (ces derniers sont plus nombreux au sommet)							tempéré, humide
8	5d	restes peu nombreux (*Ursus spelaeus, Cervus elaphus, Rangifer tarandus, Equus caballus*...)		faible % en sables (mal classés, avec dominance des sables grossiers) fort % de limons au sommet fort % d'argiles à la base	<20%	fort % de quartz non-usés (entre 53% et 73%)	quartz présentant des traces de choc en "V" aux arêtes arrondies, des figures de broutage dont les bords sont émous sées, des figures de choc en croissant et des figures de disso lution géométriques	zircon disthène hbl. Verte grenat sillimanite tourmaline	Sédiment allochtone, transporté par la rivière Tardoire	humide
8'		cheval (*Equus caballus*, 40,5%) ours (*Ursus spelaeus*, 23,4%) renne, cerf, daim, loup, sanglier...		fort % de sables (mal classés, avec dominance des sables grossiers) fraction limono-argileuse riche en argiles		idem (83%)				
				faible % en sables (mal classés, avec dominance des sables grossiers) très fort % en argiles	26%	idem (73%)				
9		cheval (*Equus caballus*, 39,9%) ours (*Ursus spelaeus*, 33,4%) cerf, renne, loup, hyène,grands bovidés...	**Zone c :** pollens d'herbacées très dominants (de 76% à 90%) et représentés surtout par l'armoise. Les pollens d'arbres (<2%) sont représentés par le pin sylvestre.	faible % en sables (mal classés, avec légère dominance des sables fins) très fort % en argiles	<25%	idem (entre 74% et 84%)				
9'		ours (*Ursus spelaeus*, 64,3%) cheval (*Equus caballus*, 20,4%) cerf, renne, loup, hyène, grands bovidés...		faible % en sables (mal classés, avec autant de sables fins que de grossiers) très fort % en argiles	30%	idem (entre 65% et 70%)				
10		ours (*Ursus spelaeus*, >70%) cheval (*Equus caballus*, 17,5%) cerf, loup,hyène, renard...		faible % en sables (mal classés, avec dominance des sables grossiers) très fort % en argiles	<20%	augmentation du % des quartz non-usés du sommet (59%) vers la base (84%)				
11 (2° plancher stalagmitique)	5e		**Zone b :** majorité de pollens d'arbres (64%): frêne, saule, tilleul...							tempéré,humide
	6b		**Zone a :** pollens d'herbacées très dominants (76%) avec grande variété taxinomique. Arbres (10% des pollens) représentés par le pin et le noisetier							peu rigoureux mais pas assez tempéré pour l' installation d'une forêt (FELLAG, 1996)

Fig. 7 : Cadre chronostratigraphique des niveaux moustériens de l'abri Bourgeois-Delaunay.

BIBLIOGRAPHIE

BLACKWELL B., SCHWARCZ H.P. et DEBÉNATH A. (1983) - Absolute Dating of Hominids and Paleolithic Artefact of the Cave of La Chaise de Vouthon (Charente), France. *Journal of Archaeological Science,* 10, p. 493-513.

DEBÉNATH A. (1965) - Recherches sédimentologiques sur le remplissage des grottes-abris de La Chaise de Vouthon (Charente). *Thèse de troisième cycle de Géologie approfondie, Fac. des sc. de Bordeaux*, 168 p.

DEBÉNATH A. (1974) - Recherches sur les terrains quaternaires Charentais et les industries qui leurs sont associées. *Thèse de doctorat d'Etat ès sciences naturelles*, 678 p.

DEBÉNATH A. (1992) - Neanderthal en Poitou-Charentes. *Association Régionale des Conservateurs des Musées de Poitou-Charentes*, 187 p.

FELLAG H. (1996) - Contribution à l'étude des paléoenvironnements et des paléoclimats de la fin du Pléistocène moyen et du Pléistocène supérieur du Sud-Ouest de la France. Analyses polliniques des remplissages des grottes de Suard, Bourgeois-Delaunay, Fontéchevade (Charente) et de l'abri Pataud (Dordogne). *Thèse du Museum National d'Histoire Naturelle*, 205 p.

PALÉOENVIRONNEMENTS ET HOMINIDÉS : APPROCHES BIOGÉOCHIMIQUES

BILAN DU PROJET «TRAÇAGE ISOTOPIQUE DES CHANGEMENTS PALÉOENVIRONNEMENTAUX EN EUROPE OCCIDENTALE CONTINENTALE À PARTIR DES OSSEMENTS FOSSILES, DE L'EEMIEN A L'HOLOCÈNE»

Hervé BOCHERENS (*), Dorothée DRUCKER (**) et Daniel BILLIOU (***)

RÉSUMÉ

Le traçage isotopique des changements paléoenvironnementaux en Europe occidentale continentale à partir des ossements fossiles, de l'Eemien à l'Holocène a permis plusieurs avancées scientifiques. Il a permis de standardiser la caractérisation de l'état d'altération des ossements pressentis pour une étude isotopique de leur collagène en quantifiant la perte de collagè-ne, en quantifiant et identifiant les éventuelles contaminations carbonées, en quantifiant l'intégrité structurale du collagène résiduelle et en évaluant la fiabilité isotopique du collagène résiduel. Les résultats isotopiques obtenus sur des individus pléistocènes d'espèces herbivores vivantes de nos jours a mis en évidence la flexibilité écologique de certains taxons, comme le cheval et le cerf, en fonction des conditions environnementales. Ces résultats ont également montré la stabilité du régime alimentaire des néandertaliens du pléistocène supérieur, régime composé essentiellement de viande d'herbivores de milieu ouvert, même pendant les périodes plus tempérées et forestières.

ABSTRACT

Isotopic tracking of palaeoenvironmental changes in continental western Europe from fossil bones Eemian to Holocene led to several significant scientific breakthrough. This project allows us to standardize the characterisation of alteration stage in bones to be used for collagen isotopic analysis, while quantifying collagen loss, quantifying and identifying possible carbonaceous contaminations, quantifying structural integrity of residual collagen and while evaluating isotopic reliability of residual collagen. Isotopic results obtained on pleistocene individuals from extant herbivorous species shows the ecologic flexibility of some taxa, such as horse and red deer, according to environmental conditions.
These results also demonstrate the dietary stability of Neandertals during upper Pleistocene, with a diet mainly composed of meat open environment herbivores, event during more temperate and forested periods.

1. INTRODUCTION

L'utilisation conjointe du traçage isotopique naturel pour le carbone ($^{13}C/^{12}C$) et pour l'azote ($^{15}N/^{14}N$), appliquée aux structures squelettiques des Vertébrés (collagène des os et des dents), se révèle fructueuse pour l'acquisition de données sur les paléoenvironnements et l'alimentation de populations du passé. Initiée à la fin des années 1970 principalement dans les pays anglo-saxons, cette approche a été surtout appliquée jusqu'à présent aux zones intertropicales, où les contrastes isotopiques sont bien marqués entre zones de savane et zones boisées, mais où la conservation de la matière organique est généralement médiocre (ex : Burleigh et Brothwell, 1978 ; van der Merwe *et al.*, 1981 ; Ambrose et DeNiro, 1986), ainsi que pour les zones côtières, également caractérisées par des contrastes isotopiques entre écosystèmes marins et terrestres, notamment du nord de l'Europe (ex : Tauber, 1981). L'Europe occidentale continentale est restée jusqu'au début des années 1990 relativement négligée par cette approche, alors que les conditions de conservation de la matière organique fossile sont généralement bonnes, les problématiques paléoanthropologiques et préhistoriques qui pourraient bénéficier de cette approche sont nombreuses et le matériel disponible très abondant.

Le but du projet «Traçage isotopique des changements paléoenvironnementaux en Europe Occidentale continentale à partir des ossements fossiles, de l'Eemien à l'Holocène» présenté dans le cadre du programme CNRS «Paléoenvironnement, Évolution des Hominidés» a été d'établir des bases solides pour l'utilisation de cette méthodologie dans la zone considérée, à la fois en ce qui concerne les conditions de conservation des signatures isotopiques biogéniques, et pour apporter des informations nouvelles dans les situations où cette approche est efficace. Les sites étudiés sont présentés sur la figure 1. Il s'agit d'un ensemble de sites couvrant une période s'étendant de la dernière période interglaciaire et même un peu antérieurement (Payre), il y a environ 150 000 ans, jusqu'à l'Holocène, avec des sites d'âge néolithique récent, en Wallonie.
L'extension géographique couvre le Sud-Ouest de la France, le Bassin Parisien et la Belgique, avec un site dans la vallée du Rhône. Les probléma-

(*) Institut des Sciences de l'Evolution, UMR 5544, CNRS - Université de Montpellier II - Place E. Bataillon - 34095 Montpellier Cédex 5.
(**) PNWRC, Environment Canada, 115 Perimeter Road, Saskatoon, Saskatchewan, S7N 4X0 Canada.
(***) Laboratoire de Biogéochimie des Milieux Continentaux, I.N.A.P.G., EGER-INRA Grignon, 78026 Thiverval-Grignon.

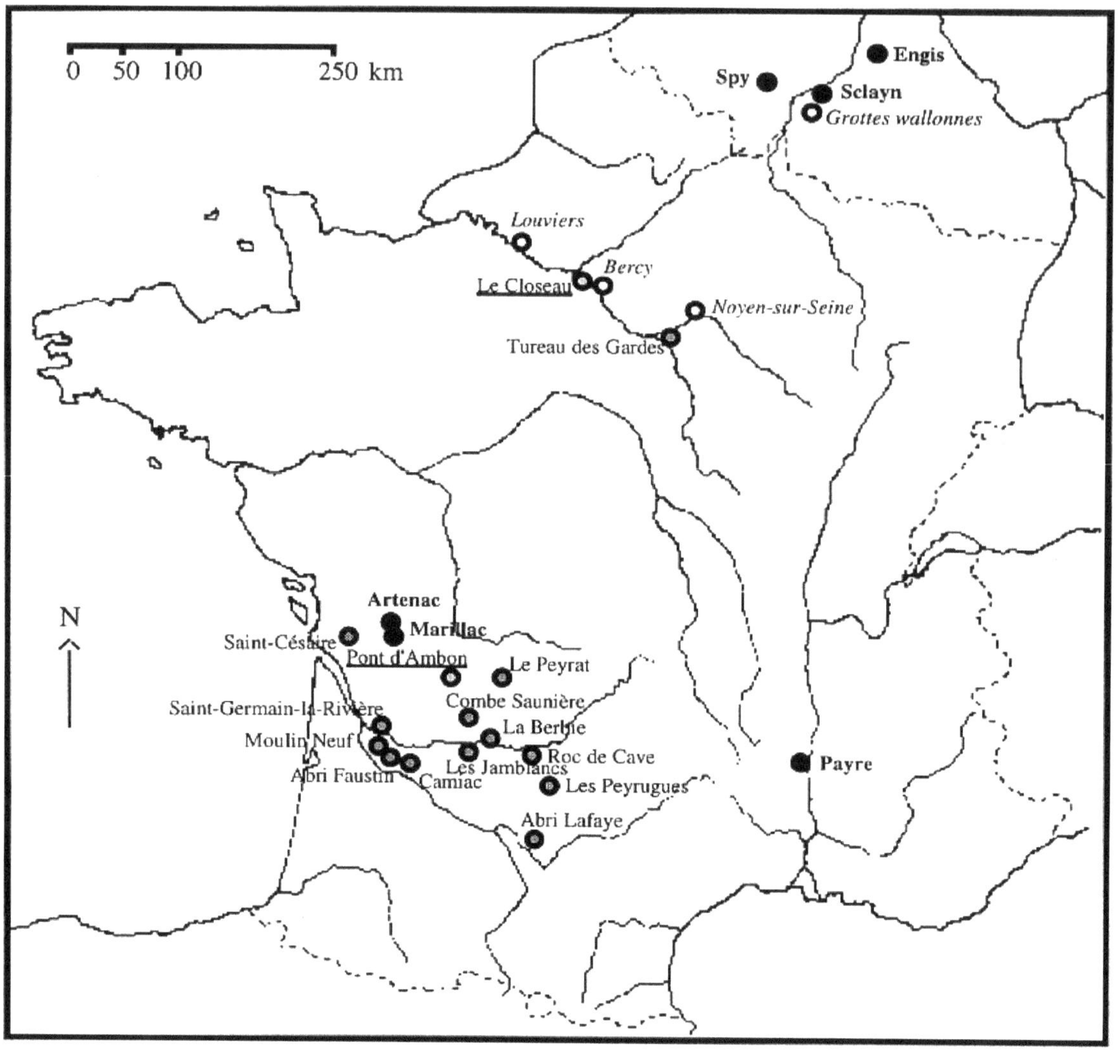

- **Paléolithique moyen** (~150 000 - 35 000 BP)
- Paléolithique supérieur (~35 000 - 12 000 BP)
- Epi-Paléolithique (~12 000 - 9 000 BP)
- *Mésolithique et Néolithique (~9 000 - 5 000 BP)*

Fig. 1 : carte des sites étudiés au cours du programme PEH.

tiques qui peuvent être abordées sont résumées sur la figure 2. La période considérée est marquée par des changements climatiques et environnementaux considérables en Europe occidentale, ainsi que par de très importants changements biologiques (remplacement des hommes de Néandertal par les hommes modernes) et culturels (succession de plusieurs cultures de chasseurs-cueilleurs, puis adoption d'une économie de production au Néolithique). Les thèmes que nous avons pu aborder concernent la caractérisation des changements environnementaux en milieu continental et leur impact sur les groupes néandertaliens entre 120 000 et 30 000 ans, avec un examen plus approfondi des périodes de changements profonds, durant l'interglaciaire eémien et lors de la transition entre paléolithique moyen et paléolithique supérieur,

ainsi que l'impact du dernier maximum glaciaire et du réchauffement tardiglaciaire sur les communautés de chasseurs-cueilleurs, qui sont finalement remplacées par les groupes néolithiques à économie de production utilisant l'élevage et l'agriculture.
Cet article présentera tout d'abord les apports de notre recherche sur l'état de conservation des ossements préhistoriques, avant d'aborder les implications sur les reconstitutions paléoenvironnementales puis sur les stratégies de subsistance des populations humaines, notamment néandertaliennes.

2. CONSERVATION DES OSSEMENTS DANS LES SITES DU PLEISTOCENE SUPÉRIEUR ET DE L'HOLOCÈNE D'EUROPE OCCIDENTALE

Au cours de la réalisation de ce projet, nous avons été amenés à standardiser l'approche de l'état diagénétique des ossements dont l'analyse isotopique du collagène est pressentie, notamment par la mise au point de protocoles de caractérisation de l'état des ossements par l'analyse chimique et isotopique d'une aliquote d'environ 5 milligrammes de l'os total broyé. Cette approche est réalisée à l'aide d'un analyseur CHN couplé à un spectromètre de masse isotopique ($^{13}C/^{12}C$). Elle permet non seulement de quantifier la perte en collagène mais également de quantifier et d'identifier les éventuelles contaminations carbonées présentes dans l'os. La mesure systématique des teneurs en carbone et azote des collagènes analysés isotopiquement permet de quantifier l'intégrité structurale du collagène résiduel et de vérifier la fiabilité isotopique de ce collagène. Enfin, un examen des variations de signatures isotopiques en fonction de la perte du collagène constitue un critère que nous avons mis en place pour confirmer la fiabilité isotopique du collagène extrait. Ces différents points seront traités dans les paragraphes suivants.

Quantification de la perte de collagène

La mesure de la teneur en azote de l'os total (% Nos total) permet de quantifier la perte de collagène, ce qui permet d'éliminer les os sans collagène avant même de tenter une extraction, ainsi que de prévoir la quantité de poudre d'os à utiliser pour l'extraction de la quantité désirée de collagène. La comparaison de ces teneurs en azote des ossements selon la provenance des échantillons, au sein des sites et entre les sites, permet une étude spatiale et chronologique de la conservation, qui peut être éventuellement liée à des paramètres physico-chimiques du site. Une étude de la variabilité stratigraphique de la conservation du collagène dans le cas du site de Saint-Césaire pour une durée de 8000 ans (d'environ 40 000 à 32 000 ans BP) a été publiée par Drucker *et al.* (1999). Cette étude montre une diminution générale des teneurs en azote avec la profondeur, et donc avec le temps écoulé depuis le dépôt. L'examen des résultats obtenus pour des ossements provenant des couches 1A, 4A et 5 de la grotte Scladina (Sclayn, Belgique) et qui couvrent une période d'environ 90 000 ans montre également une diminution des teneurs en azote des ossements avec le temps (fig. 3). En ce qui concerne la variabilité spatiale de la conservation du collagène, une étude concernant des sites de bordure de chenal comme les sites néolithiques de Bercy et de Louviers a été publiée par Bocherens *et al.* (1997b).

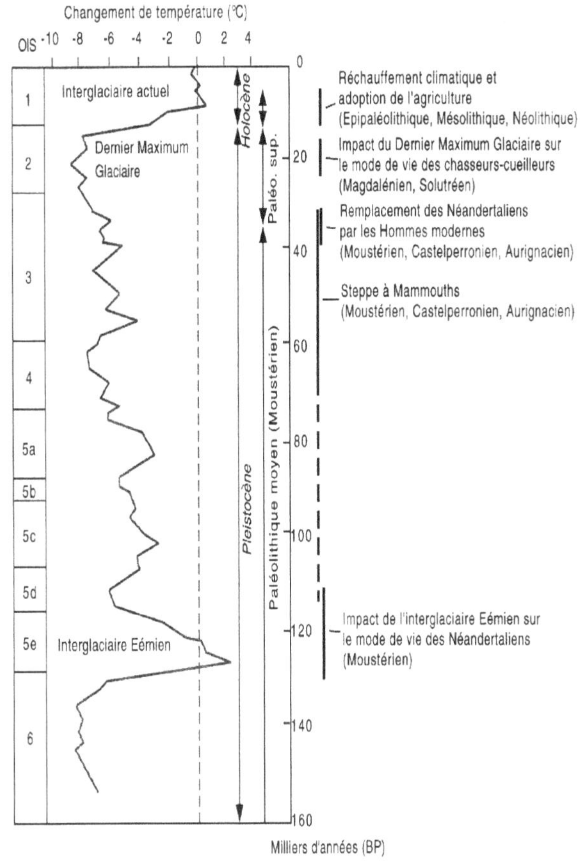

Fig. 2 : problématique abordée concernant le dernier cycle glaciaire-interglaciaire. Le graphe de changements de tempéra-ture est tiré de Crowsley (1996).

Il apparaît que dans de tels sites, les ossements provenant de zones immergées (chenal) ont conservé nettement plus de collagène que ceux qui proviennent des zones émergées (berges). Ceci a également été vérifié pour le site datant du Mésolithique moyen de Noyen-sur-Seine. Une étude prenant en compte à la fois la variabilité stratigraphique et spatiale au sein d'un site a porté sur les restes osseux issus de la fouille du site du Paléolithique supérieur des Jamblancs (Drucker *et al.*, 2000a). Les niveaux s'étendent du Solutréen supérieur (environ 19 000 ans BP) au Magdalénien III (environ 13 800 ans BP) et s'organisent en plusieurs unités, comme deux couches de dépôts de pente, deux abris et un couloir. Cette étude a montré que les zones de dépôts étaient plus importantes pour la perte de collagène que leur âge relatif.

Quantification et identification des éventuelles contaminations carbonées

La comparaison des teneurs en azote, carbone et des signatures isotopiques du carbone total de l'os permet de préciser la quantité et, dans une certaine mesure, la nature des éventuelles contaminations carbonées. Leur présence est détectée par un excès de carbone par rapport à l'azote de l'os. En effet, un os non contaminé par du carbone exogène contient

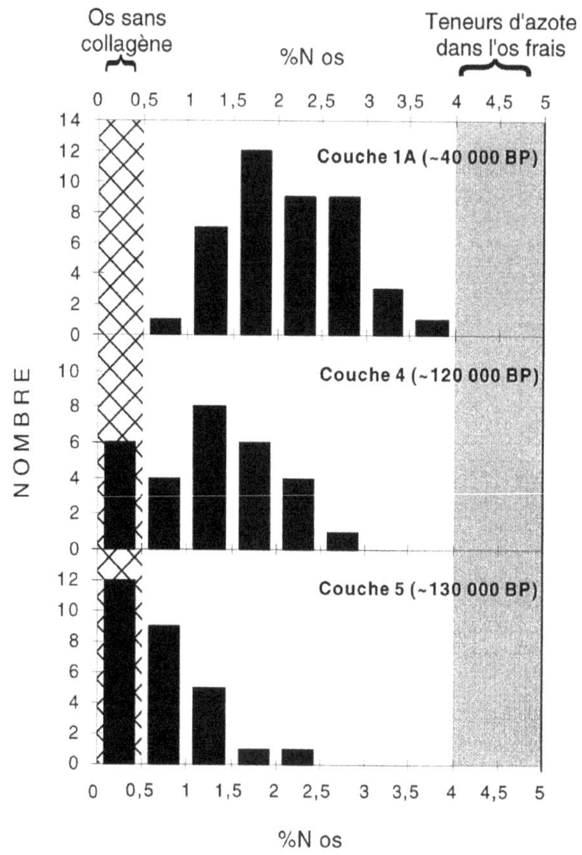

Fig. 3 : Teneurs en azote d'ossements et de dents des couches 1A, 4 et 5 de la grotte Scladina (valeurs d'après Bocherens *et al.*, 1997, 1999, inédit).

deux sources de carbone, l'une organique, essentiellement le collagène dont la quantité est liée à celle de l'azote par la relation % C_{coll} = %N x 2,7 (en masse), l'autre étant minérale, constituée du carbone des ions carbonates intégrés dans la matrice phosphatée de la bioapatite, et qui représentent environ 1,4 % de la masse de l'os (Person *et al.*, 1996). Deux exemples d'évolutions différentes d'ossements archéologiques sont présentés sur la figure 4.

Les ossements de la Grotte Margaux (Belgique) présentent des teneurs en azote et carbone qui correspondent à une perte de leur collagène sans contamination exogène significative. Au contraire, les ossements de la zone immergée de Louviers montrent un exemple de contamination carbonée importante, la teneur en carbone des os étant nettement supérieure à celle qui est attendue pour des os perdant leur collagène sans contamination. Le fait que les valeurs de $\delta^{13}C$ du carbone total des ossements de Louviers soient toujours très basses, autour de – 22 ‰, indique que la contamination carbonée est de nature organique (Bocherens *et al.*, 1997b). Une contamination par du carbone issu de minéraux carbonatés aurait entraîné des valeurs de $\delta^{13}C$ élevées.

Quantification de l'intégrité structurale du collagène résiduel

La comparaison de la quantité d'azote extrait sous forme de collagène et de la quantité totale d'azote de l'os permet d'évaluer les pertes de matière organique au cours de l'extraction. Nos travaux ont permis de constater que l'ampleur de ces pertes dépend du site dont proviennent les ossements. Par exemple, les ossements de Saint-Césaire (32 000 à 40 000 ans BP) fournissent plus d'azote collagénique pour une quantité totale d'azote équivalente que ceux de la couche 1A de la grotte de Sclayn (Belgique, environ 40 000 ans BP), les deux sites étant pourtant d'âges sensiblement équivalents pour ces couches stratigraphiques (fig. 5).

Évaluation de la fiabilité isotopique du collagène résiduel

Deux critères sont utilisés pour vérifier la fiabilité des signatures isotopiques mesurées sur des collagènes extraits d'ossements anciens et élimi-ner d'éventuels échantillons mal conservés qui pourraient avoir modifié leur signature isotopique lors de la diagenèse. Tout d'abord la qualité chimique de l'extrait organique, exprimé par les teneurs en azote et carbone (% C, %N) qui doivent être comprises dans une gamme étroite correspondant à celle de collagène extrait d'os frais (Bocherens, 1999). Ces critères sont ceux qui ont été établis par DeNiro (1985) et Ambrose (1990). Nous avons établi un deuxième critère qui complète le premier : l'absence de dérive significative des compositions isotopiques lors de la diminution de la quantité de collagène conservé, pour une espèce donnée (fig. 6). Ce dernier critère n'est utilisable que lorsqu'un nombre suffisant d'échantillons d'une même espèce est disponible.

Évolution du collagène au cours du temps selon les milieux de dépôt

L'accumulation de résultats obtenus par la même approche sur plusieurs centaines d'échantillons permet d'évaluer les potentialités de conservation du collagène dans différents contextes en Europe occidentale pour les 150 000 dernières années (fig. 7). Il est clair que plus un site est âgé, plus la probabilité de récupérer du collagène fiable diminue, mais les conditions de dépôt ont au moins autant d'importance que l'âge du site. Jusqu'à présent, aucun site de plus de 150 000 ans n'a fourni d'ossements contenant encore du collagène intact. Les meilleurs cas de conservation correspondent à des à des conditions de température basses, en milieu arctique ou tempéré. En général, les sites en grotte sont plus favorables que les sites de plein air d'âge équivalent. Pour les sites en bord de chenal, les

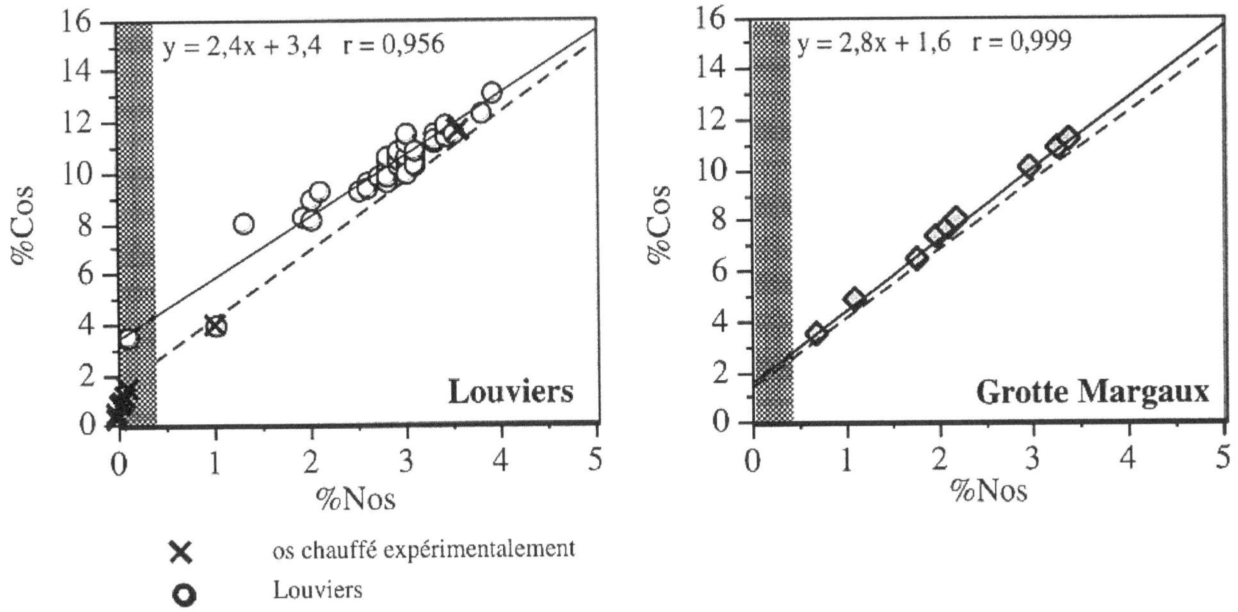

Fig. 4 : Relation entre les teneurs en carbone et en azote d'os total dans deux zones archéologiques, Louviers (France, Eure, Néolithique, environ 4 millénaires av. JC, Bocherens *et al.*, 1997b) et la Grotte Margaux (Belgique, mésolithique ancien, environ 9 millénaires av. JC, Cauwe, 1998). L'os chauffé expérimentalement (données d'après Person *et al.*, 1996) suit la droite théorique correspondant à un os perdant son collagène sans contamination (%C = 2,7 %N + 1,4) pour les teneurs en azote supérieures à 0,2 %. Les os de la zone immergée de Louviers présentent un net excès de carbone (données d'après Bocherens *et al.*, 1997b). Au contraire, les os humains de la Grotte Margaux suivent pratiquement la droite théorique correspondant à un os perdant son collagène sans contamination. La zone en grisé représente les teneurs en azote de l'os pour lesquels il n'est généralement pas possible d'extraire un collagène isotopiquement fiable.

ossements conservés dans la zone immergée anoxique présentent un collagène mieux conservé que les ossements de même âge conservé dans la zone émergée oxique. De même, certains échantillons provenant de couches très âgées (>100 000 ans) nécessitent un aménagement du protocole d'extraction en raison de la fragilité du collagène, par exemple les ossements de la couche 4 de la grotte de Sclayn ont dû être traités sans étape à la soude, après vérification de l'absence de contamination organique significative (Bocherens *et al.*, 1999).

3. IMPLICATIONS SUR LES BIOTOPES OCCUPÉS PAR CERTAINES ESPÈCES HERBIVORES AU COURS DES 120 000 DERNIÈRES ANNÉES

Bases des reconstitutions paléoenvironnementales à partir des teneurs en ^{13}C et ^{15}N des mammifères

L'utilisation du traçage isotopique naturel (^{13}C, ^{15}N) est fructueuse pour l'acquisition de données sur les paléoenvironnements puisque la fraction organique des tissus squelettiques d'un vertébré enregistrent les signatures isotopiques de la nourriture au moment de leur formation. Les abondances isotopiques sont exprimées sous la forme de valeurs de δ (delta) : $\delta^{E}X = (R_{échantillon}/R_{standard} - 1).1000$ (‰), où X représente C ou N, E représente respectivement 13 ou 15, et R représente respectivement les rapports isotopiques $^{13}C/^{12}C$ ou $^{15}N/^{14}N$.

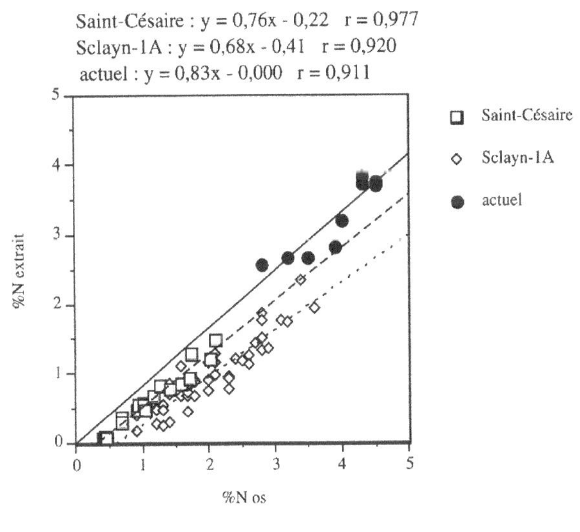

Fig. 5 : Relation entre le pourcentage d'azote extrait sous forme de collagène et le pourcentage d'azote présent dans l'os au départ. Les donnés sont tirées de Bocherens *et al.*, (1997a) pour Sclayn-1A, de Drucker *et al.*, (1999) pour Saint-Césaire et de Bocherens *et al.*, (2000) pour les os actuels, qui proviennent d'Iran et du Turkmenistan.

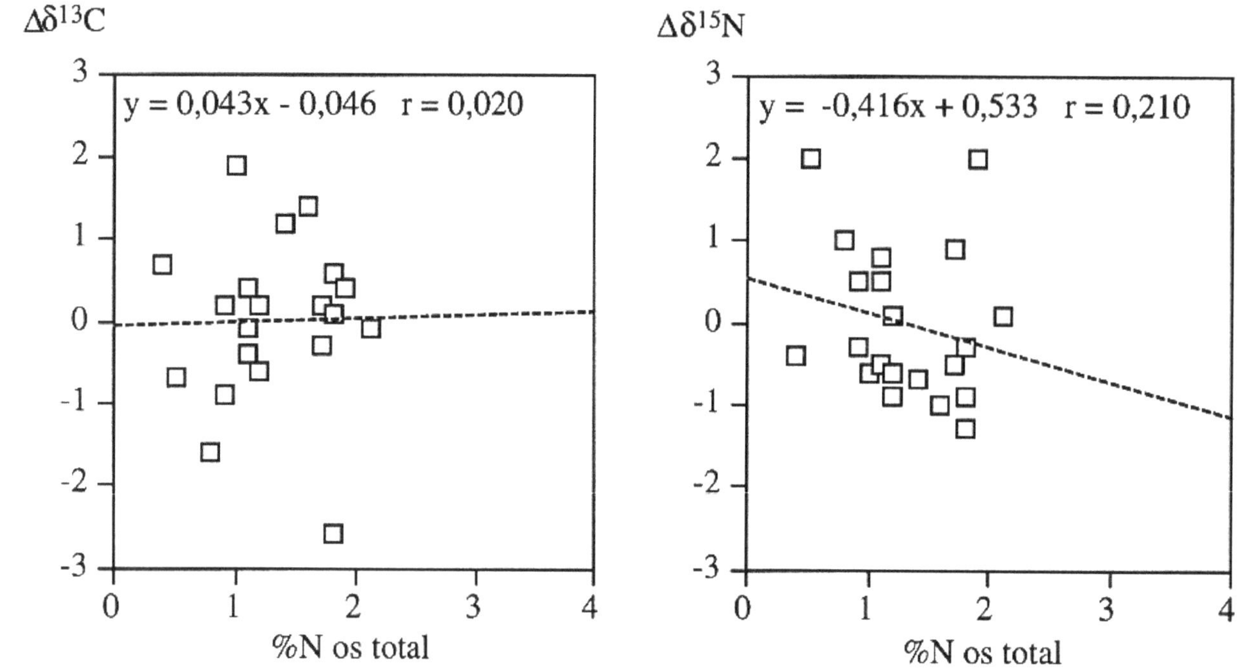

Fig. 6 : Exemple de variations isotopiques du collagène extrait d'os ancien en fonction de la perte en collagène, pour des échantillons de la couche 4 de la grotte de Sclayn (Bocherens *et al.*, 1999). Les différences isotopiques des différentes espèces ont été ramenées aux moyennes de chaque espèce.

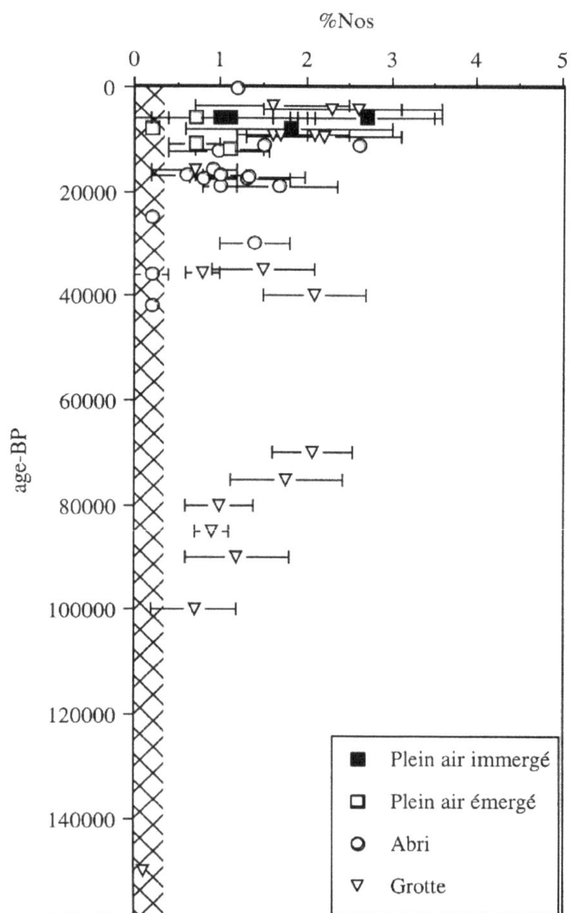

Fig. 7 : Teneurs en azote moyennes (± 1 écart-type) pour des ossements provenant de sites de différents âges et contextes archéologiques.

Les standards, définis internationalement, sont un carbonate marin (PDB) pour le carbone et l'azote atmosphérique (AIR) pour l'azote. L'erreur analytique est de 0,1 ‰ pour les valeurs de $\delta^{13}C$ et de 0,2 ‰ pour les valeurs de $\delta^{15}N$. Les valeurs de δ sont positives quand l'échantillon contient plus d'isotope lourd que le standard, tandis qu'elles sont négatives quand l'échantillon contient moins d'isotope lourd que le standard. La présence de ressources alimentaires à signatures isotopiques différentes dans un environnement donné permet donc de quantifier les contributions relatives de ces différentes sources dans l'alimentation d'un individu par l'analyse des signatures isotopiques de ses tissus squelettiques.

En ce qui concerne le carbone, les grandes familles de plantes distinguables à partir de leurs teneurs en ^{13}C sont les plantes terrestres à photosynthèse en C_3 (tous les arbres et les plantes herbacées de milieux tempérés) aux valeurs de $\delta^{13}C$ proches de -26 ‰, les plantes terrestres à photosynthèse en C_4 (essentiellement les graminées de zones tropicales) aux valeurs de $\delta^{13}C$ proches de -13 ‰, et les plantes marines aux valeurs de $\delta^{13}C$ proches de -20 ‰ (ex : Bocherens, 1999). Dans le milieu tempéré continental européen, toutes les plantes utilisent la photosynthèse en C_3 (Mateu Andres, 1993) et la gamme de variations, limitée, est liée aux conditions environnementales. Par rapport à la moyenne des valeurs de $\delta^{13}C$ des plantes en C_3, des valeurs plus basses, pouvant atteindre -35 ‰, sont mesurées en milieux forestiers (van der Merwe et

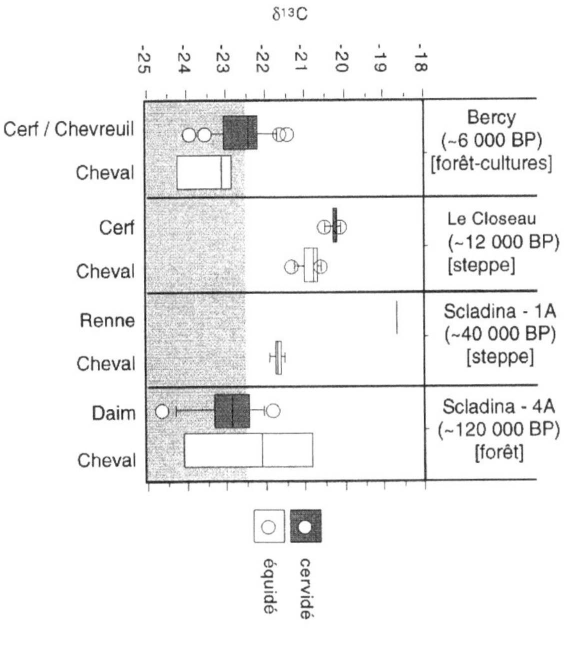

Fig. 8 : Diagramme en boîte des valeurs de $\delta^{13}C$ du collagène de cheval et de cervidés (daim, renne, cerf, chevreuil). La zone en grisé correspond aux valeurs attendues pour des herbivores de milieu forestier.

Medina, 1991), du fait de la faible intensité lumineuse et du recyclage de CO_2 prove-nant de la respiration et de la décomposition de matière organique ($\delta^{13}C$ ~ -25 ‰), sans mélange complet avec le CO_2 atmosphérique ($\delta^{13}C$ ~ -8 ‰). Au contraire, des teneurs en ^{13}C plus élevées sont mesurées en milieux ouverts, avec les teneurs les plus élevées, pouvant atteindre -22 ‰, en milieux salins (Tieszen, 1991). Ces différences de valeurs de $\delta^{13}C$ des plantes à la base des chaînes alimentaires se répercutent dans tout le réseau trophique qui en découle, avec un enrichissement spécifique pour les différents tissus étudiés, d'environ 5 ‰ pour le collagène (ex : Ambrose, 1993), et de 12 à 14 ‰ pour la bioapatite (Lee-Thorp *et al.*, 1989 ; Bocherens et Mariotti, 1992 ; Cerling et Harris, 1999). Les herbivores de milieux forestiers sont ainsi plus appauvris en ^{13}C que ceux de milieu ouvert (Rodière *et al.*, 1996).

En ce qui concerne l'azote, deux facteurs principaux entrent en jeu dans l'enregistrement isotopique chez les animaux. Le premier facteur est le niveau trophique. En effet, les mesures sur le terrain et les expériences de laboratoire ont montré qu'un animal est enrichi en ^{15}N par rapport à sa nourriture, de l'ordre de 4 ‰ à 5 ‰ (ex : Schoeninger et DeNiro, 1984 ; Schoeninger, 1985 ; Sealy *et al.*, 1987 ; Schwarcz, 1991 ; Rodière *et al.*, 1996). Dans une chaîne alimentaire dans laquelle les producteurs (plantes) présentent des valeurs de $\delta^{15}N$ homogènes, les herbivores pré-sentent donc des valeurs de $\delta^{15}N$ plus basses de 4 à 5 ‰ par rapports aux prédateurs qui s'en nourris-sent. Le deuxième facteur tient au fait qu'au départ des chaînes alimentaires, les plantes n'utilisent pas forcément toutes les mêmes sources d'azote, comme l'azote atmosphérique, les nitrates, les nitrites, l'ammoniaque, et ne présentent donc pas toutes les mêmes valeurs de $\delta^{15}N$ (Gebauer, 1991 ; Schulze *et al.*, 1994 ; Michelsen *et al.*, 1996 ; Peñuelas *et al.*, 1999). Des différences marquées, pouvant atteindre 3 à 6 ‰ ont ainsi été observées entre différentes formes de végétaux, herbacés ou arbustifs, en milieu arctique et boréal (Schulze *et al.*, 1994 ; Michelsen *et al.*, 1996). D'autre part, l'acidité des sols entraîne des valeurs basses de $\delta^{15}N$ pour les végétaux qui s'y développent (Mariotti *et al.*, 1980), et une forte pression de broutage semble augmenter sensiblement les valeurs de $\delta^{15}N$ des plantes (Schulze *et al.*, 1998), ainsi que la mise en culture (Riga *et al.*, 1971). Un facteur supplémentaire qui peut provoquer une augmentation de l'enrichissement en azote des herbivores est l'aridité (Heaton *et al.*, 1986 ; Sealy *et al.*, 1987 ; Gröcke *et al.*, 1997).

Biotopes d'herbivores du Pléistocène supérieur encore vivant aujourd'hui

Parmi les espèces d'herbivores présentes dans les sites du Pléistocène supérieur d'Europe, certaines sont encore vivantes aujourd'hui, comme le Cheval, le Renne, l'Antilope Saïga, le Cerf, le Chevreuil ou le Sanglier. Cependant, elles sont parfois confinées de nos jours dans des aires géographiques différentes de celles qu'elles occu-paient au Pléistocène supérieur ou au début de l'Holocène. L'approche actualiste consiste à postu-ler que les individus anciens d'une espèce donnée avaient une biologie similaire à celle des représen-tants actuels de cette espèce, et devaient vivre dans des environnements proches de ceux qui sont occupés par les représentants actuels de ces espè-ces. Cette approche atteint ses limites quand les assemblages fauniques anciens présentent des associations d'espèces qui vivent aujourd'hui dans des milieux à caractéristiques antagonistes (ex : Guthrie, 1990), ce qui est fréquemment le cas au cours du Pléistocène supérieur en Europe. L'approche isotopique sur les ossements anciens, qui permet de définir le biotope réellement fréquenté par les individus fossiles, contribue significativement à affiner, voire à modifier, les reconstitutions basées sur le principe d'actualisme.

Nous avons ainsi pu montrer que certains des chevaux du dernier interglaciaire éemien (120 000 ans BP), retrouvés dans la couche 4A de la grotte Scladina, riche en pollens d'arbres, présentaient des signatures isotopiques forestières (fig. 8, Bocherens *et al.*, 1999), alors que cette espèce est classiquement considérée comme fréquentant les milieux ouverts (ex : Guérin, 1996). De même, des

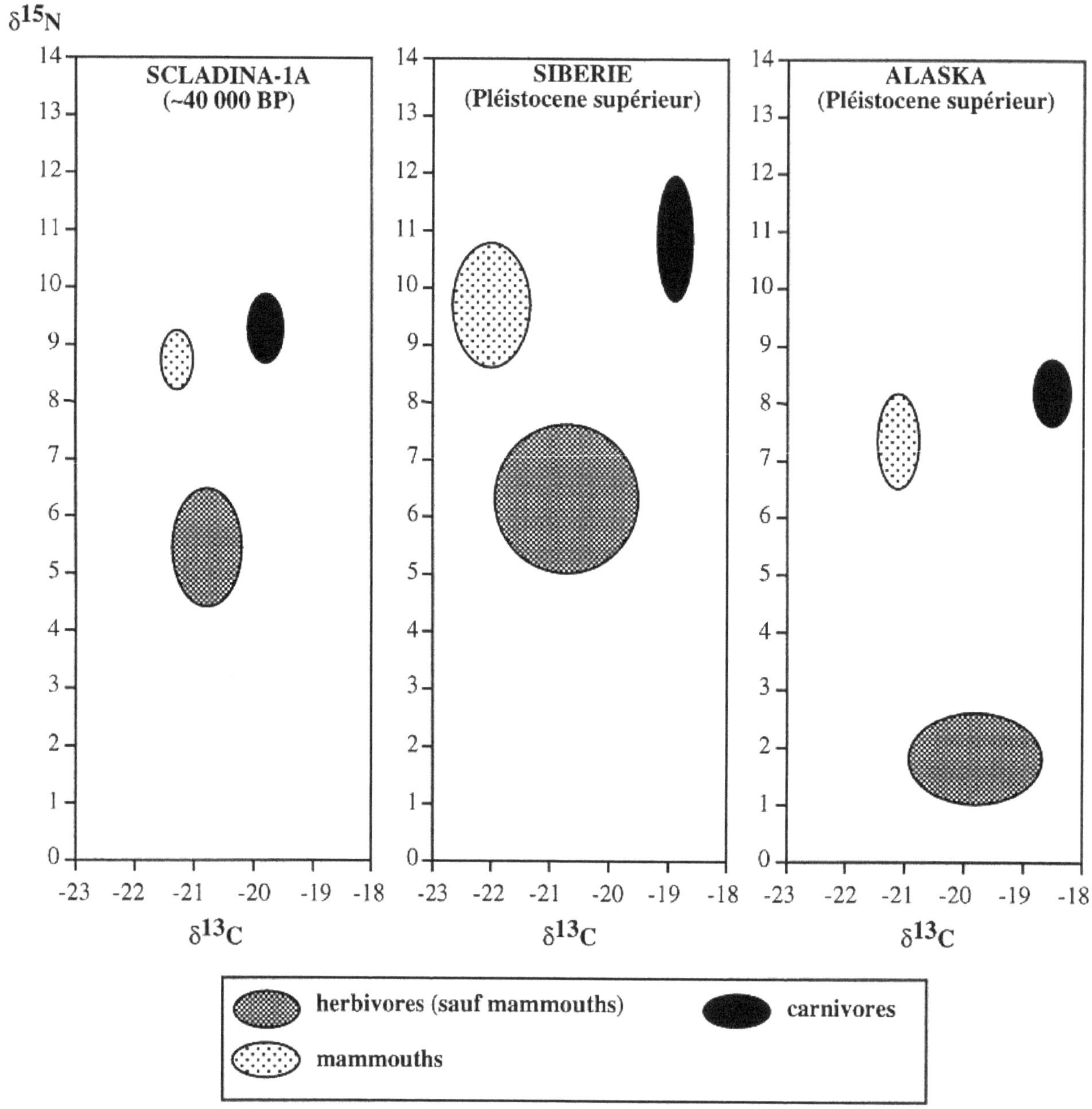

Fig. 9 : Valeurs de $\delta^{13}C$ et $\delta^{15}N$ de collagène extrait de mammouths, d'autres herbivores et de carnivores de site pléistocènes supérieurs d'Europe, de Sibérie et d'Alaska. Les ellipses sont centrées sur la valeur isotopique moyenne de chaque catégorie et les axes de l'ellipses correspondent à deux écart-types.

chevaux provenant des sites du Néolithique moyen du Bassin Parisien de Bercy et Louviers montrent également une signature isotopique en carbone très basse, même plus basse que celle des cerfs et chevreuils des mêmes sites, correspondant à un milieu forestier, et non ouvert (fig. 8). Notons cependant que le pourcentage de restes de chevaux est très faible dans ces sites, et que dans les sites où ils représentent un pourcentage élevé des restes, comme il y a 12 000 ans au Closeau ou bien il y a 40 000 ans à Marillac, leurs valeurs de $\delta^{13}C$ indiquent bien un milieu ouvert pour ce taxon (fig. 8). Des résultats comparables ont été obtenus pour des cerfs, qui ne sont pas toujours forestiers dans les biotopes anciens : c'est ce qui est apparu lors de l'analyse isotopique de cerfs élaphes âgés d'environ 12 000 BP de site du Closeau, dans le Bassin Parisien (Drucker *et al.*, en préparation). Leurs valeurs de $\delta^{13}C$ de l'ordre de – 20 ‰ correspondent à des herbivores de milieu ouvert, et non de sous-bois forestier (fig. 8).

Ces exemples montrent ainsi qu'il est absolument nécessaire de vérifier par la biogéochimie isotopique des ossements le biotope des herbivores anciens, même ceux d'espèces vivant encore actuellement. Ceci est encore plus vrai pour les représentants d'espèces éteintes aujourd'hui.

Structure écologique de la communauté de grands mammifères de la «steppe à mammouths»

Le mammouth est le plus connu des herbivores éteints du Pléistocène. L'importante diversité spécifique des assemblages fauniques dont il faisait partie, dans un environnement considéré comme périglaciaire, a entraîné des débats ani-més pour expliquer cet apparent paradoxe (ex : Howorth, 1880 ; Guthrie, 1982, 1990 ; Vereshchagin et Baryshnikov, 1982 ; Ukraintseva, 1993 ; Putshkov, 1997). Cet environnement est celui qui a vu le développement des populations néandertaliennes en Europe, et mieux comprendre la structure écologique de cette «steppe à mammouth» par la biogéochimie isotopique s'avère donc particulièrement perti-nent. Dès les premières analyses isotopiques effectuées sur ce taxon, les valeurs de $\delta^{15}N$ sont apparues étonnamment élevées (Bocherens *et al.*, 1994). En l'absence de comparaisons possibles avec d'autres herbivores contemporains lors de cette première étude, cette particularité a été attribuée à une possible aridité plus forte au Pléistocène supérieur qu'aujourd'hui. Mais quand des études ultérieures effectuées sur des échantillons pléistocènes d'Alaska (Bocherens *et al.*, 1995), de Sibérie (Bocherens *et al.*, 1996 ; *et al.*, 2000) et d'Europe (Bocherens *et al.*, 1997a) ont permis de comparer sur les mêmes sites et aux mêmes périodes les signatures isotopiques des mammouths et des autres herbivores, les particularités isotopiques du Mammouth sont apparues clairement : des valeurs de $\delta^{13}C$ plus basses que pour les autres espèces, et surtout des valeurs de $\delta^{15}N$ systématiquement et significativement plus élevées (fig. 9). De plus, un examen plus détaillé des résultats obtenus pour les différentes espèces d'herbivores a mis en évidence une répartition des signatures isotopiques bien structurée, qui est directement liée à l'appartenance taxonomique, pour des échantillons provenant de sites répartis géographiquement de l'Europe de l'Ouest (Angleterre, France, Belgique), de Sibérie et d'Alaska, pour le stade isotopique 3 (fig. 10). Par comparaison avec les données isotopiques connues pour les écosystèmes arctiques et boréaux actuels (ex : Schulze *et al.*, 1994 ; Högberg *et al.*, 1996 ; Michelsen *et al.*, 1996), ces différences entre espèces d'herbivores peuvent être attribuées à des différences isotopiques entre plantes consom-mées, avec les brouteurs d'herbes sèches (Mam-mouth) présentant les valeurs de $\delta^{15}N$ les plus hautes, les autres brouteurs d'herbes (Cheval, Rhinocéros laineux, Boviné) présentant des valeurs de $\delta^{15}N$ plus basses (fig. 11), et les brou-teurs de buissons et de lichens (Renne) présentent quant à eux des valeurs de $\delta^{13}C$ plus

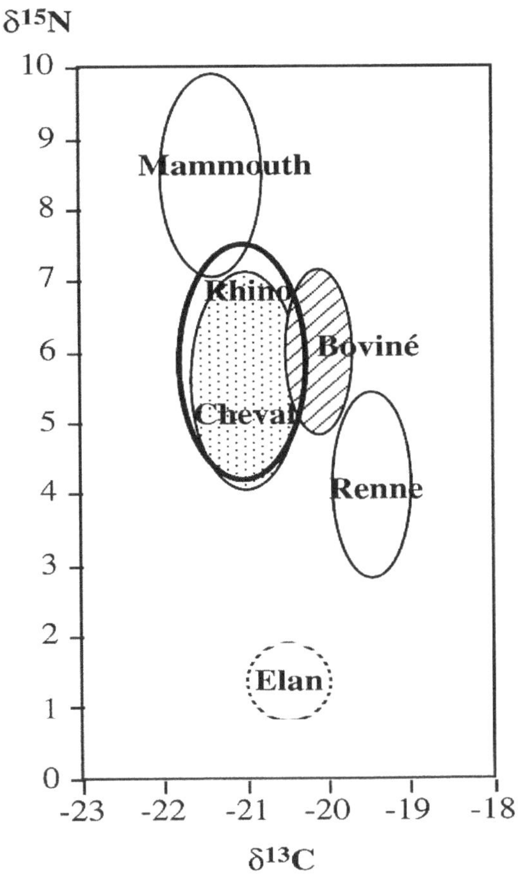

Fig. 10 : Moyennes ± écart-types des espèces d'herbivores de la «steppe à mammouth s» (essentiellement stade isotopique 3, environ 60 000 à 25 000 BP, redessiné d'après Bocherens, 2003).

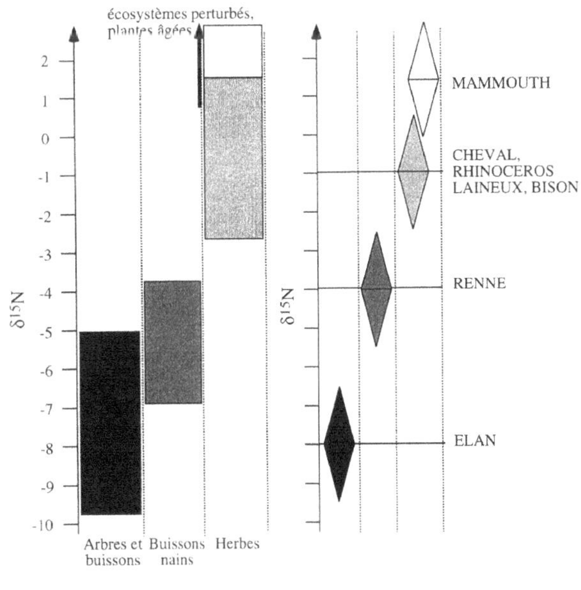

Fig. 11 : Essai d'interprétation des variations isotopiques en azote entre les herbivores de la steppe à mammouths en fonction des plantes préférentiellement consommées et des variations isotopiques observées entre les plantes arctiques d'écosystèmes actuels.

hautes probablement due à la consommation de lichens, qui sont des plantes non vasculaires (Fizet *et al.*, 1995 ; Drucker *et al.*, 2000b). Une distinction écologique liée au choix alimentaire des différentes espèces de grands herbivores qui cohabitaient dans la «steppe à mammouths» est donc confirmée par la biogéochimie isotopique.

4. STRATÉGIE DE SUBSISTANCE DES NÉANDERTALIENS EN CONTEXTE GLACIAIRE ET INTERGLACIAIRE

L'Europe a été occupée entre environ 300 000 ans et 30 000 ans par les Néandertaliens, groupe humain proche des humains modernes par leur capacité crânienne mais distincts par certaines caractéristiques physiques et par leur outillage lithique correspondant à la culture moustérienne. Le mode de vie et notamment l'alimentation de ces hominidés n'est pas toujours aisée à re-constituer, notamment du fait de la disparition des restes végétaux dans les sites de cette période, ce qui occulte tout un pan éventuel de l'alimentation. L'analyse isotopique du collagène extrait d'ossements néandertaliens de Charente, âgés d'environ 40 000 ans, avait montré que ces individus consommaient essentiellement la viande des grands herbivores de la steppe-toundra, tels que rennes, chevaux et bisons, puisque leur signature isotopique est proche de celle des loups et des hyènes du site (fig. 12, Fizet *et al.*, 1995). Des études ont plus récemment porté sur d'autres Néandertaliens provenant de Belgique pour des périodes équivalentes, autour de 40 000 ans (fig. 12, Bocherens *et al.*, 2001). Les résultats obtenus sont très comparables à ceux des Néandertaliens de Marillac et confirment l'alimentation très carnée de ces humains. Des études portant sur des spécimens d'autres périodes ont complété depuis cette vision préliminaire de l'alimentation des Néandertaliens. Les résultats isotopiques, mais également de teneurs en strontium et baryum, obtenus sur le spécimen de Néandertalien châtelperronien de Saint-Césaire indiquent aussi une alimentation essentiellement basée sur les ressources carnées de grands ongulés (Balter *et al.*, 2001). Une étude récente portant sur le site de Vindija en Croatie, bien que fondée sur une reconstitution moins détaillée de l'environnement animal par l'approche isotopique, confirme que les derniers représentants des Néandertaliens en Europe, âgés d'environ 30 000 ans BP, étaient essentiellement des prédateurs de grands ongulés (Richards *et al.*, 2000). Dans un milieu nettement plus boisé, il y a environ 120 000 ans dans la grotte de Scladina en Belgique, une étude similaire a montré que là aussi, l'essentiel de la nourriture provenait de la viande d'herbivores, et plus précisément que seuls les herbivores de milieu ouvert étaient chassés au détriment de ceux de la forêt (fig. 12, Bocherens *et al.*, 1999). Cette apparente réticence à utiliser les ressources du milieu forestier est intéressante à mettre en parallèle avec les adaptations anatomiques des Néandertaliens correspondant à un environnement de froid extrême, et donc ouvert (revue dans Condemi, 1998), et avec l'hypothèse selon laquelle les environnements forestiers représentaient une entrave à la stratégie de subsistance des Néandertaliens et pourraient être la cause de pratiques cannibalistiques au cours des périodes tempérées, comme l'Eemien, à Krapina (Hutchinson *et al.*, 1997) ou à l'Abri Moula (Defleur *et al.*, 1999). Une extension de cette approche isotopique à un plus grand nombre d'individus néandertaliens permettra d'évaluer la variabilité d'adaptations alimentaires de ces hominidés, notamment par comparaison avec les résultats qui pourront être obtenus sur des représentants des hommes modernes du Paléolithique supérieur. Dans ce domaine, les analyses effectuées jusqu'à présent concernent le Magdalénien et l'Azilien, entre environ 16 000 et 9 000 BP (Drucker *et al.*, 2000c) et mettent en évidence une évolution de l'utilisation des ressources alimentaires au cours de cette période (Drucker, 2001).

5. CONCLUSIONS

Les recherches que nous avons menées au cours de ces 3 années de projet ont permis d'une part des avancées sur plusieurs aspects de l'utilisation de l'approche isotopique en préhistoire et ont d'autre part apporté des éléments tout à fait intéressants pour la reconstitution des environnements et de l'alimentation au cours des 120 000 dernières années en Europe. La systématisation du protocole d'analyse chimique des ossements préalablement à leur traitement pour extraction du collagène éventuellement conservé a permis d'optimiser le choix des échantillons à traiter et de minimiser la quantité à prélever. Les critères de fiabilité établis pour les signatures isotopiques du collagène fossile permettent de s'assurer que certains résultats, qui semblent erronés, ne sont pas dus à une altération ou une contamination mais reflètent bien des paramètres paléobiologiques des spécimens analysés. Ainsi, il est apparu qu'à certaines périodes, des individus d'espèces herbivores n'étaient pas inféodés aux biotopes dans lesquels leurs représentants modernes sont confinés, comme des chevaux forestiers durant l'Eemien ou à l'Holocène, ou des cerfs et chevreuils de milieux ouverts au Bölling et à l'Alleröd. Ces résultats sont décisifs car ils mon-trent que les reconstitutions paléoenvironnemen-tales basées sur le principe d'actualisme appliqué

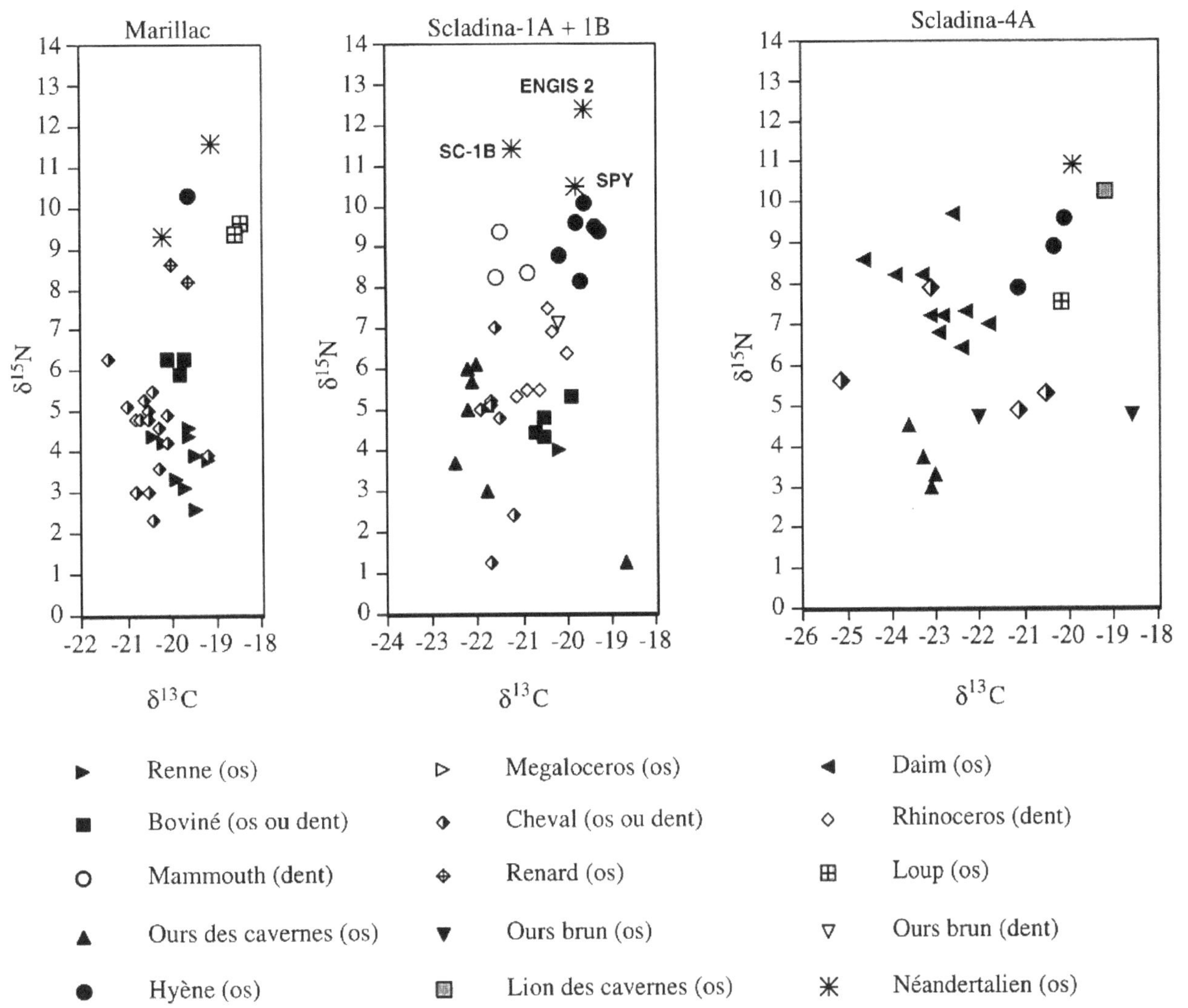

Fig. 12 : Valeurs de $\delta^{13}C$ et de $\delta^{15}N$ des collagènes de différentes espèces de mammifères et de Néandertaliens de Marillac (d'après Fizet *et al.*, 1995) et des couches 1A (d'après Bocherens *et al.*, 1997), 1B (d'après Bocherens *et al.*, 2001), et 4 (d'après Bocherens *et al.*, 1999) de la Grotte Scladina à Sclayn

aux grands mammifères herbivores peuvent être faussées par la flexibilité écologique de ces espèces. Seule l'approche isotopique permet de connaître le milieu réellement occupé par les individus fossiles. De plus, quand les individus d'herbivores fossiles analysés correspondent aux proies des chasseurs préhistoriques, déterminer leur milieu de vie permet de mieux connaître l'emprise des Hommes sur leur milieu. Enfin, l'analyse isotopique des ossements humains préhistoriques eux-mêmes permet de replacer ces individus dans leur réseau trophique. L'application de cette approche sur une échelle plus large permettra d'aborder sous un éclairage nouveau l'histoire de notre lignée en Europe au cours de la dernière période glaciaire-interglaciaire.

Remerciements : De très nombreux collègues ont non seulement accepté le prélèvement d'échantillons placés sous leur responsabilité, mais leur aide a été précieuse à tous les niveaux de ce projet. Nous ne remercierons jamais assez :
M. Allard, D. Armand, C. Bémilli, P. Bodu, D. Bonjean, F. Bresson, A. Bridault, J.C. Castel, G. Célérier, J.P. Chadelle, J.J. Cleyet-Merle, C. Cretin, A. Delagnes, F. Delpech, D. Gambier, J.M. Geneste, C. Griggo, J.L. Guadelli, E. Ladier, M. Lenoir, C. Leroyer, F. Lévêque, S. Madelaine, A. Morala, M.H. Moncel, M. Otte, M. Patou-Mathis, A. Person, J.P. Rigaud, J.F. Tournepiche, M. Toussaint, A. Tresset, A. Turq, B. Vandermeeersch, J.D. Vigne.
Le financement de ce projet a été assuré par le programme «Paléoenvironnement, Evolution des Hominidés» du CNRS.

BIBLIOGRAPHIE

AMBROSE S.H. (1993) - Isotopic analysis of paleodiets : methodological and interpretive considerations, *«Investigations of ancient human tissue, chemical analyses in : anthropology»*, M. K. Sandford (ed.), Gordon and Breach Science Publishers, Langhorne, Pennsylvania, USA, p. 59-130.

AMBROSE S.H., DENIRO M.J. (1986) - Reconstruction of African human diet using bone collagen carbon and nitrogen isotope ratios, *Nature*, 319, p. 321-324.

BALTER V., PERSON A., LABOURDETTE N., DRUCKER D., RENARD M., VANDERMEERSCH B. (2001) - Les Néandertaliens étaient-ils essentiellement carnivores ? Résultats préliminaires sur les teneurs en Sr et Ba de la paléobiocénose mammalienne de Saint-Césaire, *C.R. Acad. des Sc., Paris,* 332, Iia, p. 59-65.

BOCHERENS H. (1999) - Isotopes stables et reconstitution du régime alimentaire des hominidés fossiles : une revue, *Bull. et Mémoires de la Soc. d'Anthropologie de Paris,* 11 (3/4), p. 261-287.

BOCHERENS H. (2003) - Isotopic biogeochemistry and the paleoecology of the mammoth steppe fauna, *Deinsea*, 9, p. 57-76.

BOCHERENS H., MARIOTTI A. (1992) - Biogéochimie isotopique du carbone dans les os et les dents de mammifères actuels et fossiles de zones froides et tempérées, *C.R. Acad. des Sc., Paris* , 315, p. 1147-1153.

BOCHERENS H., FIZET M., MARIOTTI A., GANGLOFF R.A., BURNS J.A. (1994) - Contribution of isotopic biogeochemistry (^{13}C, ^{15}N, ^{18}O) to the paleoecology of mammoths (*Mammuthus primigenius*), *Historical Biology.*, 7, p. 187-202.

BOCHERENS H., EMSLIE S.D., BILLIOU D., MARIOTTI A. (1995) - Stable isotopes (^{13}C, ^{15}N) and paleo-diet of the giant short-faced bear (*Arctodus simus*), *C.R. Acad. des Sc., Paris*, 320, p. 779-784.

BOCHERENS H., PACAUD G., LAZAREV P., MARIOTTI A. (1996) - Stable isotope abundances (^{13}C, ^{15}N) in collagen and soft tissues from Pleistocene mammals from Yakutia. Implications for the paleobiology of the mammoth steppe, *Palaeogeography, Palaeoclimatology, Palaeoecology*, 126(1/2), p. 31-44.

BOCHERENS H., BILLIOU D., PATOU-MATHIS M., BONJEAN D., OTTE M., MARIOTTI A. (1997a) - Isotopic biogeochemistry (^{13}C, ^{15}N) of fossil mammal collagen from Scladina cave (Sclayn, Belgium), *Quaternary Research*, 48, p. 370-380.

BOCHERENS H., TRESSET A., WIEDEMANN F., GILIGNY F., LAFAGE F., LANCHON Y., MARIOTTI A. (1997b) - Bone diagenetic evolution in two French Neolithic sites, *Bull. Soc. géologique de France*, 168(5), p. 555-564.

BOCHERENS H., BILLIOU D., PATOU-MATHIS M., OTTE M., BONJEAN D., TOUSSAINT M., MARIOTTI A. (1999) - Palaeoenvironmental and palaeodietary implications of isotopic biogeochemistry of late interglacial Neandertal and mammal bones in Scladina Cave (Belgium), *Journal of Archaeological Science* 26 (6), p. 599-607.

BOCHERENS H., BILLIOU D., CHARPENTIER V., MASHKOUR M. (2000) - Palaeoenvironmental and archaeological implications of bone and tooth isotopic biogeochemistry (^{13}C, ^{15}N) in Southwestern Asia, *Archaeozoology of the Near East IV*, H. Buitenhuis, M. Mashkour & F. Poplin (Eds), Proc. 4th int. Symp. Archaeozoology of Southwestern Asia and adjacent areas (ASWA, Paris, june 1998). Groningen : Archaeological Research and Consultancy, Vol.B, p. 104-115.

BOCHERENS H., TOUSSAINT M., BILLIOU D., PATOU-MATHIS P., BONJEAN M., OTTE M., MARIOTTI A. (2001) - New isotopic evidence for dietary habits of Neandertals from Belgium, *Journal of Human Evolution,* 40 (6), p. 497-505.

BURLEIGH R., BROTHWELL D. (1978) - Studies on Amerindian dogs, 1 : Carbon isotopes in relation to maize in the diet of domestic dogs from Early Peru and Ecuador, *Journal of Archaeological Science*, 5, p. 355-362.

CAUWE N. (1998) - La grotte Margaux à Anseremme-Dinant. Etude d'une sépulture collective du Mésolithique ancien, *ERAUL* 59, Liège, 132 p.

CERLING T.E., HARRIS J.M. (1999) - Carbon isotope fractionation between diet and bioapatite in ungulate mammals and implications for ecological and paleoecological studies. *Oecologia,* 120, p. 347-363.

CONDEMI S. (1998) - The Neanderthals: a cold-adapted European Middle Pleistocene population ? *Anthropologie*, 36 (1-2), p. 35-42.

CROWSLEY T.J. (1996) - Remembrance from things past : greenhouse lessons from the geologic record. Consequences, The nature and implications of environmental change, 2(1) : http://gcrio.ciesin.org/CONSEQUENCES/

DRUCKER D. (2001) - Validation méthodologique de l'analyse isotopique d'ossements fossiles et apport aux reconstitutions paléoécologiques du Paléolithique Supérieur dans le Sud-Ouest de la France. *Thèse de doctorat de l'Université Paris 6, Géochimie*, 222 p.

DRUCKER D., BOCHERENS H., MARIOTTI A., LEVEQUE F., VANDERMEERSCH B., GUADELLI J.L. (1999) - Conservation des signatures isotopiques du collagène d'os et de dents du Pléistocène Supérieur (Saint-Césaire, France) : implications pour les reconstitutions des régimes alimentaires des Néandertaliens, *Bull. et Mémoires de la Soc. d'Anthropologie de Paris*, 11(3/4), p. 289-305.

DRUCKER D., BOCHERENS H., CLEYET-MERLE J.J., MADELAINE S., MARIOTTI A. (2000a) - Implications paléoenvironnementales de l'étude isotopique (^{13}C, ^{15}N) de la faune de grands mammifères des Jamblancs (Dordogne, France), *Paléo*, 12, p. 29-53.

DRUCKER D., BOCHERENS H., MARIOTTI A. (2000b) - Contribution de la biogéochimie isotopique à la paléobiologie des grands mammifères pléistocènes supérieurs : Application aux rennes et aux chevaux du Pléistocène supérieur du Sud-Ouest de la France, *Mém. Soc. Préhist. Fr.*, 28, p. 13-27.

DRUCKER D., GAMBIER D., BOCHERENS H., MARIOTTI A. (2000c) - Approche isotopique des reconsitutions paléoécologiques : application aux humains du Paléolithique supérieur du sud-ouest de la France, *XXVe Cong. Préhist. de France «Approches fonctionnelles en Préhistoire», Programme et Résumé des Communications*, S.P.F., p. 80-81.

FIZET M., MARIOTTI A., BOCHERENS H., LANGE-BADRE B., VANDERMEERSCH B., BOREL J.P., BELLON G. (1995) - Effect of diet, physiology and climate on carbon and nitrogen isotopes of collagen in a late Pleistocene anthropic paleoecosystem (France, Charente, Marillac), *Journal of Archaeological Science*, 22, p. 67-79.

GEBAUER G. (1991) - Natural nitrogen isotope ratios in different compartments of Norway spruce from a healthy and a declining stand, *Stable isotopes in plant nutrition, soil fertility and environmental studies*, International Atomic Energy Agency, Vienna, p. 131-138.

GRÖCKE D.R., BOCHERENS H., MARIOTTI A. (1997) - Annual rainfall and nitrogen-isotope correlation in Macropod collagen: Application as a paleoprecipitation indicator, *Earth and Planetary Science Letters*, 153, p. 279-285.

GUERIN C. (1996) - IV. Famille des Equidae, *Les grands mammifères plio-pléistocènes d'Europe*, C. Guérin & M. Patou-Mathis (Eds), Masson, p. 121-136.

GUTHRIE R.D. (1982) - Mammals of the mammoth steppe as paleoenvironmental indicators, *Paleoecology of Beringia*, Hopkins, D.M., Matthews, J.V., Schweger, C.E. & Young, S.B. (eds), Academic Press, p. 307-326.

GUTHRIE R.D. (1990) - *Frozen fauna of the mammoth steppe*. The University of Chicago Press, Chicago and London.

HEATON T.H.E., VOGEL J.C., CHEVALLERIE G.V.L., COLLETT G. (1986) - Climatic influence on the isotopic composition of bone nitrogen, *Nature*, 322, p. 822-824.

HOWORTH H.H. (1880) - VI. The mammoth in Siberia, *The Geological Magazine, New Series*, Decade II, Vol. VII, p. 550-561.

IACUMIN P., NIKOLAEV V., RAMIGNI M. (2000) - C and N stable isotope measurements on Eurasian fossil mammals, 40 000 to 10 000 years BP : Herbivore physiologies and palaeoenvironmental reconstruction, *Palaeogeography, Palaeoclimatology, Palaeoecology*, 163, p. 33-47.

LEE-THORP J.A., SEALY J.C., VAN DER MERWE N.J., (1989) - Stable carbon isotope ratio differences beween bone collagen and bone apatite, and their relationship to diet, *Journal of Archaeological Science*, 16, p. 585-599.

MARIOTTI A., PIERRE D., VEDY J.C., BRUCKERT S., GUILLEMOT J. (1980) - The abundance of natural nitrogen 15 in the organic matter of soils along an altitudinal gradient, *Catena*, 7, p. 293-300.

MATEU ANDRÈS I. (1993) - A revised list of the European C_4 plants, *Photosynthetica*, 26 (3), p. 323-331.

MICHELSEN A., SCHMIDT I.K., JONASSON S., QUARMBY C., SLEEP D. (1996) - Leaf ^{15}N abundance of subarctic plants provides field evidence that ericoid, ectomycorrhizal and non- and arbuscular mycorrhizal species access different sources of soil nitrogen. *Oecologia*, 105, p. 53-63.

PEÑUELAS J., FILELLA I., TERRADAS J. (1999) - Variability of plant nitrogen and water use in a 100-m transect of a subdesertic depression of the Ebro valley (Spain) characterized by leaf $\delta^{13}C$ and $\delta^{15}N$, *Acta Oecologia* 20(2), p. 119-123.

PERSON A., BOCHERENS H., MARIOTTI A., RENARD M. (1996) - Diagenetic evolution and experimental heating of bone phosphate. *Palaeogeography, Palaeoclimatology, Palaeoecology*, 126 (1/2), p. 135-150.

PUTSHKOV P.V. (1997) - Were the mammoths killed by the warming ? (Testing of the climatic versions of Würm extinctions). *Vestnik Zoologii*, supplement 4, p. 3-81.

RICHARDS M.P., PETTITT P.B., TRINKAUS E., SMITH F.H., PAUNOVIC M., KARAVANIC I. (2000) - Neandertal diet at Vindija and Neandertal predation : The evidence from stable isotopes, *Proceedings of the National Academy of Science*, 97 (13), p. 7663-7666.

RIGA A., VAN PRAAG H.J., BRIGODE N. (1971) - Rapport isotopic naturel de l'azote dans quelques sols fores-tiers et agricoles de Belgique soumis à divers traitements culturaux, *Geoderma*, 6, p. 213-222.

RODIERE E., BOCHERENS H., ANGIBAULT J.M., MARIOTTI A. (1996) - Particularités isotopiques chez le chevreuil (*Capreolus capreolus* L.) : Implications pour les reconstitutions paléoenvironnementales, *C.R. Acad. des Sc., Paris*, 323, p. 179-185.

SCHOENINGER M.J. (1985) - Trophic level effects on $^{15}N/^{14}N$ and $^{13}C/^{12}C$ ratios in bone collagen and strontium levels in bone mineral, *Journal of Human Evolution*, 14, p. 515-525.

SCHOENINGER M.J., DENIRO M.J. (1984) - Nitrogen and carbon isotopic composition of bone collagen from marine and terrestrial animals, *Geochimica et Cosmochimica Acta*, 48, p. 625-639.

SCHULZE E.D., CHAPIN, III F.S., GEBAUER G. (1994) - Nitrogen nutrition and isotope differences among life forms at the northern treeline of Alaska, *Oecologia*, 100, p. 406-412.

SCHULZE E.D., WILLIAMS R.J., FARQUHAR G.D., SCHULZE W., LANDGRIDGE J., MILLER J.M., WALKER B.H. (1998) - Carbon and nitrogen isotope discrimination and nitrogen nutrition of trees along a rainfall gradient in northern Australia, *Australian Journal of Plant Physiology*, p. 413-425.

SCHWARCZ H.P. (1991) - Some theoretical aspects of isotope paleodiet studies, *Journal of Archaeological Science*, 18, p. 261-275.

SEALY J.C, VAN DER MERWE N.J, LEE-THORP J.A., LANHAM J.L. (1987) - Nitrogen isotopic ecology in southern Africa : implications for environmental and dietary tracing. *Geochimica et Cosmochimica Acta*, 51, p. 2707-2717.

TAUBER H. (1981) - ^{13}C evidence for dietary habits of prehistoric man in Denmark, *Nature*, 292, p. 332-333.

TIESZEN L. L. (1991) - Natural variations in the carbon isotope values of plants : implications for archaeology, ecology, and paleoecology, *Journal of Archaeological Science*, 18, p. 227-248.

UKRAINTSEVA V.V. (1993) - *Vegetation cover and environment of the «Mammoth Epoch» In : Siberia*, L.D. Agenbroad, J.I. Mead & R.H. Hevly (eds), The Mammoth site of Hot Springs, South Dakota.

VAN DER MERWE N.J., MEDINA E. (1991) - The canopy effect, carbon isotope ratios and foodwebs in Amazonia, *Journal of Archaeological Science*, 18, p. 249-259.

VAN DER MERWE N.J., ROOSEVELT A.C., VOGEL J.C. (1981) - Isotopic evidence for prehistoric subsistence change at Parmana, Venezuela. *Nature*, 292, p. 536-538.

LES OCCUPATIONS DU PALÉOLITHIQUE MOYEN DE LA GROTTE DE KÜLNA (MORAVIE, RÉPUBLIQUE TCHÈQUE) : NOUVELLES APPROCHES, NOUVEAUX RÉSULTATS

Marylène PATOU-MATHIS (*), Patrick AUGUSTE (**), Hervé BOCHERENS (***), Silvana CONDEMI (****), Véronique MICHEL (*****), Marie-Hélène MONCEL (*), Pablo NERUDA (******), Karl VALOCH (******)

ABSTRACT

New results are presented in this paper about the Middle Palaeolithic levels in the Kùlna Cave (Moravia, Czech Republic). This site is rich in archaeological bone and stone materials. Most of the Middle Palaeolithic layers are composed of Upper Pleistocene sediments (Eemian Interglacial, Würmian Glacial beginning and First Pleniglacial, layers 13a-6a), and, the lower deposits belong to the end of the next to last glaciation (Riss, layers 14, 13b). Results from different specialities have been confronted through a pluridisciplinary study. In the Micoquian layer 7a, Neanderthals attributed human remains have been found. In order to validate the palaeoecological and palethnographical hypotheses, we analysed the bone material preservation through three methods (infrared spectrometry and ESR, nitrogen composition measurement and taphonomy). Bones are well preserved, and mainly come from human activities. The ecological context of both units is homogeneous, however the Micoquian layers refer to a more steppic environment and a colder and dryer climate, than in the Taubachian levels. According to biogeochemical studies, in every layer, all the measured isotopic signatures indicate an open steppic environment. These results confirm the hypothesis of an oriented hunt towards open space species, whatever the layer is taken into account. At the base of the sequence (layers 14 to 6a), the Middle Palaeolithic assemblages belong to one undetermined facies, to Taubachian, and Micoquian cultures. Whereas Micoquian is characterised by a predominant use of locally collected middle and big sized silex, Taubachian shows a use of very diverse local materials and especially a choice of many very small pebbles mainly used for *debitage*. The studied bone *retouchoirs* bring to the fore a real standardisation and a lack of significant differences between the Taubachian and Micoquian levels. The observed diversity of technical behaviours may reflect either the Neanderthal adaptation to the ecological background, or an independence of the traditions from environmental changes. The different ecological contexts, particularly between the Taubachian unit and the Micoquian one, do not appear in feeding subsistence behaviours. This independence from the ecological context may indicate that there may have been hunter groups with different hunting traditions.

RÉSUMÉ

Nous présentons dans cet article de nouveaux résultats concernant les niveaux Paléolithique moyen de la grotte de Kùlna (Moravie, République tchèque). C'est un site riche en matériels archéologiques osseux et lithiques. L'essentiel du remplissage Paléolithique moyen est constitué de sédiments datant du Pléistocène supérieur (interglaciaire d'Eem, Début Glaciaire et Premier Pléniglaciaire würmien, couches 13a-6a) et à la base de dépôts de la fin de l'avant-dernière glaciation (Riss, couches 14, 13b). Une étude pluridisciplinaire a permis de croiser les résultats issus de différentes spécialités. Dans la couche micoquienne 7a des restes humains, attribués aux Néanderthaliens, ont été découverts. Pour valider les hypothèses paléoécologiques et palethnographiques, nous avons analysé l'état de conservation du matériel osseux à l'aide de trois méthodes (par spectrométrie Infrarouge et ESR, mesure de la teneur en azote et taphonomie). Les ossements sont bien conservés et résultent essentiellement des activités anthropiques. Le contexte écologique montre une homogénéité au sein des deux ensembles par contre, les couches micoquiennes apparaissent plus steppiques, sous un climat plus froid et plus sec, que les couches taubachiennes. D'après les études biogéochimiques, quelles que soient les couches, toutes les signatures isotopiques mesurées sont compatibles avec un milieu ouvert de type steppique. Ces résultats confortent l'hypothèse, quelle que soit la couche considérée, d'une chasse orientée vers des espèces d'espaces ouverts. La base de la séquence livre les couches du Paléolithique moyen (couches 14 à 6a) dont les assemblages sont attribués à un Paléolithique moyen, au Taubachien et au Micoquien. Alors que le Micoquien se caractérise par une utilisation prédominante des silex locaux récoltés sous forme de galets de moyenne et grande dimension, le Taubachien se distingue par l'usage de matériaux locaux très divers et surtout par le choix, en grande quantité, de très petits galets destinés principalement au débitage. L'étude des retouchoirs en os met en évidence l'existence d'une véritable standardisation et l'absence de différences significatives entre les niveaux taubachiens et micoquiens. La diversité des comporte-ments techniques observés peut être autant le reflet d'une adaptation des Néanderthaliens aux conditions écologiques, que le fait de traditions indépendantes des variations du mi-lieu. La différence des contextes écologiques, notamment entre l'ensemble des niveaux taubachiens et l'ensemble des ni-veaux micoquiens, ne se reflète pas dans les comportements de subsistance alimentaire. Cette indépendance vis-à-vis du contexte écologique peut révéler l'existence de groupes de chasseurs aux traditions cynégétiques différentes.

(*) UMR 6569 du CNRS, I.P.H. 1 rue René Panhard 75013 Paris, France.

(**) UMR 8018 du CNRS et C.E.R.P., Laboratoire Préhistoire et Quaternaire, Université des Sciences et Technologies de Lille I, bâtiment de géographie, 59655 Villeneuve d'Ascq cedex, France.

(***) UMR 7618 du CNRS, Laboratoire de biogéochimie isotopique, Université de Paris VI, Case courrier 120, Tour 26, 4 place Jussieu, 75252, Paris cedex 05, France

(****) UMR CNRS-DGRCST 9930, Centre de Recherche Français de Jérusalem, 5 Shimshon St. , B.P. 547, Jerusalem 91004, Israël ; e-mail : crfj@netvision.net.il

(*****) Cépam, UMR 6130 du CNRS, 250 rue A. Einstein, Sophia Antipolis, 06560 Valbonne, France

(******) Institut Anthropos, Musée de Moravie, Brno, République Tchèque

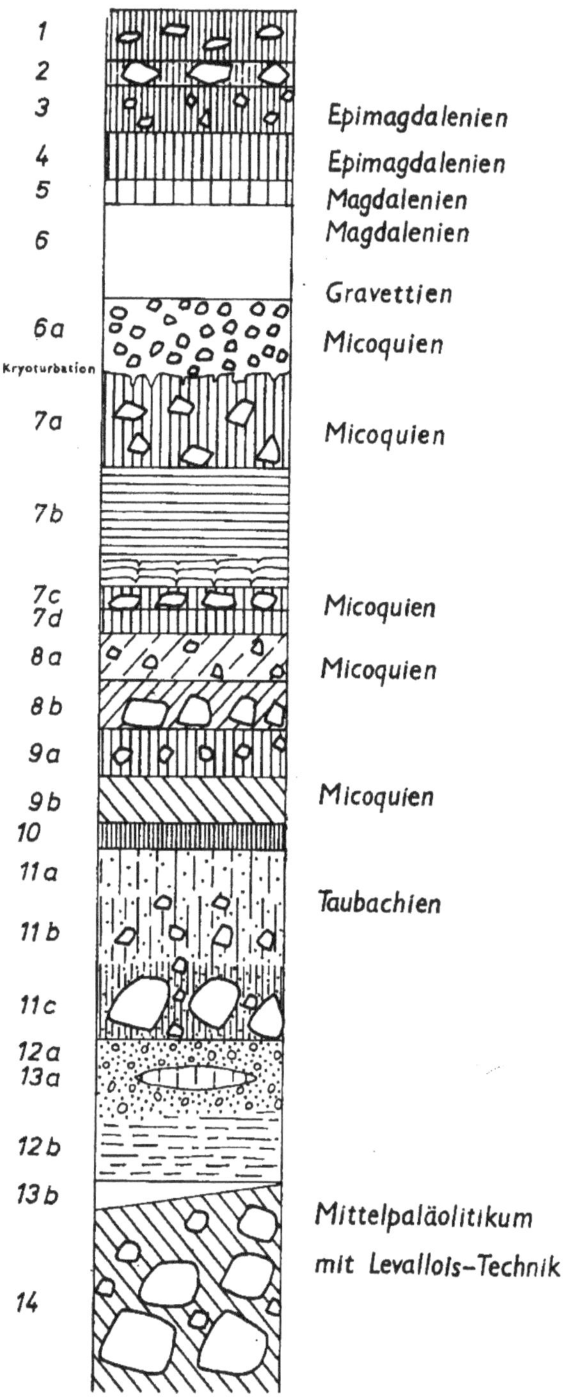

Fig. 1 : Log stratigraphique du remplissage de Külna (Valoch, 1988b)

Cette recherche collective a été entreprise dans le but de répondre à la question : chez les populations néanderthaliennes vivant en Europe, les changements du contexte écologique et les variations dans les comportements techniques et de subsis-tance sont-ils liés ? Si oui dans quelles proportions ?
Dans ce dessein, nous avons choisi de travailler sur les matériels d'un site archéologiquement, riche, bien fouillé et qui livre dans sa séquence la superposition de couches à industries microlithiques (Taubachien) et de couches attribuées au Micoquien, la grotte de Külna en Moravie (République tchèque). Nous avons donc pu réaliser une étude pluridisciplinaire et ainsi croiser les résultats issus de différentes spécialités. En datation, de nouvelles analyses U-Th ont été réalisées par spectrométrie alpha (V. Michel). Les restes humains ont été réexaminés (S. Condemi). Les reconstitutions de l'évolution paléoécologique ont été réalisées grâce aux analyses paléontologiques (P. Auguste et M. Patou-Mathis) et de biogéochimie isotopique (H. Bocherens). Les processus de fossilisation ont été mis en évidence à partir d'analyses par spectrométrie Infra Rouge et ESR (V. Michel), des teneurs en azote (H. Bocherens) et des études taphonomiques (P. Auguste et M. Patou-Mathis). Enfin, les comportements, notamment de subsistance, ont été mis en évidence par des études conjointes des matériels lithiques (analyses typo-technologique et des matières premières, M.-H. Moncel et P. Neruda) et osseux (P. Auguste et M. Patou-Mathis).

1. LOCALISATION GÉOGRAPHIQUE ET HISTORIQUE DES FOUILLES (par K. Valoch)

La grotte de Külna est située sur la commune de Sloup (district de Blansko) à environ une trentaine de kilomètres au nord de Brno. Elle s'ouvre dans le karst morave, à 470 m d'altitude et à 5 m au-dessus de la vallée actuelle. C'est une vaste grotte, haute de 8 m, en forme de tunnel, long de 87 m et large de 25 m. Les fouilles de ce site furent parmi les premières effectuées en Moravie.
En 1880, le Dr. H. Wankel y découvre des ossements d'animaux disparus associés à des outils lithiques. Durant les années qui suivent, jusqu'en 1913, H. Wankel, M. Kriz et J. Knies y entreprirent de vastes fouilles. Pendant la seconde guerre mondiale, une usine est installée dans cette grotte ; elle fonctionne deux ans et est abandonnée en 1945. Le remplissage de la grotte est alors graduellement aplani et recouvert d'une couche de béton. Cette construction entraîna des perturbations importantes dans les couches supérieures (sur 80 cm de profondeur). En 1961, l'Institut Anthropos du Musée de Moravie entreprend des fouilles systématiques sous notre direction ; elles se poursuivent jusqu'en 1976 (Valoch, 1988b). Les fouilles ont eu lieu devant l'entrée sud (à environ 15 m, puits A), sur toute la partie avant, près de l'entrée sud (secteur D) et sur une grande partie de la zone centrale, jusqu'à 50 m de l'entrée sud (secteurs E, F, G, et H). La partie antérieure (méridionale) de la grotte fut fouillée jusqu'à 15 m de profondeur, sans atteindre le socle rocheux. Dans la partie médiane, la roche est apparue à 4 m de profondeur et dans la partie postérieure (septentrionale), elle est visible au niveau du sol bétonné.

2. CHRONOSTRATIGRAPHIE

2.1 Le remplissage et les premières données chronologiques (par K. Valoch)

Le remplissage, de 15 m d'épaisseur, a livré 14 couches principales correspondant à quatre cycles sédimentaires (fig. 1 ; Valoch, 1988b).
À l'intérieur de la grotte, dans la partie antérieure (méridionale), les sédiments les plus récents (couches 6-1, Magdalénien, Épimagdalénien et Holocène) avaient été pour la plupart éliminés lors de l'aplanissement de la surface. Ces couches furent cependant découvertes devant l'entrée sud de la grotte.
L'essentiel du remplissage Paléolithique moyen est constitué de sédiments datant du Pléistocène supérieur (interglaciaire d'Eem, Début Glaciaire et Premier Pléniglaciaire würmien, couches 13a-6a) et à la base de dépôts de la fin de l'avant-dernière glaciation (Riss, couches 14, 13b). Un échantillon d'os provenant de la partie supérieure du complexe 11 a été utilisé pour l'étude de la racémisation des acides aminés ; l'âge obtenu est d'environ 80 000 ans (Bada, 1979 ; *in* Valoch, 1988b). Vu la date ESR récemment obtenue de la couche sus-jacente 9b, cette date apparaît aujourd'hui fort probable et place la couche 11 dans le stade isotopique (OIS) 5a. En effet, d'après la date ESR LU (*linear uptake*) de 69 ± 8 ka (Rink et *al.*, 1996), la couche 9b serait contemporaine de la fin de l'OIS 5a (interstade Odderade) et du début de l'OIS 4. La couche 7a a été datée par ESR LU 50 ± 5 ka et RU (*recent uptake*) 53 ± 3 ka, (Rink et *al.* 1996) et par C-14, un échantillonnage d'os brûlés, de 45 660 + 2 850 – 2 200 B.P. (Mook, 1988). Ainsi, cette couche se placerait durant l'interstade Moershoofdt et serait contemporaine de l'OIS 3.
Toutes ces couches livrent une faune abondante indiquant les conditions climatiques correspondant à la première moitié du dernier glaciaire, avec une alternance de phases interstadiaires et stadiaires (Musil, 1988, 1997, 1999 ; Musil, *in* Valoch et *al.*, 1969). Il semble que le remplissage de la grotte de Külna reflète les principales oscillations climatiques, de la période concernée, observées dans la partie septentrionale de l'Europe centrale (Valoch, S.P). Nos fouilles montrent que les sédiments du Würm ancien ont été fortement altérés par des processus cryogéniques. Les ossements sont répartis dans toutes les couches avec, dans certaines, des concentrations sur une épaisseur de 20-30 cm. Il y a donc eu fort peu de perturbations post-dépositionnelles. Dans la partie antérieure de la grotte, couche 7a, une accumulation d'os de Mammouth est associée à de grands artefacts lithiques (Valoch, S.P.) et un foyer dans une niche de la paroi rocheuse droite (Valoch, 1988b).
L'évolution culturelle des industries du Paléolithique moyen est relativement simple. La couche 14, la plus ancienne, livre une centaine d'artefacts confectionnés à partir de matières premières locales. Il s'agit dans la plupart des cas, d'éclats façonnés en racloirs divers, de quelques nucleus et de galets aménagés. Certains nucleus et éclats présentent des indices de l'emploi de la chaîne opératoire Levallois (Valoch, 1970). Un petit nombre d'ossements de microfaune, appartenant à des espèces froides des steppes (Musil, 1988), et quelques os isolés de grands mammifères, *Elephas sp.*, *Rhinoceros sp.* et *Ursus sp.*, ont été déterminés (Valoch, 1988b).

Le complexe suivant, couches 11 (grises), s'est déposé horizontalement à l'entrée. On peut y distinguer la couche a (gris clair), b (jaune-gris) et c (brun-gris). Quelques mètres plus loin, dans la zone de fouille profonde, ces sédiments ont été détériorés par des processus cryogéniques. À celles-ci, s'ajoute une couche grise très foncée (d), la plus puissante par endroits. Pour cette raison, la faune et les artefacts, relativement pauvres, provenant de l'entrée furent attribués respectivement aux couches 11a, 11b, 11c et 11d. Cependant, la plupart du matériel est rapporté au complexe 11, sans autre précision. L'industrie est la même dans tout ce complexe, elle est attribuée au Taubachien (*cf. infra*). La faune est abondante et contient des espèces variées : *Cervus elaphus, Alces alces, Equus taubachensis, Ursus taubachensis, Ursus spelaeus, Mammuthus primigenius, Coelodonta antiquitatis, Rangifer tarandus.* Il s'agit donc d'une faune steppique accompagnée de quelques espèces plus forestières. On note la présence dans la couche 11c de *Cervus elaphus, Alces alces, Capreolus capreolus, Castor fiber, Dicerorhinus kirchbergensis, Bovinae, Equus taubachensis, Ursus taubachensis, Ursus spelaeus, Mammuthus primigenius, Rupicapra rupicapra, Coelodonta antiquitatis* et quelques rares carnivores. Les espèces forestières, nécessitant un climat plus tempéré et humide, y prédominent avec les chevaux, habitants de paysages plus ouverts. La région n'était donc pas complètement boisée ; elle comprenait également de vastes espaces ouverts (Musil, *in* Valoch et *al.*, 1969), comme le dénote la forte représentation de *Lagurus lagurus* (Musil, 1988).
Au complexe 11 est associée la couche 13a, lentille de même composition sédimentaire (fluvia-tile) que la couche sous-jacente (12). Elle a livré plusieurs éclats et une malacofaune sylvestre (Kovanda, *in* Valoch, 1988b). En prenant en considération la faune et les dates (*cf supra*), il est très probable que le complexe 11, les couches 13a et 12 appartiennent à l'OIS 5a-e (Interglaciaire d'Eem et Début Glaciaire).
Le complexe suivant, des couches 9b à 6a, renferme du matériel rapporté au Micoquien. Les couches 8a et 7d n'ont livré que de très petites collec-

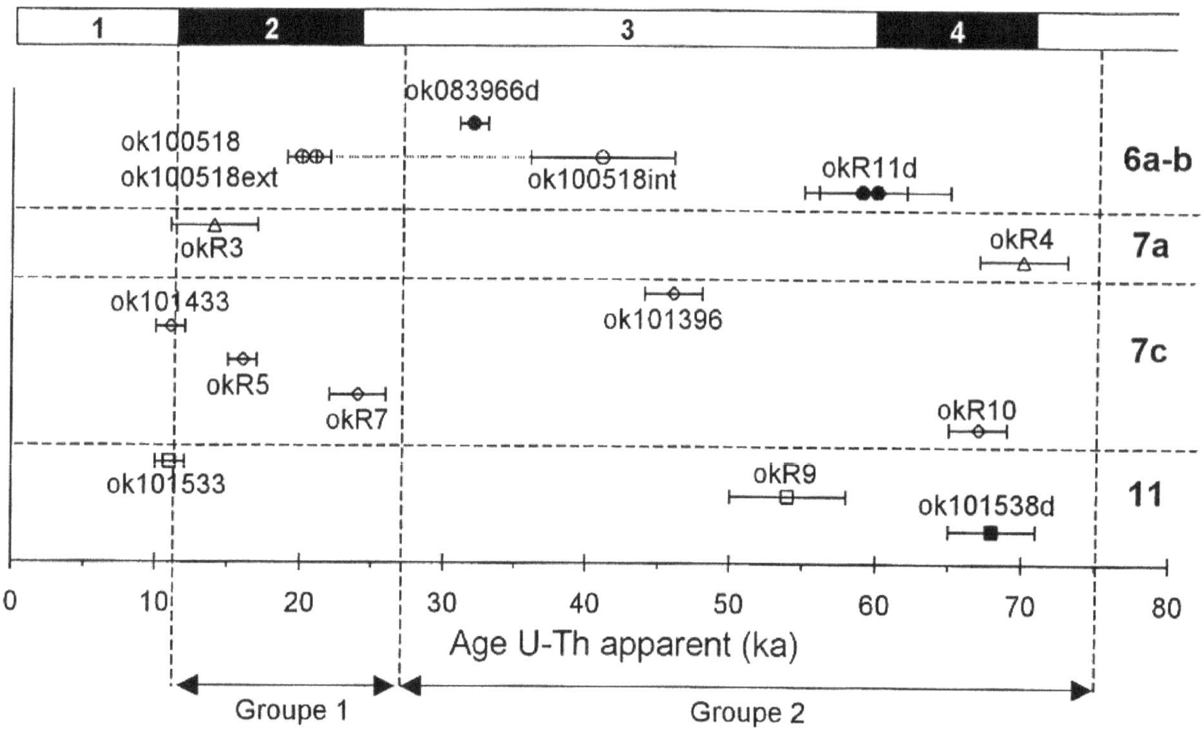

Fig. 2 : Représentation des âges U-Th apparents des os et dentines (d) de Külna analysés par spectrométrie alpha, en fonction de la position stratigraphique (couche). Correspondance avec les stades isotopiques (Imbrie et *al.*, 1984).

tions difficiles à interpréter (Valoch, 1981). La couche 9a contient également peu de pièces lithiques mais, certaines, biface en quartz, pointe foliacée et limace épaisse à retouche envahissante, sont caractéristiques du Micoquien. En Moravie, le Micoquien semble donc apparaître durant l'interstade d'Odderade (fin du stade 5a). Les couches 7c+7, 7a et 6a fournissent des collections assez riches (335, 2463 et 400 pièces).

La faune varie en abondance et en diversité selon les couches, caractérisant des phases stadiaires et interstadiaires. Dans la couche 9b, le Cheval est l'espèce la plus abondante ; le Cerf, l'Élan, les Bovinés et le Rhinocéros de forêt (*Dicerorhinus kirchbergensis*) sont également présents (Musil, 1990). Les espèces froides (Mammouth, Renne, Rhinocéros laineux) et les Carnivores ne sont représentés que par quelques restes isolés ; en revanche, *Lagurus lagurus* est relativement abondant. La faune est absente de la couche 9a et la couche 8b ne contient que des ossements de micromammifères où abondent *Pitymus subterraneus. Lagurus lagurus* et *Clethrionomys glareolus* sont également présents alors que *Dicrostonyx torquatus* et *Lemmus lemmus* font défaut. La couche 8a est riche en restes de *Dicrostonyx torquatus* et *Lagurus lagurus*. La grande faune est dominée par le Mammouth et le Cheval. Les espèces sylvestres n'apparaissent que sporadiquement. La couche 7d contient une faune steppique (Mammouth, Renne, Rhinocéros laineux) ; les espèces forestières (Castor, Cerf, Élan, Chevreuil) et les carnivores, ne sont signalées que par quelques ossements. Une telle faune caractérise, pour R. Musil, une phase stadiaire tempérée (Musil, *in* Valoch et *al.*, 1969). La couche suivante, 7c, présente la même composition faunique ; elle diffère cependant par un pourcentage plus élevé d'espèces sylvestres. R. Musil la place durant un interstadiaire (Musil, *in* Valoch et *al.*, 1969). Les ossements de la couche 7b (composée d'un sédiment brun foncé stérile et d'éboulis résultant de processus cryogéniques) ont été découverts dans la partie supérieure et appartiennent probablement à la couche 7a, dont elle ne se distingue ni par la couleur, ni par la texture. La faune de la couche 7a est celle d'une phase stadiaire, avec une prédominance du Mammouth et du Renne. Le Cheval et Rhinocéros sont peu nombreux, l'Élan, les Bovinés et les carnivores sont rares ; on note la présence d'*Equus hydruntinus*. La dernière couche du Paléolithique moyen, 6a, est de caractère nettement stadiaire ; y prédominent le Renne et le Mammouth ; le Cheval, le Rhinocéros laineux, la *Saïga tatarica* et l'Aurochs sont présents ; *Dicrostonyx torquatus* est très abondant.

La couche 6a est la première à être constituée de lœss, toutes les autres étant constituées d'argiles brun foncé (7a-d, 9a,b, 14), d'argiles rouge-brun (8a,b) ou de sédiments sableux gris (11a-d, 13a).

Pour placer les couches 9b-6a dans la première moitié du glaciaire Würm, nous disposons, en dehors des dates mentionnées ci-dessus, des données fournies par la faune. La couche 9b peut être placée dans l'interstade Odderade, les couches 8a et 7d durant des phases stadiaires tempérées et les couches 8b (probablement) et 7c dans des phases interstadiaires. En revanche, les couches 7b et 6a appartiennent à des phases stadiaires froides, leur base étant affectée par des processus cryogènes. La faune, et notamment les restes de charbons (*Picea, Pinus, Acer cf. pseudoplatanus, Euonymus, Fraxinus, cf. Corylus avellana* ; Opravil, 1988) provenant de la couche 7a, suggèrent un certain adoucissement, peut-être même une humidification du climat. Cette séquence peut être comparée avec celle d'Oerel, en Allemagne du Nord (Behre et Lade, 1986). Il semble que le nombre d'interstades observés à Külna, entre Odderade et Hengelo, soit le même que dans ce site (8b Oerel, 7c Glinde, 7a Moershoofdt). La couche 6a représente la période froide entre Moershoofdt et Hengelo, soit entre 45 et 40 ka.

2.2 Datation U-Th par spectrométrie alpha (des couches 6a, 6b, 7a, 7c, 11, par V. Michel)

Les premières analyses ESR (couches 7a, 7c, 9b, 11a, 11c) ont permis à Rink et *al.* (1996) de préciser la situation chronologique du site (*cf. supra*). Elles ont été réalisées sur 28 échantillons d'émail dentaire de grands mammifères provenant des collections de fouilles de 1961-1976 (Rink et *al.*, 1996 ; Valoch, 1988b). Les âges ESR ne sont pas stratigraphiquement ordonnés. En effet, les auteurs notent un rajeunissement des âges ESR du niveau 7c par rapport au niveau 7a stratigraphiquement supérieur. Un âge ESR moyen EU (*early uptake*)-LU (*linear uptake*) de 46-50 ka est retenu pour la couche 7a, résultat qui concorde avec l'âge C-14 obtenu par ailleurs sur os (45 660 +2800 – 2200 ka) (d'après Rink et *al.*, 1996). Un rajeunissement des âges est également observé pour le niveau 11 inférieur par rapport au niveau 9b daté par ESR à 68 ka (LU). Les rajeunissements observés sont supposés être liés à la présence de gros blocs dans les niveaux (7c et 11) (Valoch, 1988b) qui fait que la dose externe serait sévèrement surestimée (Rink et *al.*, 1996).

Des analyses U-Th ont été réalisées sur une douzaine de prélèvements osseux et dentaires de rhinocéros, de bison et de bouquetin qui proviennent des couches (6a, 6b, 7a, 7c et 11). La procédure méthodologique est présentée par ailleurs (Michel *et al.*, 2000). Les teneurs en uranium des tissus osseux et de dentine sont comprises entre 0,7 à 20,7 ppm. Elles sont très variables à l'intérieur même des différentes couches. Les âges U-Th apparents sont représentés en fonction de leur position stratigraphique (couche) (fig. 2). Les âges sont dispersés, compris entre 10 et 75 ka. Deux groupes d'âges se distinguent, un qui corres-pond au stade isotopique 2 et l'autre se situe au ni-veau des stades 3-4. L'analyse U-Th de l'os (ok100518) conduit à une teneur en U, 25 fois plus importante dans la partie externe de l'échantillon par rapport à la partie interne (ox100518ext : 17,6 ppm ; ox100518int : 0,7 ppm), un profil de concentration en U déjà observé par Badone et Farquhar (1982). Les âges U-Th apparents correspondants sont très différents, de 21 et 42 ka respectivement. La fraction totale de l'os donne un âge de 20 ka, comparable à celui de la surface osseuse. Le résultat U-Th de la fraction totale montre qu'il est «contaminé» par la fraction d'os externe. En effet, la fraction externe a tardivement acquis de l'uranium et par conséquent l'âge U-Th mesuré est rajeuni. L'âge U-Th apparent de 42 ka de la fraction interne de l'os est sans doute l'âge le plus probable. Cet os (Ok100518) fait partie du premier groupe d'âge, un récent phénomène d'entrée d'uranium pourrait donc expliquer le rajeunissement des autres échantillons. Les échantillons d'émail ne sont pas analysables par spectrométrie alpha, la teneur en U est très faible < 0,1 ppm. Compte tenu de la dispersion des âges obtenus (fig. 2) et pour affiner la situation chronologique des niveaux archéologiques, il serait préférable de réunir les conditions techniques (analyse U-Th par TIMS de l'émail dentaire) afin d'envisager une datation ESR/U-Th combinée.

3. RESTES HUMAINS NÉANDERTHALIENS (par S. Condemi)

Dans la couche micoquienne 7a (la couche la plus riche en vestiges archéologiques), quelques restes humains ont été découverts. Ce sont : un fragment de maxillaire droit (Külna I), un fragment de pariétal droit (Külna II) et trois molaires de lait (Külna III-IV).

La spécificité anthropologique du peuplement de l'Europe par rapport à l'ensemble de l'Ancien Monde se situe dans la présence d'une population humaine aux caractères bien distincts : les Néanderthaliens. C'est dans ce contexte que se situent les fossiles humains de Külna.

En Europe, la différenciation de la population néanderthalienne est bien documentée (tab. 1). C'est indiscutablement sur les restes humains provenant des niveaux datés entre 450 000 et 350 000 ans que l'émergence de la lignée néanderthalienne peut être clairement identifiée. Ces fossiles anciens mis au jour en Europe montrent, lorsqu'ils sont suffisamment complets pour permettre une analyse, des caractères néanderthaliens à côté de caractères archaïques qui se retrouvent chez les fossiles anciens (*Homo erectus, sensu lato*). Comme le montre toutes les analyses de fossiles prewürmiens (Piveteau, 1970 ; Vandermeersch, 1978, 1981 ; Hublin, 1978 ; Stringer et *al.*, 1984 ; Condemi, 1985 ; 1991, 1992, 1998 ; Trinkaus (éd.), 1988 ; Couture, 1992 ; Stringer et *al.*, 1993 ; Nara, 1994 ; Maureille, 1994 ; Elyaqtine, 1995 ; Wolpoff,

1996), l'émergence de la population néandertha-lienne n'a pas été brutale mais progressive. Au fur et à mesure du temps, nous nous trouvons face à des fossiles qui montrent de plus en plus de traits néanderthaliens.

Principaux fossiles	Stade δO^2	AGE	HUMAINS
Cro-Magnons (F)		28 000	Hommes modernes
St. Césaire (F)		35 000	
La Ferrassie (F)		40 000	
La Chapelle-aux-Saints (F)	3-4		Néanderthaliens «Classiques»
La Quina (F)			
Regourdou (F)		45 000	
Spy (B)			
Neanderthal (D)			
Circeo (I)			
Kulna (Tch)			
Gibraltar (GB)	5	110 000	Proto - Néanderthaliens
Salzgitter-Lebenstedt (D)			
Saccopastore (I)		130 000	
La Chaise : B.D. (F)			
Ehringsdorf (D)			
La Chaise : S. (F)		180 000	Pré-Néanderthaliens «récents»
Biache-St-Vaast (F)			
Reilingen (D)	11-7		
Steinheim (D)			
Swanscombe (GB)			
Bilzingsleben (D)			
Atapuerca: S.Huesos (S)	11-15	< 350 000	Pré-Néanderthaliens «anciens»
Petralona (G)		450 000	
Arago (F)			
Visogliano (I)			
Boxgrove (GB)		475 - 620 000	Début de la différentiation néanderthalienne
Mauer (D)			

Tab. 1 : Évolution du peuplement européen.

Principaux caractères morphologiques des fossiles de Külna

L'os maxillaire de Külna est incomplet. Cet os qui correspond à la partie alvéolaire du maxillaire comprend la région alvéolaire droite avec quatre dents en place (la canine, les deux prémolaires et la première molaire) ainsi que le bord inférieur de la région nasale. Malgré son aspect modeste, un nombre important d'informations a pu être recueilli. Ont pu être, notamment, mis en évidence des traits propres aux Néanderthaliens, ce qui confirme l'attribution de ce fossile à un Néanderthalien. Ces traits sont les suivants.

La petite portion de maxillaire conservée entre le bord alvéolaire et la région sous-nasale ne montre aucun sillon ou gouttière horizontale. On observe, en effet, aucune discontinuité, l'os est oblique de haut en bas. La morphologie observée sur le reste de Külna évoque celle que l'on rencontre chez les Néanderthaliens qui ne montre aucune fossette canine (Boule, 1911-13 ; Sergi, 1948). Celle-ci est, en revanche, bien présente chez l'Homme actuel et sur les fossiles se situant dans la lignée de l'Homme moderne.

L'ouverture nasale (piriforme) montre un trait qui se rencontre toujours chez les Néanderthaliens et chez ceux se situant dans la lignée néandertha-lienne. Ce caractère a été encore récemment décrit par J. Schwartz et Y. Tattersall (1996). Il s'agit du sillon pré-nasal, délimité en avant, par une crête tranchante et vers l'arrière, par un léger bourrelet.

Les dents, en très bon état de conservation, sont très peu usées (il s'agit d'un individu jeune). La M1 a quatre cuspides. On remarque que l'ordre décroissant des cuspides est celui que l'on observe sur la plupart des M1 des fossiles pré-Néanderthaliens et Néanderthaliens (le protocône et hypocône étant les plus développés, tandis que le métacône est plus réduit que le paracône). La M1 présente un tubercule de carabelli. L'on dési-gne ainsi un cuspide plus ou moins développé qui s'observe occasionnellement sur la partie linguale du protocône. Chez les Néanderthaliens, il s'obser-ve plus fréquemment sur la première molaire que sur les deux autres.

L'os pariétal correspond à la partie centrale de l'écaille. Il est donc très incomplet. Cependant un certain nombre d'observations ont pu être faites.

L'épaisseur de l'os varie entre 5 à 6 mm dans la région post-bregmatique, et 12 mm dans la région de la bosse pariétale. Ces dimensions sont compa-rables à celles que l'on trouve chez les Néanderthaliens.

La morphologie de la partie endocrânienne montre les empreintes vasculaires des vaisseaux méningés. La morphologie des branches postérieure et anté-rieure indique une disposition que l'on retrouve sur les Néanderthaliens. Ce schéma est conforme à celui que l'on connaît pour les Néanderthaliens d'Europe occidentale.

L'étude anatomique montre que ces vestiges humains doivent, d'une façon indiscutable, être rattachés aux Néanderthaliens. En effet, les caractères décrits sur le maxillaire, notamment l'absence de fosse canine, le sillon prénasal et la morphologie des dents, sont bien ceux mis en évi-dence sur cette population. De même sur l'os parié-tal, la morphologie du réseau méningé et l'épais-seur de l'os de ce fragment sont compatibles avec celles des fossiles de la lignée néanderthalienne. Cette étude confirme donc la présence de traits

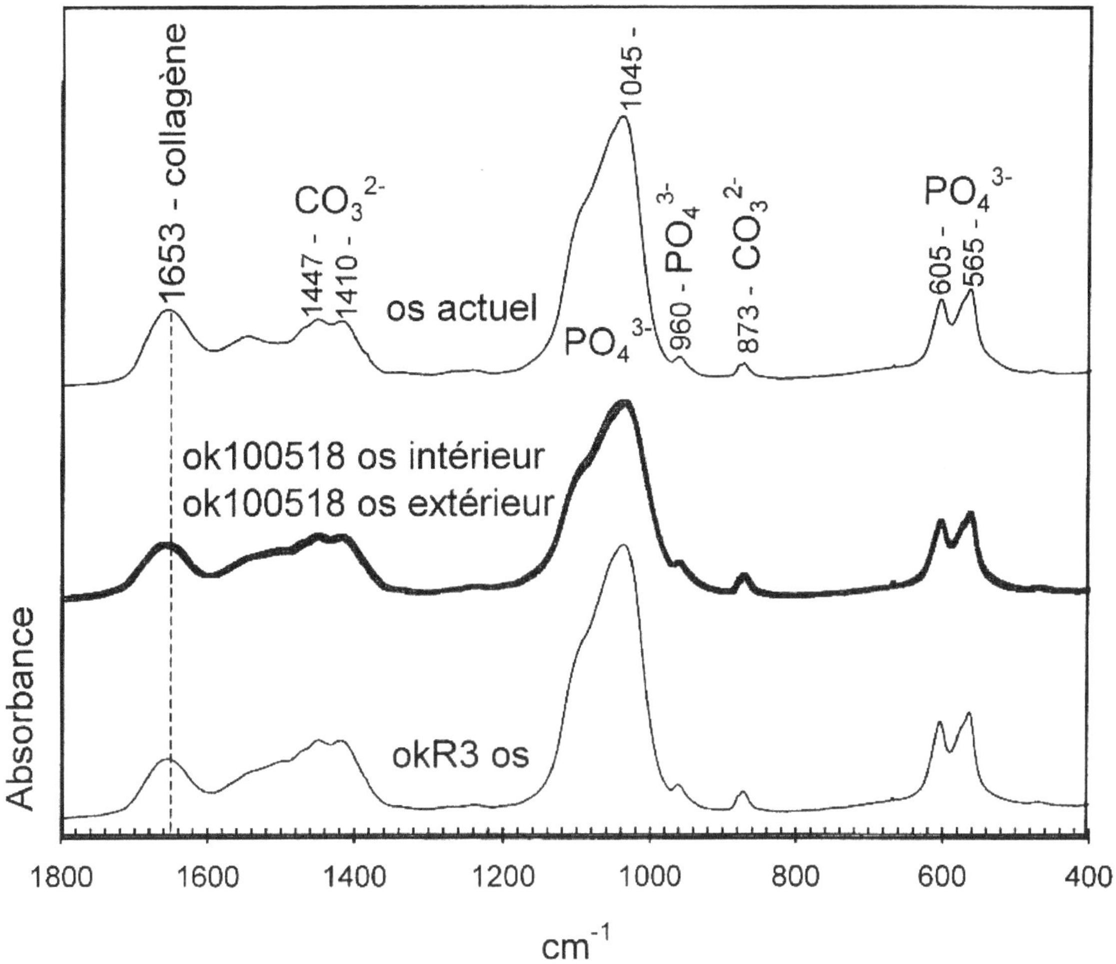

Fig. 3 : Spectres IR des échantillons osseux de Külna ; comparaison avec l'os actuel.

néanderthaliens, caractères déjà mis en évidence par J. Jelinek (1966 ; 1981) et E. Vlvek (1991). En revanche, l'état fragmentaire de ces restes humains n'a pas permis de renforcer l'hypothèse d'une moindre accentuation des traits néanderthaliens observés sur les Néanderthaliens d'Europe centrale, comme l'ont précédemment suggéré J. Jelinek (1966) et E. Vlcek (1993).
Les restes humains de Külna appartiennent à la dernière phase de l'évolution des Néanderthaliens en Europe.

4. PALÉOÉCOLOGIE

Pour reconstituer l'écologie, nous avons, dans un premier temps, afin de valider nos hypothèses, analysé l'état de conservation du matériel osseux (à l'aide de trois méthodes). Puis, nous avons confronté les résultats des études paléontologiques (par P. Auguste et M. Patou-Mathis) et de l'analyse du collagène (par H. Bocherens).

4.1 État de conservation des matériels osseux

La même série d'échantillons osseux et dentaires analysés par U-Th, a été étudiée par spectrométrie Infrarouge et ESR (V. Michel). Les procédures sont décrites par ailleurs (Michel et *al.*, 1996 ; 1998).

Matière minérale
L'analyse des spectres IR montre la présence d'une phase minérale apatite relativement bien conservée en comparaison avec l'os actuel (fig. 3). Les valeurs des indices de cristallinité CI, mesurés entre 750-450 cm^{-1} (Shemesh, 1990) des os fossiles de Külna sont comprises entre 2,9 et 3,5. Les indices mesurés sur les spectres IR d'os et de dentine actuels d'une mandibule de cerf sont de 3,2 et 3,1 (Michel et *al.*, 1996). Dans la littérature, on trouve des valeurs d'indice pour les os actuels de l'ordre de 2,8 - 2,9 (Weiner et Bar-Yosef, 1990). Les valeurs de Külna sont assez homogènes dans l'ensemble. L'analyse des spectres ESR des os, ne révèle pas la présence de signaux liée à la calcination de l'os (fig. 4) (Michel et *al.*, 1998).
On note cependant une coloration, souvent très foncée (noir, brun), des os qui serait due alors à la présence d'oxydes de manganèse ou de fer contaminants d'après l'analyse ESR. Contrairement aux échantillons d'émail, l'analyse ESR révèle l'absence du signal à g=2,0018, utilisé en datation, à l'exception de okR9 (fig. 4). À partir

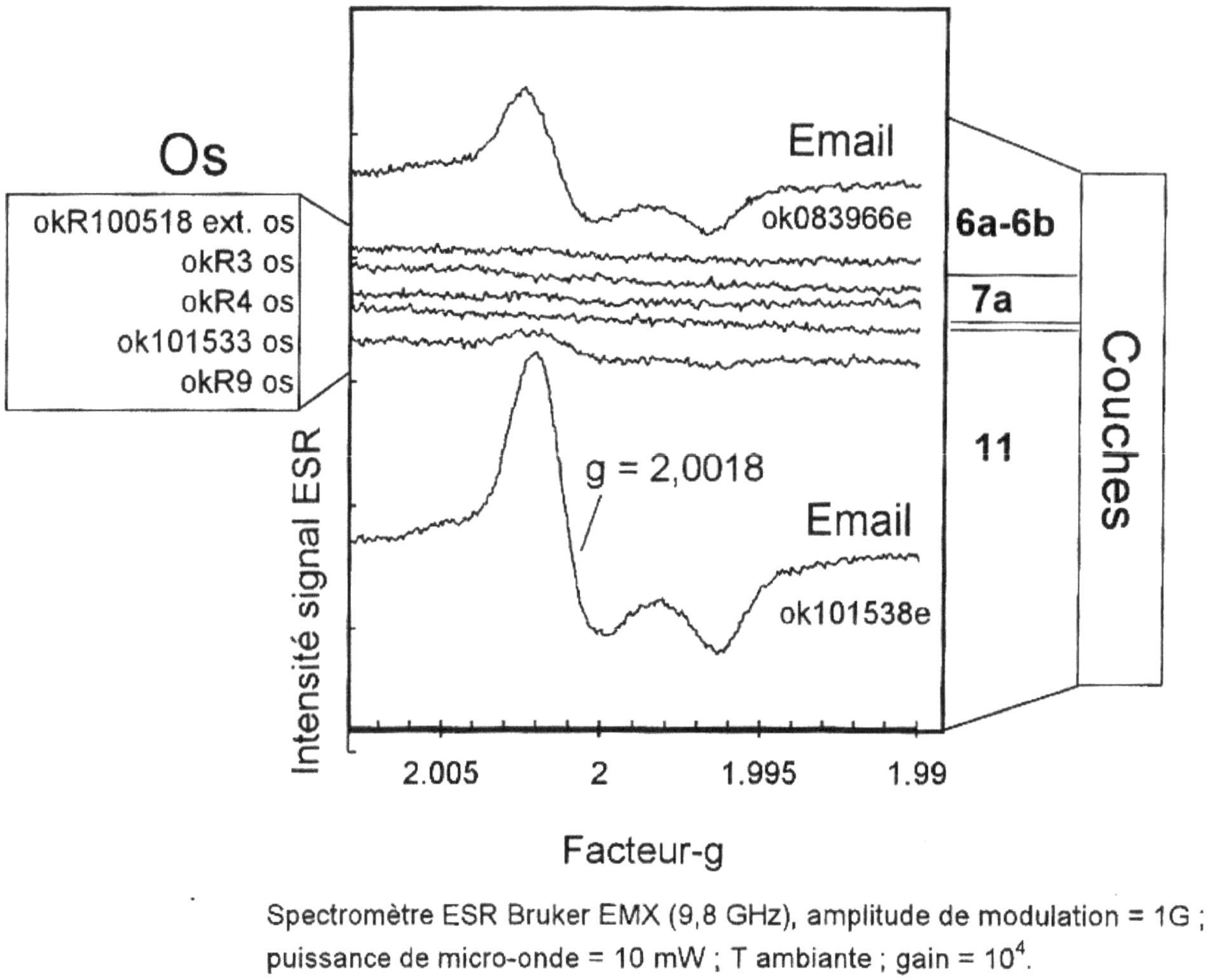

Fig. 4 : Spectres ESR des poudres d'os et d'émail dentaire de Külna.

d'une estimation de la dose annuelle (~ 1,2 mGy/a) d'après les données de Rink et *al.* (1996) et de l'âge du fossile (~ 45 ka), on peut supposer que les os ont reçu des doses de radiation naturelle d'environ 50 Gy, une dose trop faible pour observer un signal (Oduwole et Sales, 1991).

Matière organique

La bande IR située entre 1 800 et 1 300 cm^{-1} est complexe, elle est due à la matière organique (collagène), minérale (apatite) et à H_2O (fig. 3).

On observe que la bande d'absorption située à 1650 cm^{-1}, attribuée au collagène, est plus ou moins intense. Il existe une bonne corrélation entre la teneur en azote mesurée (par H. Bocherens) et la surface de la bande à 1 650 cm^{-1}. Certains os, okR7, oKR10 et okR9, des couches 7c et 11 contiennent peu de collagène.

Les mesures de la teneur en azote des ossements ont été réalisées par H. Bocherens. Pour les 38 échantillons étudiés (issus de différentes couches), les teneurs en azote de l'os total varient de 0,3 à 0,4 %, et les moyennes obtenues pour les différentes couches varient de 2,0 +/- 0,7 (couche 11) à 2,8 +/- 0,2 % (couche 6a/6b), ce qui est élevé pour des ossements aussi anciens (fig. 5). Certains échantillons présentent autant d'azote que l'os frais. On note des différences assez faibles de teneurs en azote entre les différentes couches, avec une diminution moyenne entre les couches les plus récentes et les plus anciennes. Les différences ne sont cependant pas statistiquement significatives. Elles ne semblent pas liées nettement aux différences climatiques telles qu'estimées par W.J. Rink et *al.* (1996). La situation est donc très favorable à une étude paléoenvironnementale basée sur la biogéochimie isotopique du collagène. L'extraction du collagène, selon le protocole utilisé classiquement pour les échantillons du Pléistocène (Bocherens et *al.*, 1997), a confirmé le bon état général de conservation. Seul un spécimen d'Ours des cavernes de la couche 11 (KLN2300) a fourni un extrait dont le rapport C/N (2,5) est hors de la gamme de 2,9-3,6 qui caractérise les collagènes non contaminés ou altérés (Deniro, 1985). Cet échantillon est donc exclu de la discussion sur les implications paléo-écologiques.

D'après les analyses taphonomiques (par P. Auguste et M. Patou-Mathis), quelles que soient

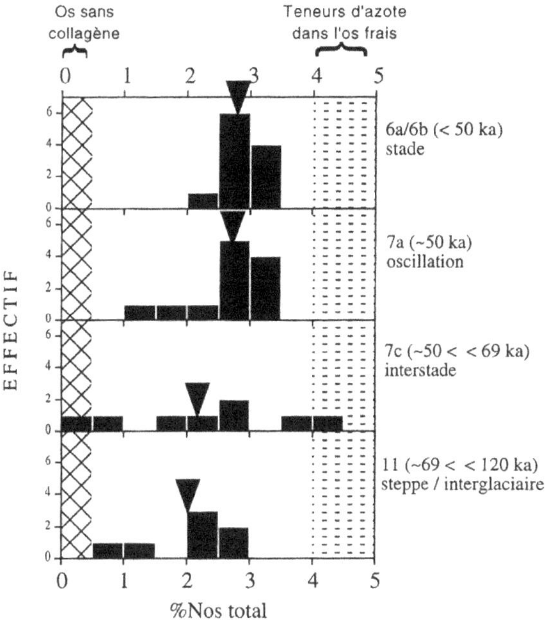

Fig. 5 : Teneurs en azote (%N) des ossements des différentes couches de Külna (Ages et données paléoenvironnementales d'après Rinck et *al.*, 1996). Les triangles correspondent à la valeur moyenne de %N pour tous les échantillons de chaque couche.

les couches, les ossements sont bien conservés et présentent un bon état de surface. Les caractères extrinsèques d'origine climato-édaphique sont les plus fréquents (notamment ceux dus à la percolation d'eaux de ruissellements avec dépôts d'oxydes), devant ceux d'origine anthropique (marques de boucherie). Les marques de carnivores sont relativement rares, le rôle de ces derniers, sur l'origine et l'histoire des accumulations osseuses, est mineur. La fragmentation du matériel osseux, extrêmement importante, résulte essentiellement de l'intervention humaine (recherche de la moelle).
Ces résultats sont importants car ils permettent de valider les hypothèses paléoécologiques et palethnographiques. Les matériels étudiés, bien conservés et résultant essentiellement des activités anthropiques, permettent donc de bonnes reconstitutions paléo-environnementales et d'appréhender, de façon satisfaisante, les comportements de subsistance des Néanderthaliens de Külna.

4.2 Contexte écologique

Une première détermination des ossements de mammifères découverts à l'entrée de la grotte, a été réalisée par R. Musil (*in* Valoch et *al.*, 1969). Pour cet auteur, le Rhinocéros laineux est particulièrement abondant dans les couches 8 et 7a ; le Renne, dans la couche 7a ; le Mammouth dans les couches 7a et 7c ; le Cheval de Taubach dans les couches 11 ; l'Ours des cavernes dans la couche 7a ; l'Élan, le Chevreuil et le Cerf élaphe dans les couches 11.
En 1998, M. Zelinkova (communication personnelle) a effectué une étude des ossements découverts à l'intérieur de la grotte (couches 7e à 4). Cet auteur a constaté, que dans les couches micoquiennes, le Mammouth (surtout en 7c) puis le Renne (surtout en 7a et 6a) étaient les deux espèces les mieux représentées, que seule la couche 6a apparaît beaucoup plus froide et que la couche 7a est bien située dans un interstade tempéré.
L'étude de l'ensemble des faunes du Paléolithique moyen a été reprise par P. Auguste (couches 14 à 7a) et M. Patou-Mathis (couche 6a). D'après la grande faune, le contexte écologique pour l'ensemble des couches taubachiennes (où abondent les bisons des steppes et les chevaux) correspond à une mosaïque de sylvo-steppe sous un climat continental, avec absence d'indice de conditions pléniglaciaires (fig. 6). Le contexte écologique pour l'ensemble des niveaux micoquiens (dominés par le Renne) montre une plus grande diversité des milieux avec toutefois une forte prédominance des espaces ouverts et la présence d'espèces adaptées à des conditions plus extrêmes (fig. 7).
D'après les études biogéochimiques (par H. Bocherens), les herbivores analysés montrent une gamme de valeurs de δ13C assez réduite (de - 21,8 à - 18,1 ‰), tandis que la gamme de valeurs de δ15N est très large (de 1,3 à 8,3 ‰). Cette variabilité semble en partie liée à la provenance stratigraphique, les échantillons de la couche 7c présentant les valeurs de δ15N les plus élevées (fig. 8). Les Ours des cavernes présentent des signatures isotopiques assez homogènes, plus basses en 13C que celles des herbivores, et entre 3 et 4 ‰ pour les valeurs de δ15N. Une telle distribution des signatures isotopiques des Ours des cavernes est similaire à celle mise en évidence pour des sites du Sud de la France et de Belgique, et reflète une alimentation essentiellement végétarienne pour cette espèce (Bocherens et *al.*, 1994, 1997). Pris ensembles, les rennes présentent des valeurs de δ13C plus élevées que celles des Chevaux, situation comparable à ce qui a été décrit pour d'autres sites du Pléistocène supérieur, et qui est interprétée comme reflétant la consommation de lichens par les rennes (Fizet et *al.*, 1995 ; Drucker et *al.*, 2000). Les signatures isotopiques des rennes de la couche 7a sont peu variables entre elles et suggèrent des animaux évoluant en milieu ouvert, possiblement au sein d'un même troupeau. Ces données ne sont pas en contradiction avec les conclusions des études paléontologiques. Aucune des valeurs de δ13C mesurées sur le collagène des ongulés ne montre d'influence d'un couvert forestier fermé, qui se serait traduit par des valeurs de δ13C inférieures à –23 ‰. Toutes les signatures mesurées sont compatibles avec un milieu ouvert, de type steppique, y compris pour les Cerfs des couches 6a et 11. La couche 11, considérée comme interglaciaire, ne montre pas de teneurs plus basses en

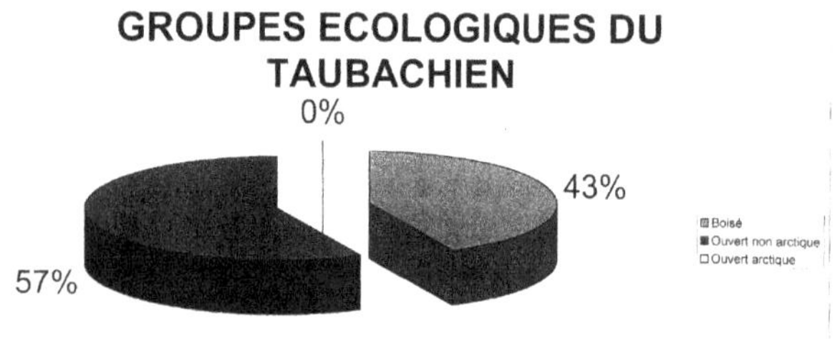

Fig. 6 : Groupes écologiques présents dans les niveaux taubachiens de Külna

13C. Les valeurs de δ15N plus élevées pour les herbivores de la couche 7c pourraient indiquer des conditions plus arides par rapport aux autres couches étudiées (Fizet et *al.*, 1995 ; Drucker et *al.*, 2000). Il serait cependant nécessaire de confirmer cette tendance par un complément d'analyses pour cette couche. L'étude isotopique des restes de Néandertaliens de la couche 7a pourrait être envisagée pour déterminer le régime alimentaire de ces Hommes, de façon similaire à ce qui a été réalisé pour des Néandertaliens des sites de Marillac en Charente (Fizet et *al.*, 1995) et de la grotte Scladina en Belgique (Bocherens et *al.*, 1999).

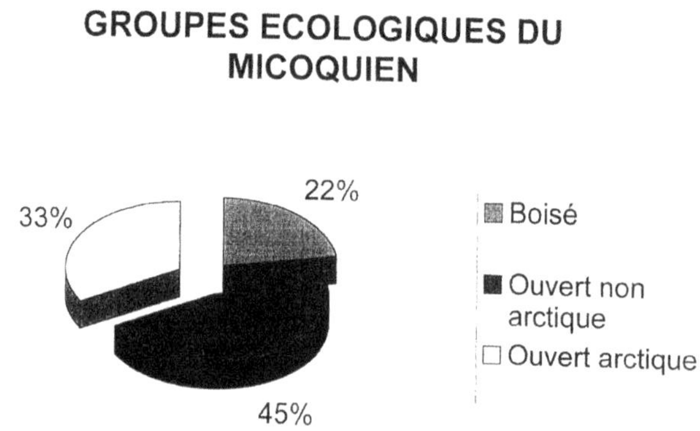

Fig. 7 : Groupes écologiques présents dans les niveaux micoquiens de Külna

Ces résultats confortent l'hypothèse, quelle que soit la couche considérée, d'une chasse orientée vers des espèces d'espaces ouverts (*cf. infra*). En effet, d'après les données fauniques, l'Homme n'a pas prélevé dans son environnement toutes les espèces qui y vivaient, il a effectué des choix. Ces choix limitent, de fait, la reconstitution des paléoenvironnements, ce qui explique l'absence d'éléments forestier soulignée par les analyses biogéochimiques.

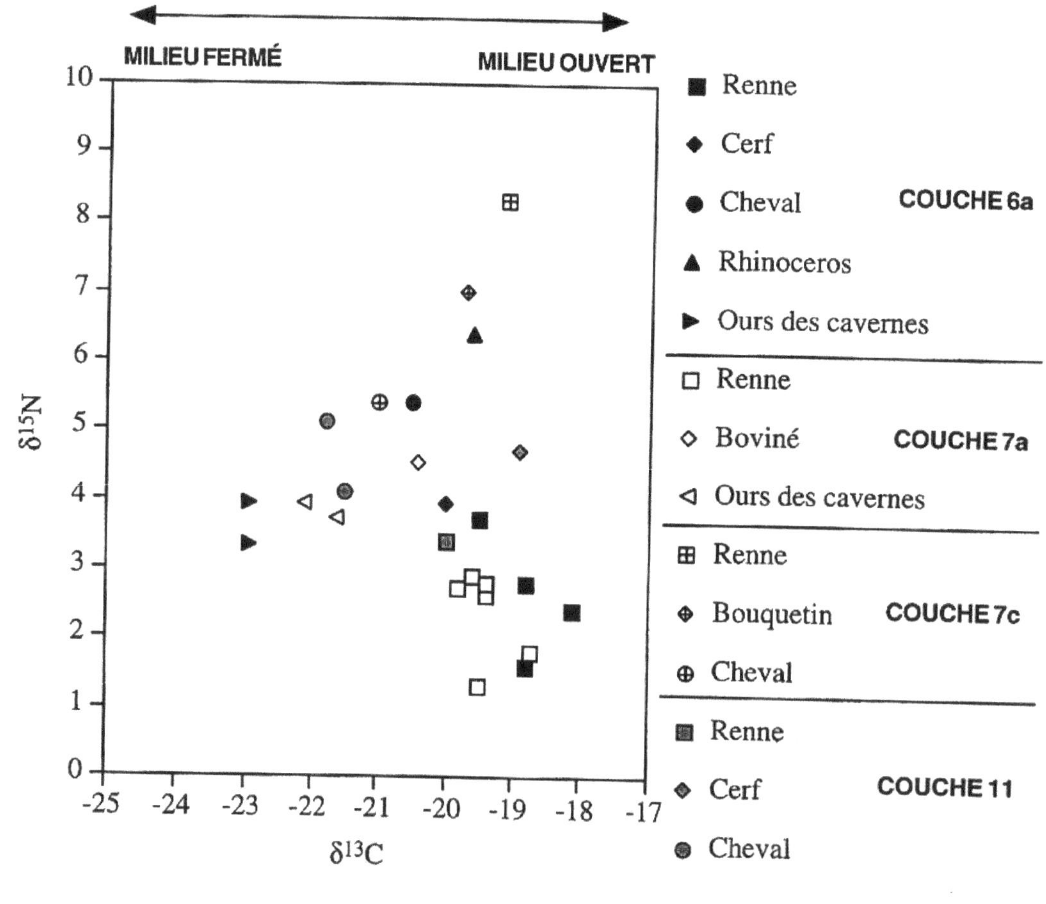

Fig. 8 : Signatures isotopiques du carbone et de l'azote du collagène d'herbivores des différentes couches de Külna

		outil	outil usé	éclat	esquille	chute de burin	nucléi	reste de nucléus	fragment de nucléus	Remontage	percuteur	manuport	acquisition	Σ	%
1	Quartz	172	54	484	2625		48	65	46	11	19	5	48	3577	33,89
2	Psammite	11		12	3						3	5	35	69	0,65
3	Calcaire	1		4	2									7	0,07
4	Orthoquartzite	91	64	287	390		41	6	12	4	5	2	6	908	8,60
5	Spongolite	306	133	805	3589		25	53	29	4	1	1		4946	46,86
6	Chert varié	79	35	150	494		9	7	8	3	1	1	4	791	7,49
7	Chert du type Olomucany	19		26	14			2						61	0,58
8	Cristal de roche	3			4									7	0,07
9	Chert du type Krumlovský les	9	4	32	31									76	0,72
10	Porcelanite	10		2	2			2						16	0,15
11	Silex erratique	4			5									9	0,09
12	Radiolarite	4			16									20	0,19
13	Divers	5	5	13	23	1		1	0	3	1	12	4	68	0,64
	Σ	714	295	1815	7198	1	123	136	95	25	30	26	97	10555	100
	%	7,24	3,03	17,04	67,27	0,01	1,26	1,40	0,95	0,26	0,3	0,20	1,06	100	

Tab. 2 : Décompte et pourcentages des différentes catégories techno/typologiques pour chaque élément lithique de la couche 11 de Külna.

5. LES ASSEMBLAGES LITHIQUES

La base de la séquence livre les couches du Paléolithique moyen (couches 14 à 6a) dont les assemblages sont attribués à un Paléolithique moyen, au Taubachien et au Micoquien. Les couches suivantes correspondent à des occupations du Paléolithique supérieur, occupation gravettienne (couche 6), magdalénienne (couche 5) et épimagdaléniennes (couches 4 et 3).

5.1 L'exploitation des matières premières par les Taubachiens : exemple de la couche 11 (par P. Neruda)

En Europe centrale, l'attention a porté longtemps sur les matières premières importées en négligeant les sources locales (Féblot-Augustins, 1993 ; 1997). Les recherches récentes sur Külna apportent quelques précisions, corrigeant les résultats déjà publiés.

Les types de matériaux

La composition des matières premières dans la couche 11 est caractérisée par deux faits : un large spectre de matières premières (tab. 2) et la préférence des matières premières locales de qualité variée (fig. 9). Le large spectre des matières premières utilisées s'explique par les caractéristiques des sources moraves (fig. 10). Il s'agit souvent de petites sources isolées livrant des matières premières qualitativement et quantitative-

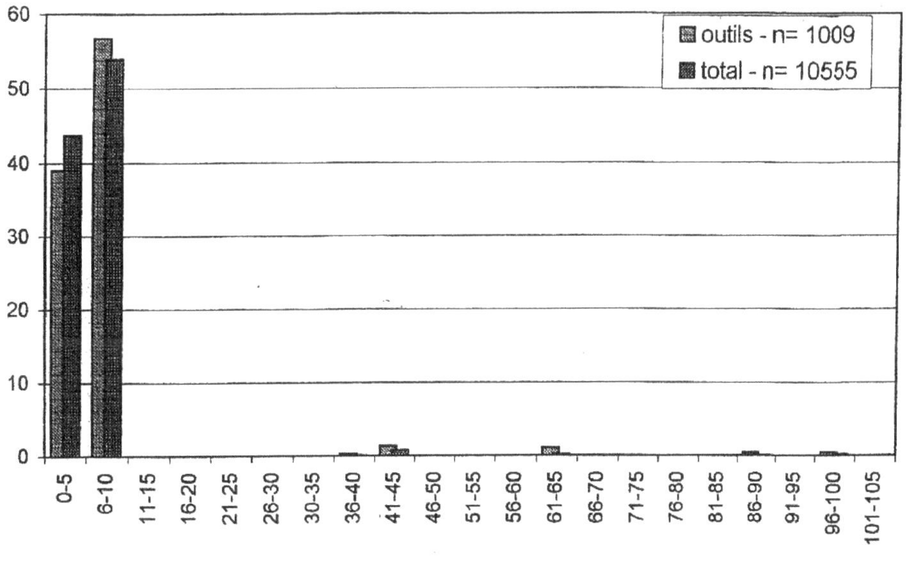

Fig. 9 : Distances des différentes types de matières premières pour la série lithique et les outils de la couche 11 de Külna.

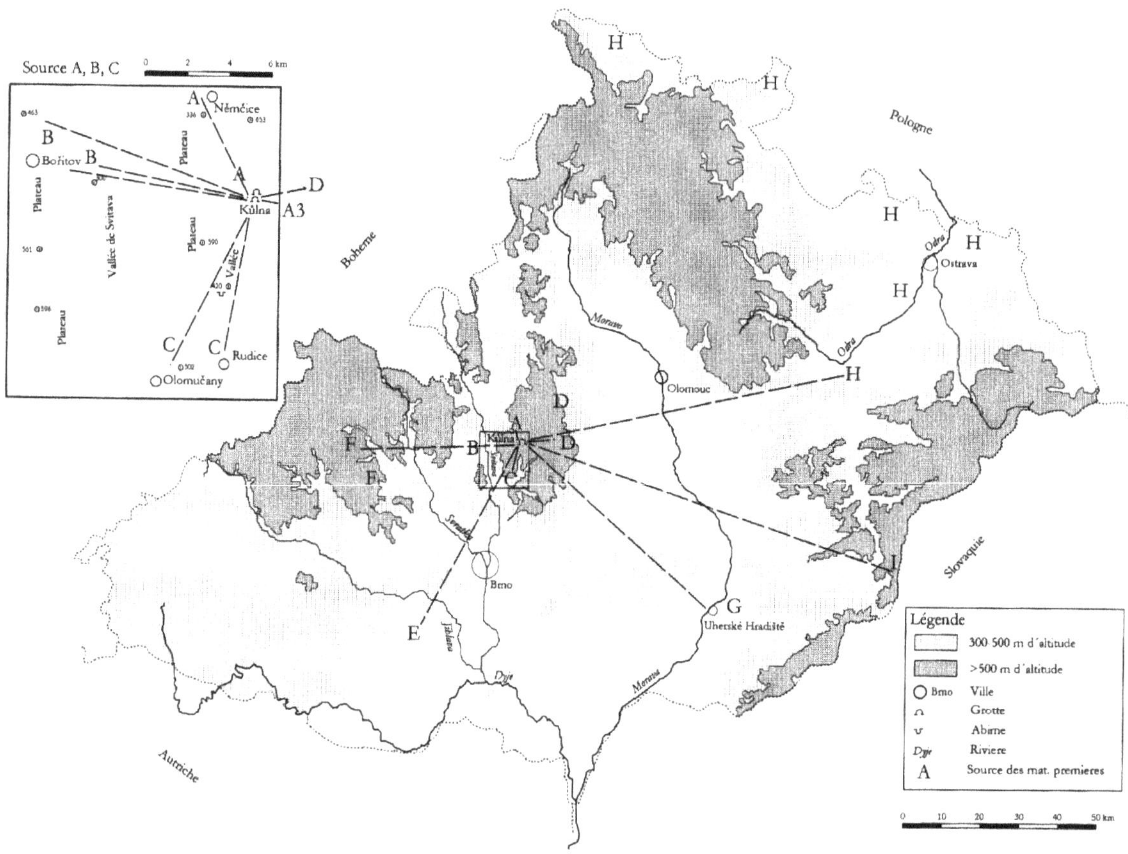

Fig. 10 : Carte de distribution des matières premières en Moravie. A - la partie nord du Karst Morave (quartz, orthoquatzite, limnosilicite, psamite) B - la vallée de la Svitava (spongolite, orthoquartzite) C - la partie centrale du Karst Morave (silex corné du type Olomuèany, du type Rudice, du type Byèí skála et silex cornés jurassiques moraves) D - le Plateau de Drahany (orthoquarzite) E - la region de Krumlovsky les (silex du type Krumlovsky les et orthoquartzite) F - La Hauteur Tchéco-morave («Ceskomoravská vrchovina») (cristal de roche) G - le val de la Basse Morava (porcelanite) H - la Moravie du Nord – le bassin de la Odra (silex erratique) I - le col de la Vlára (radiolarite).

ment variées. Leur importance dans la collection est fort diversifiée (tab. 3). Malgré un grand nombre de matières premières disponibles, trois d'entre elles furent cependant utilisées de façon systématique : le spongolite, l'orthoquartzite de Drahany et le quartz. Les silex cornés sont également bien représentés, mais ils constituent un groupe hétérogène et de ce fait, le pourcentage de chacun des types est réduit (tab. 2). Il semble que la sélection des matières premières a été dirigée par la volonté d'obtenir, pour les artefacts, des matériaux de qualité variée, c'est-à-dire de la spongolite à grains fins de bonne qualité, de l'orthoquarzite de Drahany à grains moyens et du quartz résistant à gros grains. Les autres matières premières sont très rares. Cette différence quantitative signale sans doute que les besoins fonda-

		Acquisition	Production			Consommation	Abandon
			Débitage		Façonnage	Utilisation	Abandon
		Phase 0	Phase 1	Phase 2	Phase 3	Phase 4	Phase 5
1	Quartz	x	x	x	x	x	x
2	Psammite	x	x			(x)	x
3	Calcaire	x	x	x		x	x
4	Orthoquartzite	x	x	x	x	x	x
5	Spongolite	x	x	x		x	x
6	Chert varié	x	x	x	x	x	x
7	Chert du type Olomucany		x	x		x	x
8	Cristal de roche					x	x
9	Chert du type Krumlovský les		x	x		x	x
10	Porcelanite				x	x	x
11	Silex erratique					x	x
12	Radiolarite					x	x
13	Divers	x	x	(x)		x	x

Tab. 3 : Présence ou absence des grandes étapes des chaînes opératoires lithiques de la couche 11 de Külna. (X) indiquent que la phase de décorticage se confond avec celle du plein débitage.

mentaux étaient déjà remplis par les trois matériaux principaux, éventuellement quatre avec les silex. Les autres roches sont plus la preuve de la collecte de curiosités (notamment des matières premières surprenantes comme le cristal de roche ou les silicites colorés) et peut-être même d'échanges ou de dons.

L'origine des matières premières

L'étude des modèles de distribution et des sources de matières premières ne prêtant pas assez d'intérêt aux sources locales (Féblot-Augustins, 1993), l'attention a été portée tout particulièrement sur l'examen des sources proches du site. Une nouvelle prospection, de sources de matières premières, réalisée autour de la grotte Külna, a démontré que deux des trois matières premières principales sont d'origine strictement locale. Il s'agit du quartz disponible à l'époque de l'interglaciaire dans la grotte même ou dans des gîtes primaires situés à 5 km, et de l'orthoquarzite de Drahany présent sur les plaines voisines à également 5 km (au maximum). Ainsi 43,67 % des matières premières employées au minimum sont d'origine locale (plus quelques autres d'origine incertaine). 46,86 % proviennent d'une distance inférieure à 10 km. Ces données rapprochent le Taubachien de Külna des autres sites européens du Paléolithique moyen où l'orientation vers les sources locales est évidente. Les importations les plus lointaines concernent le silex morainique (± à 90 km) et la radiolarite (± à 100 km). Flébot-Augustins (1993) mentionne l'existence du silex jurassique de Cracovie provenant de 230 Km (interprétation des informations *cf.* K. Valoch, 1988a). Cette matière première n'a pas pu être identifiée. La distance de l'importation du silex erratique (200 Km, Rensik et *al.*, 1991 ; Roebroeks et *al.*, 1988) est possible mais, par rapport aux autres matières premières, il faut mesurer la distance minimale qui est de +/- 80-90 Km.
La localisation des zones de collecte donne un schéma d'approvisionnement des matériaux en étoile (fig. 10). Cette image peut être aussi bien le résultat de plusieurs occupations (Féblot-Augustins, 1993) ou représenter des besoins variés selon les activités. Si l'on corrèle les zones de collecte avec la fréquence des matériaux, on voit que seules trois ou quatre matières premières (le spongolite, le quartz, l'orthoquarzite et éventuellement les silex cornés de Rudice au sud de Külna) possèdent une réelle importance économique. En comparant les gisements de ces matières premières avec le relief du Karst Morave, force est de constater qu'il y a, comme dans le sud-ouest de la France, deux directions majeures représentant sans doute deux écosystèmes exploités. Le spongolite et l'orthoquarzite ont été récoltés dans des gisements situés sur les plateaux (dans la région de Booitov), selon une direction est-ouest. Le quartz et les silex cornés des couches de Rudice ont été récoltés en revanche selon une direction nord-sud, en empruntant les vallées.
Pour la question de la forme et de la manière dont ont été importées les matières premières les plus lointaines, il semble que ces roches ne correspondent pas à un besoin économique direct et donc n'ont pas fait l'objet d'une récupération intentionnelle sur le site. Le besoin des matières premières de qualité différente peut être satisfait par les sources locales et semi-locales. Les autres matières premières apparaissent dans une si petite quantité (moins d'1 %) qu'on peut se demander si une expédition axée sur l'acquisition de ces roches aurait eu un sens. De plus, ces matériaux (silex, porcelanite et cristal de roche) sont sous forme d'éclats sans cortex ou d'outils. Les enlèvements de décorticage et les nucléus témoignant de leur exploitation directement sur le site sont absents. Leur présence peut donc être considérée comme un résidu d'une exploitation dans un autre lieu mais aussi comme une preuve possible d'échanges ou de dons. Leur existence témoignerait donc d'un rayon d'action des hommes de l'époque ou de l'étendue du territoire «connu». Plus la distance est grande, plus le pourcentage de l'utilisation de la matière première pour la fabrication des outils l'est aussi (fig. 11). Les matières premières plus lointai-nes ont ainsi été utilisées pour un nombre d'outils très plus réduits.

La comparaison de la couche 11 de Külna avec d'autres sites moraves se heurte à la faiblesse des données disponibles. La seule analogie cultuelle est représentée par le site stratifié de plein air de Predmostí-Hradisko. D'après les résultats publiés (Svoboda *et al.*, 1991), il semble que le modèle de distribution rappelle celui de Külna avec l'adaptation aux sources locales de matières premières (utilisation plus importante du silex et absence de la spongolite par rapport à Külna). Le spectre plus restreint de matières premières sur ce site peut être causé par le groupe des «divers» qui est relativement riche et peut contenir différentes sortes de matières premières comme c'est le cas à Kulna.

5.2 Le Taubachien : nouvelles données techno-typologiques (par M.-H. Moncel)

Alors que le Micoquien de ce site se caractérise par une utilisation prédominante des silex locaux récoltés sous forme de galets de moyenne et grande dimension (pour le débitage et le façonna-ge), le Taubachien se distingue par l'usage de matériaux locaux très divers (collecte dans les cours d'eau et sur les plateaux) et surtout par le choix, en grande quantité, de très petits galets des-tinés principalement au débitage. Rien appa-remment dans les études géologiques ne permet de

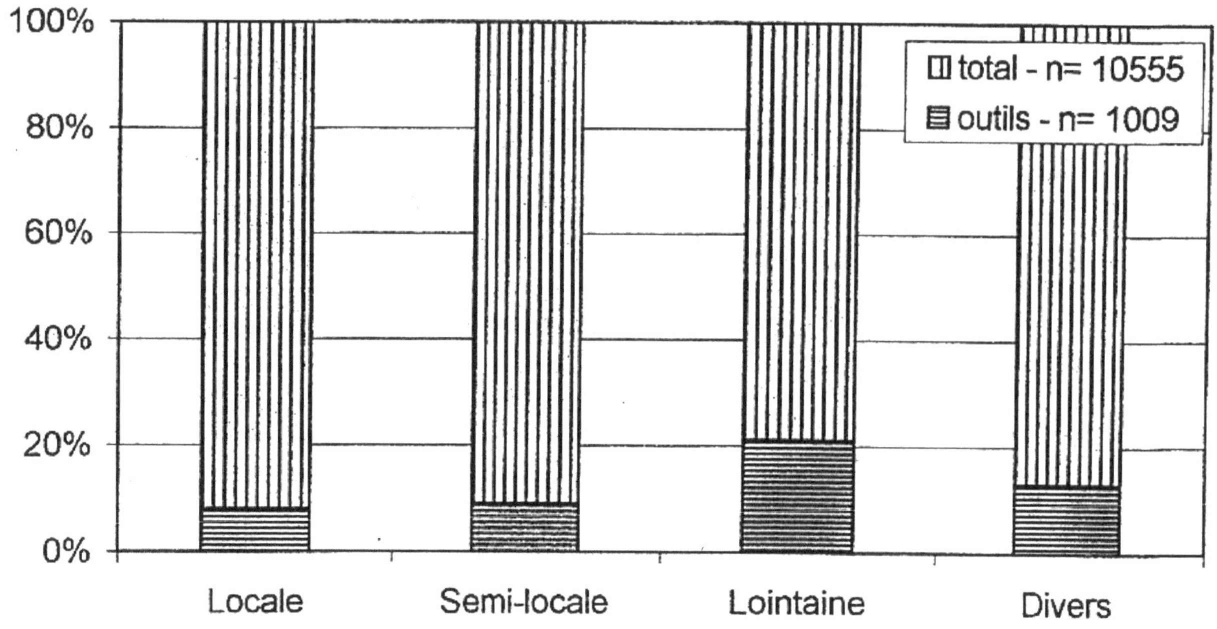

Fig. 11 : Proportion des pièces retouchées de la couche 11 de Külna selon l'origine des matières premières.

justifier cette grande différence selon les couches dans la collecte des types de matériaux et des dimensions des galets (Valoch, 1984 ; 1988c), si ce n'est une volonté humaine et un rapport totalement ifférent à l'environnement. Des industries microlithiques de ce type existent dans d'autres sites d'Europe Centrale et d'Allemagne. Les niveaux d'occupations sont souvent dans des lieux de plein air et des travertins formés par des sources d'eau chaude. La plupart sont datés de l'Eemien (Predmosti II, Bojnice III, Ganovce, Horka-Ondrej, Taubach, Weimar pour ne citer que quelques exemples). Lors du dépôt de la couche 11, un cours d'eau traversait la grotte (Valoch, 1988b). Le cadre de vie pouvait être alors proche de ceux des sites en plein air. Aucune observation ne permettant de distinguer les différentes phases d'occupation, l'assemblage lithique de la couche 11 a été étudié comme un tout.

L'étude approfondie des assemblages a choisi d'examiner en priorité les niveaux de base, ceux-là même livrant des industries taubachiennes, dans l'optique de comprendre les comportements techniques associés à l'utilisation de roches diverses et surtout de très petits galets. L'analyse a porté principalement sur la couche la plus riche (couche 11), composée de quatre sous-niveaux qui pourraient correspondre à quatre phases distinctes d'occupation de la cavité (Valoch, 1988c). Les autres niveaux sus et sous-jacents seraient plus des témoignages de petites incursions humaines dans la cavité. La partie supérieure de la couche 11, au regard des données paléoenvironnementales, se serait déposée lors d'une période plus froide suivant la fin du dernier interglaciaire. En revanche, la partie inférieure correspondrait à une occupation dans un contexte plus tempéré du dernier interglaciaire.

L'assemblage lithique de la couche 11 (fig. 12, 13, 14)

Cette couche réunit 10555 artefacts dont 98 % mesurent de 1 à 3 cm de long. Un quart des nucléus mesure moins de 3 cm. Moins de 800 pièces sont des outils (6 % de la série) et 295 artefacts portent des traces d'utilisation (Moncel et Neruda, 2000). Les galets aménagés, au nombre de 35, sont peu nombreux. Les matières premières ont été classées en trois groupes principaux à partir des données de K. Valoch et P. Neruda (Valoch, 1988c ; Neruda, *supra*) afin d'éviter la dispersion des informations entre les nombreux types de roches. Les groupes de roches sont basés sur l'aptitude des matériaux justifiant un même traitement de la part des Hommes : les silicites (silex et autres roches à grains fins), l'orthoquartzite (roches à grains moyens) et le quartz (roches à grains grossiers). Les matériaux d'origine lointaine ont été étudiés indépendamment, de même que certaines roches rares.

Les besoins fonctionnels des occupants de la cavité :

Ces besoins se résument à trois types d'objets : des produits de débitage bruts (traces d'utilisation) et retouchés (outils sur éclat et débris), des outils sur galet et des outils sur nucléus. La première catégorie est de loin la plus fréquente. L'activité de débitage domine en effet largement l'activité de

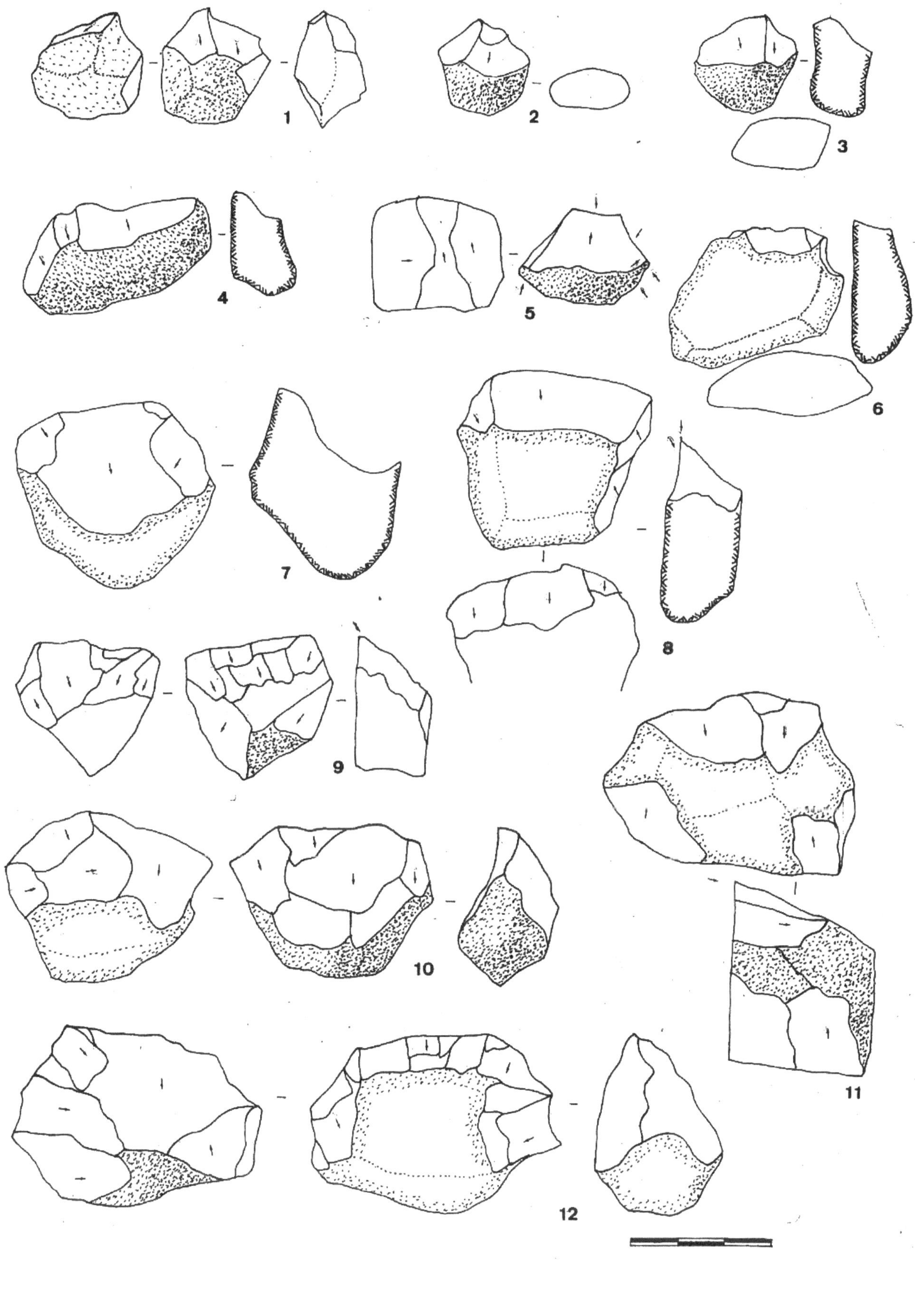

Fig. 12 : Galets aménagés en orthoquartzite et quartz de la couche 11 de Külna (M.-H. Moncel)

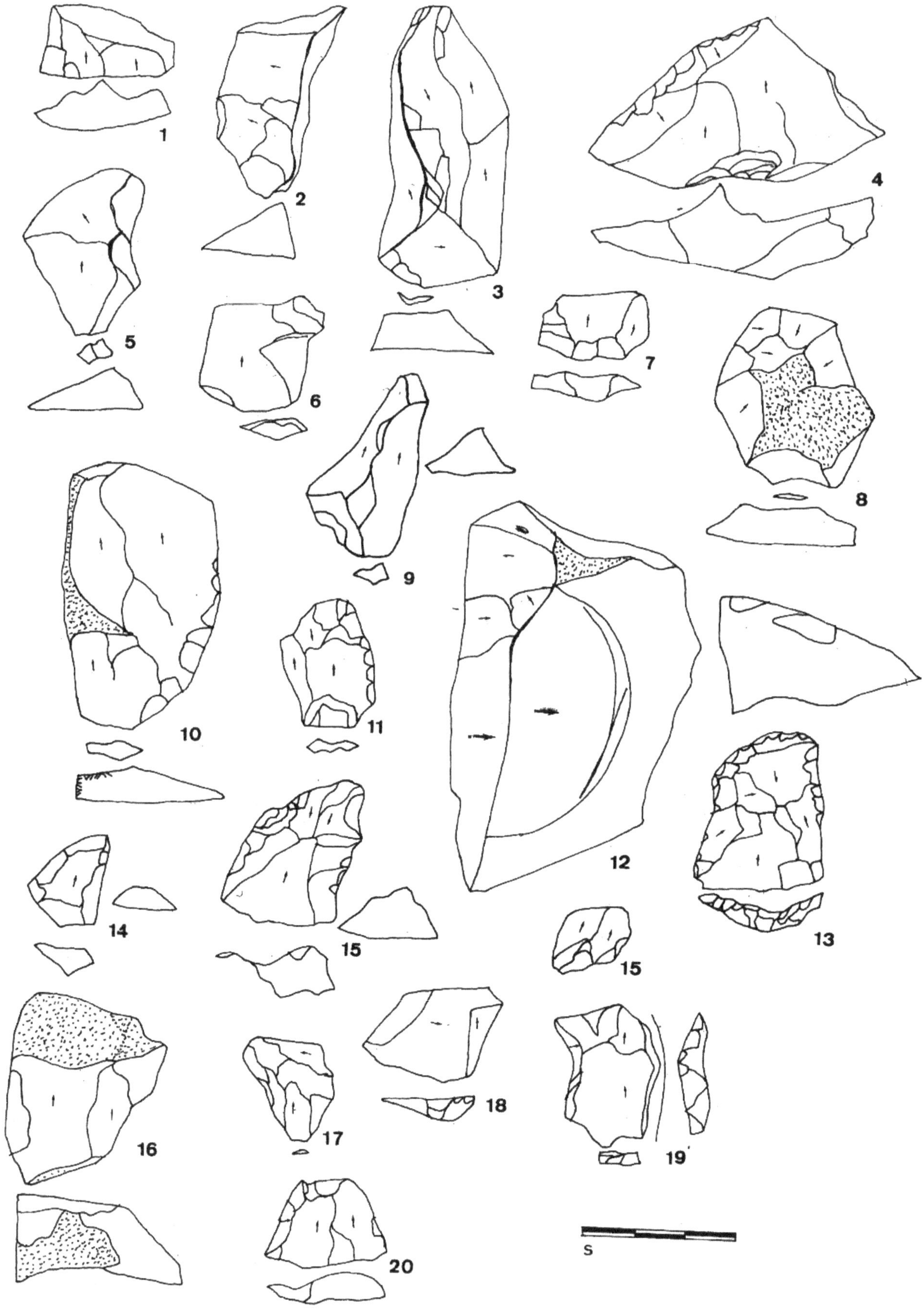

Fig. 13 : Éclats en silicite et radiolarite de la couche 11 de Külna (M.-H. Moncel)

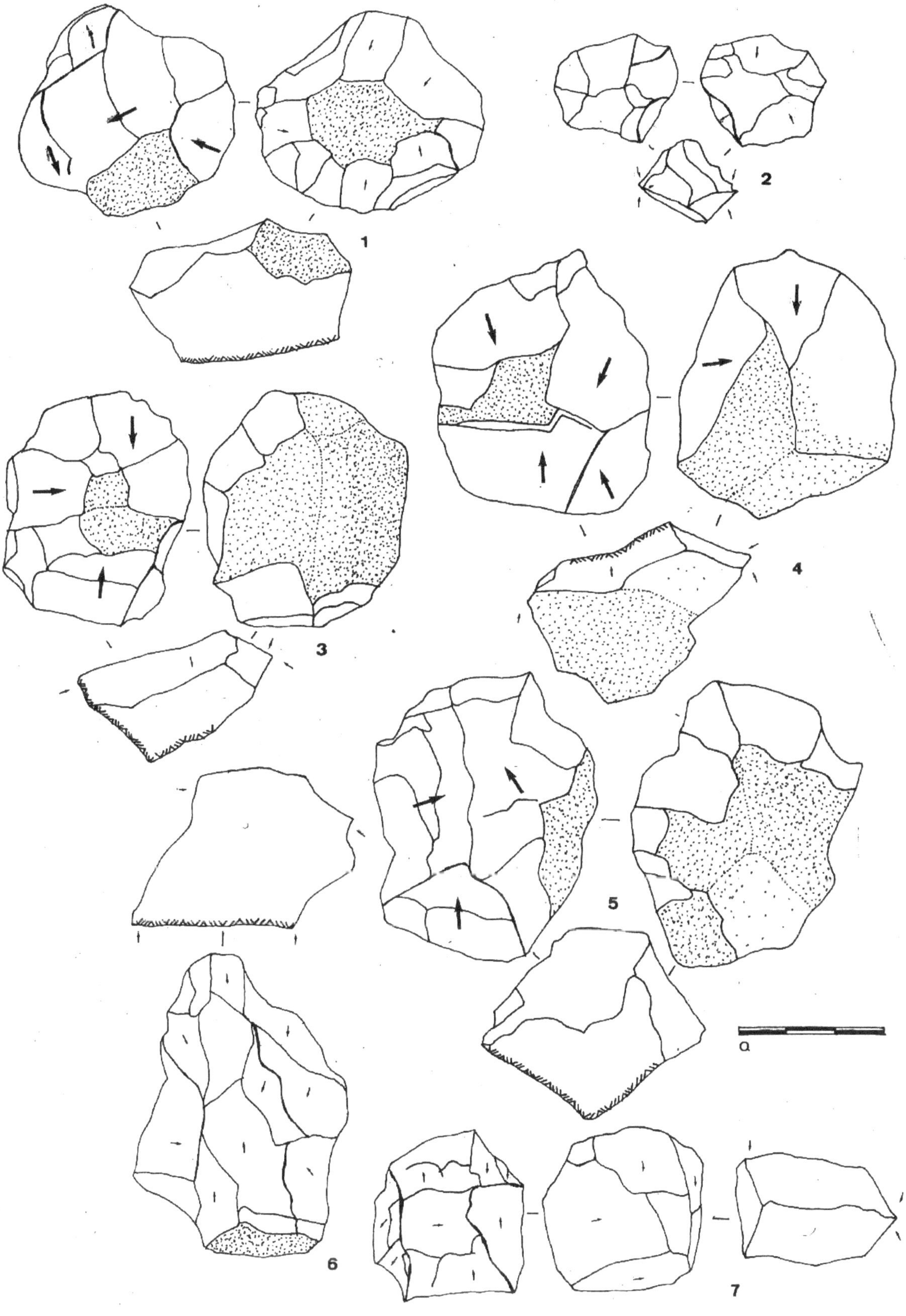

Fig. 14 : Nucléus en quartz de la couche 11 de Külna : nucléus à deux surfaces opposées avec plans de frappe décortiqués ou corticaux. Le n°6 présente un dos cortical. Le n°7 montre la présence d'une troisième surface de débitage perpendiculaire aux deux autres (M.-H. Moncel)

façonnage. Celle-ci s'est déroulée sur place pour la majeure partie des roches, en particulier celles, les plus abondantes, récoltées localement. Les roches lointaines ont été apportées sous forme d'éclats.

Les produits de débitage sont de formes extrêmement variées quelle que soit la matière première. L'exigence des tailleurs paraît faible (éclats cassés portant des retouches ou des traces d'usage). Cette faible exigence peut être liée à la qualité des roches employées, en particulier le quartz. Cependant, les tailleurs recherchaient quelques caractéristiques sur leurs produits. Outre leurs dimensions (en moyenne moins de 30 mm, rares éclats de 30 à 80 mm, éclats en silicites parmi les plus petits et les plus fins), les éclats sont souvent courts, larges et épais, de morphologie fréquemment rectangulaire ou triangulaire. Les quelques éclats laminaires sont en silicites. Environ un tiers des éclats a un ou deux dos. Le talon, large et épais, peut être également considéré dans de nombreux cas comme un dos (talons lisses, plus rarement facettés). Les retouches sont sur tous types d'éclats, mais les éclats triangulaires sont utilisés de préférence pour les pointes. La retouche est totale ou partielle, sur le tranchant opposé au dos. Elle est unifaciale, très rarement bifaciale. Ce sont les quelques matériaux lointains ou d'excellente qualité comme le cristal de roche et la porcelanite, qui présentent ce type d'aménagement particulier (matériaux précieux transportés, utilisés plus longtemps, échangés ou collectés tels quels par curiosité ?). Il en est de même pour les silicites où certains éclats portent des retouches planes d'amincissement. Les retouches sont margi-nales ou envahissantes, en général simples et peu transformantes, mais certains éclats, de nouveau en silicites, montrent plusieurs séries de retouches successives indiquant un usage vraisemblablement de longue durée lié peut-être à la bonne qualité de la matière première.

La plupart des outils sur galet sont en quartz et orthoquartzite. La plus grande résistance de ces roches a pu être un critère de sélection. Les silicites de très bonne qualité seraient réservées pour le débitage. L'aménagement est sommaire, aussi bien unifacial que bifacial. Les galets sélectionnés sont plutôt à facettes et ont entre 15 et 60 mm de long (types de matériaux et forme fréquents dans les cours d'eau). Quelques grands galets (autour de 200 mm de long) ont également été récupérés. Le bord le plus large du galet est choisi de préférence. Les faces planes des galets sont utilisées comme plans de frappe.

Environ 20 % des nucléus en silicites portent des retouches continues sans rapport avec le débitage. Elles s'étendent sur une partie de l'arête. Les dimensions de ces nucléus retouchés varient entre 30 et 60 mm, identiques à celles des produits de débitage les plus grands et les plus épais. Les nucléus sur d'autres matériaux portent très rarement de telles retouches, bien que des traces d'une intense percussion soient parfois visibles sur les arêtes. La récupération de nucléus comme support d'outil pourrait ainsi faire partie du comportement technique des Taubachiens. Ce ne sont pas tous des nucléus épuisés et certains enlèvements termi-naux paraissent être sans rapport avec le débitage. Ils participent à une mise en forme de la pièce destinée peut-être à la retouche.

- Les «savoir-faire»

Pour obtenir ce qui est le plus utilisé, à savoir les éclats, les tailleurs exploitent des galets dans leur volume, par des enlèvements entrecroisés, centripètes ou unipolaires. Les faces planes de ces galets sont utilisées comme plans de frappe dès le début, sans préparation préalable (décorticage progressif). Le galet, dont les dimensions avoisinent 20-60 mm dans la plupart des cas, puis le nucléus, tourne dans les mains, le débitage utilisant les nervures-guides ou les arêtes du galet. Le plan de frappe est rarement aménagé par la suite. Ce type d'exploitation explique la forte proportion des éclats à dos, des tranches de galet et des sections triangulaires ou trapézoïdales des éclats. Par ailleurs, la présence d'éclats à deux dos parallèles indique un décalottage de surfaces de nucléus qui ne peut, de part sa fréquence, être uniquement dû au hasard. Les nucléus sont plus ou moins décortiqués, sans souci réel d'économie pour certains. Une majorité d'entre eux se présentent avec deux surfaces opposées, sécantes, exploitées successivement ou alternativement. Une des deux surfaces est parfois uniquement un plan de frappe, partie non décortiquée du galet. L'intensité du décorticage est dans l'ensemble liée à la qualité de la roche utilisée bien que les schémas de production soient identiques. Le type de roches n'induit donc pas un comportement technique particulier. L'ensemble des nucléus, malgré leur diversité, paraît appartenir à un même schéma de production. Quatre catégories sont observables : des nucléus à deux surfaces de débitage, des nucléus à une surface de débitage opposée à une zone corticale, des nucléus à deux surfaces de débitage tronquées par une troisième et dernière surface orthogonale et des nucléus à surfaces multiples orthogonales (quelques enlèvements sur les surfaces du galet) (tab. 4). Les surfaces de débitage des nucléus à deux faces, les plus fréquents, sont abandonnées avec des sections très variables, pyramidales, trapézoïdales ou planes. Sur la ou les surfaces de débitage, les enlèvements sont rarement centrés et un dos cortical est parfois laissé sur un des côtés. La morphologie très plane de certaines surfaces de débitage a fait penser dans le passé à l'usage de la

Types de nucléus	Silicites	Quartz	Orthoquartizte
Deux surfaces de débitage opposées	23 - **43,4**	8 - 14,5	9 - 21,4
Une surface de débitage opposée à une face corticale	11 - 15,1	25 - **45,4**	13 - 30,9
Deux surfaces de débitage et axes multi-directionnels	11 - 20,7	5 - 9,1	6 - 14,3
Surfaces de débitage orthogonales	11 - 20,7	17 - 31	14 - **33,4**
Total	53	55	42

Tab. 4 : Types de nucléus et matières premières de la couche 11 de Külna (en nb et en %)

méthode Levallois. Dans la plupart des cas, cela ne semble pas en être le cas. Certains nucléus très plats sont sur des éclats. D'autres paraissent appartenir aux mêmes conceptions de débitage que les nucléus pyramidaux. L'usage du débordement pourrait expliquer ces états d'abandon, comme la plus ou moins grande ouverture des angles de frappe. Il n'y a aucun indice de préparation de convexités permettant de relier certains nucléus à une conception Levallois. Les nucléus ne sont pas tous épuisés, peut-être en raison de la proximité des cours d'eau pourvoyeurs de galets. L'impression de débitage sommaire que peut laisser par ailleurs l'observation de certains nucléus paraît illusoire. Les galets sont utilisés en fonction de leurs potentiels, ceci pouvant expliquer certaines méthodes d'exploitation sommaires dans un contexte de matières premières abondantes. Il n'y a pas réellement de différence dans les objectifs des nucléus et la diversité de ces derniers pourrait être une réponse d'une grande efficacité à l'exploitation en volume de nombreux petits galets.

Un monde microlithique

Les galets entiers, les galets aménagés, les nucléus et les éclats très corticaux permettent de constater une collecte de galets à facettes dont les dimensions sont comprises entre 15 et 100 mm avec une forte préférence pour les petites tailles (15 à 60 mm). L'environnement offrait donc la possibili-té de choisir des galets de grande taille. Les quelques nucléus de plus grande dimension, en particulier en quartz et orthoquartzite, présentent par ailleurs des surfaces de débitage avec des enlèvements en général de très petite taille. Le débitage de très petits éclats paraît donc être un choix. Il semble en conséquence que nous soyons face à un monde microlithique volontaire. La récupération de petits galets était soit, plus commode, soit, rentrait dans les habitudes de ces groupes humains qui évoluaient dans un mode technique de très petite dimension. Celui-ci utilisait par ailleurs une grande variété de roches collectées massivement aux abords du lieu de vie. Les quelques matériaux lointains sont très particuliers et leur présence pourrait ne pas être réellement liée aux activités pratiquées dans la cavité.

Le débitage est l'activité essentielle et un schéma de production jouant sur une autogestion des nucléus à deux surfaces de débitage ou l'exploitation des potentiels des galets caractérise les comportements techniques. La plupart des éclats sont laissés bruts. L'exigence est faible. Des micro-outils sur galet ne se distinguent des produits de débitage que par le type de support (mêmes dimensions, tranchant partiel, dos cortical par les facettes du galet). Des nucléus servent de support d'outil. Le façonnage succède au débitage.
Les petits assemblages lithiques des couches 9, 9b, 13a, 13b et 14, encadrant l'occupation majeure de la couche 11, présentent les mêmes caractéristiques. Il s'agirait alors d'indices de passages de courte durée de groupes humains de même, ou très proche, tradition technique, fréquentant d'une manière récurrente le même lieu, ce qui n'est pas toujours le cas pour les autres sites taubachiens, en particulier ceux en bordure d'une source chaude. Un mélange de la couche 9 avec des éléments micoquiens sus-jacents est envisagé pour expliquer certaines particularités sans rapport avec les comportements du Taubachien.

Taubachien et Micoquien

Les niveaux de la partie supérieure de la séquence (couches 9b, 8a, 7d, 7c et 7a) livrent des assemblages lithiques très différents de ceux du Taubachien. La dimension moyenne des éclats se situe autour de 4 cm. Le silex local est utilisé massivement, associé à un peu de quartz et à quelques roches exotiques venant de 70 km. Certes le débitage est également en volume et de type discoïde, mais la variabilité de l'exploitation est beaucoup moins grande. Par ailleurs, les éclats appartiennent à quelques types, par exemple des éclats triangulaires déjetés (pointes pseudo-levallois) destinés aux pointes et des éclats courts pour les racloirs (environ 17 % d'outils dans la couche la plus riche, 7a). Parallèlement à cette production d'éclats, une large activité indépendante de façonnage d'outils bifaciaux (raclettes circulaires «groszaki» et bifaces) marque l'originalité des niveaux micoquiens (de type Bockstein ?) (Valoch, 1988c, 1996 ; Boëda, 1995).
Les comportements techniques et le rapport à l'environnement entre les occupants de la base et

du sommet de la séquence de Külna ne sont donc pas identiques. Les niveaux eemiens à industrie microlithique du site morave le plus proche, Predmosti II, présentent les mêmes particularités qu'à Külna (Moncel et Svoboda, 1998). Le type d'industrie micoquienne est quant à lui très répandu en Pologne du sud (Piekary, grottes de Ciemna, Wylotne et Okiennik), dans le sud de l'Allemagne (grottes Bocksteinschmiede, Hohler Fels bei Schambach, Klausennische), en Westphalie (grotte Balve) et en Hesse à Buhlen (Valoch, 1988a).

Existe-t-il un lien avec l'environnement souvent tempéré qui offrait un contexte très boisé et la possibilité de fabriquer de nombreux outils en bois ? S'agit-il simplement d'activités particulières à proximité de points d'eau attirant les animaux ? Nous sommes probablement face à deux mondes techniques, deux traditions. La variété des roches utilisées par les Taubachiens permettait sans doute une complémentarité dans leur usage. Les roches choisies étaient celles les plus disponibles à proximité du lieu de vie. Mais comme un choix est cependant toujours possible, il semble qu'il faille y voir le reflet d'habitudes privilégiant l'usage d'une diversité de matières premières. Des raisons environnementales ne peuvent à elles seules expliquer la différence dans les comportements techniques du Taubachien et du Micoquien de Külna.

6. OUTILLAGES OSSEUX (par P. Auguste)

Pour K. Valoch (1988b) les niveaux taubachiens et micoquiens contiennent de très nombreux outils en os (plus de 200 pièces).
L'étude systématique de ces «pseudo-outils» montre qu'à l'exception de quelques pièces, un andouiller de Mégalocéros portant des stries, deux «racloirs» et une défense de mammouth avec des marques de sciage, seules ont été retenues les pièces dénommées retouchoirs. Ils sont présents dès les couches les plus anciennes, mais abondent surtout à partir de la couche 9b. 292 de ces pièces ont été identifiées et analysées. Elles se répartissent de la façon suivante : 2 dans les niveaux Paléolithique moyen, 122 dans les niveaux taubachiens et 168 dans les niveaux micoquiens. Elles sont majoritairement sur fragments de diaphyses d'os longs, des métapodiens dans les niveaux taubachiens et des tibias dans les niveaux micoquiens, de Bison, dans les niveaux taubachiens et de Renne dans les niveaux micoquiens. Les stigmates correspondent à de petites entailles, perpendiculaires à l'axe principal de l'os, groupées en 1, 2 voir 3 plages.

Cette étude met en évidence : l'existence d'une véritable standardisation et l'absence de différences significatives entre les niveaux taubachiens et micoquiens. Elle a permis également d'émettre une hypothèse quant à leur fonction. En effet, ces pièces ont, pour la plupart, été utilisées pour retoucher des pièces lithiques. Cependant, certaines d'entre elles ont probablement servi de support de travail (travail qui reste à déterminer, notamment

Espèces	NR	NME	NMIf	NMIfc
Renne	738	238?	8	9
Esquilles taille Renne	1095			
Cerf élaphe	49	31?	1	3
Élan?	4	3	1	1
Bouquetin	2	2	1	2
Saïga	24	20	2	3
Sanglier	2	2	1	1
Cheval	145	103	3	6
Aurochs?	16	12	1	1
Mammouth	285	49?	2	6
Rhinocéros laineux	61	41?	2	2
Mammouth/ Rhinocéros	58			
Sous-total Ongulés	**2479**		**22**	**34**
Ours des cavernes	89	69	6	6
Loup	19	18	2	2
Vulpinés (Renard et Isatis)	25	24	4	5
Hyène des cavernes	10	10	1	2
Lion des cavernes	1	1	1	1
Sous-total Carnivores	**144**	**122**	**14**	**16**
Lièvre	47	39	2	3
NR/NMI Déterminés	**2670**		**38**	**53**
Nombre de Restes Indéterminés	**5655**			
NR et NMI TOTAL	**8325**		**38**	**53**
Oiseaux	99			
Batracien	3			
Insectivore/ Chiroptère	2			
Rongeurs	10			
Total Microfaune	**114**			

Tab. 5 : Dénombrement des restes osseux de la couche 6a de Külna

par des analyses au MEB).

7. COMPORTEMENT DE SUBSISTANCE ALIMENTAIRE (par P. Auguste et M. Patou-Mathis)

L'étude archéozoologique montre, au sein des couches du Paléolithique, des variations dans l'abondance relative des espèces.
À la base, couches 14 et 13b, le Bison domine. Dans les couches taubachiennes (1243 ossements déterminés), on observe selon la couche considérée, une dominance du Bison ou du Cheval. Enfin, dans les couches micoquiennes (2138 restes identifiés), quelle que soit la couche, le Renne est toujours l'espèce la mieux représentée.
L'action des carnivores est très faible et celle de l'Homme très forte (nombreuses marques de boucherie). Les os longs d'Ongulés ont été systématiquement fracturés pour en extraire la moelle. En outre, on remarque, dans cinq des couches, la présence, en petite quantité, d'ossements brûlés.
Dans la couche 7a, des bois de chute et des massacres de Renne et de Cerf attestent d'une occupation de la grotte, au moins, en automne et au printemps (périodes de migration des rennes). La chasse au Renne apparaît, saisonnière, systématique et récurrente. Celle aux autres espèces semble plus occasionnelle.

La dernière couche micoquienne, 6a, a été choisie pour illustrer, d'une façon détaillée, un des comportements de subsistance des hommes de Külna (par M. Patou-Mathis)

Dans cette couche, 16 espèces de grands mammifères ont été identifiées (10 herbivores, 6 carnivores et 1 Lagomorphe, tab. 5). Les restes de carnivores sont rares (144/2670 restes déterminés, fig. 15). Les espèces dominantes sont, parmi les ongulés, le Renne (fig. 16) et parmi les carnivores, l'Ours des cavernes (fig. 17).

L'analyse taphonomique montre une bonne conservation des ossements et une fragmentation extrêmement importante. Les caractères extrinsèques d'origine climato-édaphique sont les plus fréquents, suivi par ceux d'origine anthropique. Les marques de percolation attestent de phénomènes de ruissellement postérieurs à la formation de la couche 6a. Une phase climatique humide a donc succédé à la période froide et sèche pendant laquelle se sont déposés les sédiments de 6a. Les carnivores sont relativement peu intervenus. Les marques qu'ils ont laissées sur les ossements, notamment celles dues à l'Hyène et aux Canidés attestent de leur passage après l'abandon du site par les Préhistoriques. Le nombre et la taille des esquilles indéterminées (62,6 % ont entre 2 et 5 cm de longueur) et la conservation des portions diaphysaires (majoritairement d'1/4 de cylindre, au plus 1/2), mettent en évidence que la fragmentation du matériel osseux résulte essentiellement de l'intervention humaine.

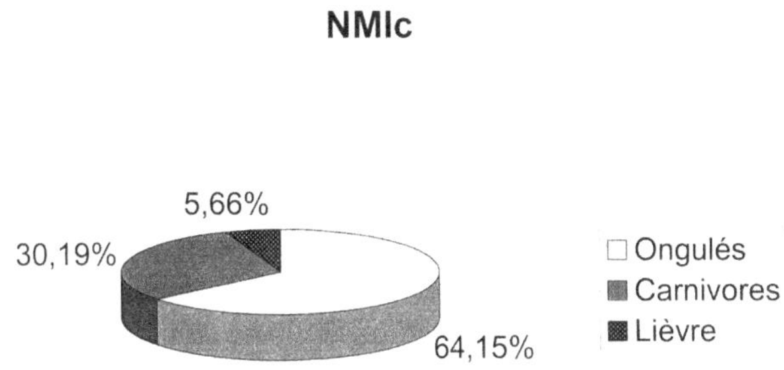

Fig. 15 : Pourcentage relatif des Ongulés, des Carnivores et du Lièvre de la couche 6a de Külna (en NMIc : Nombre Minimal d'Individus obtenu par combinaison)

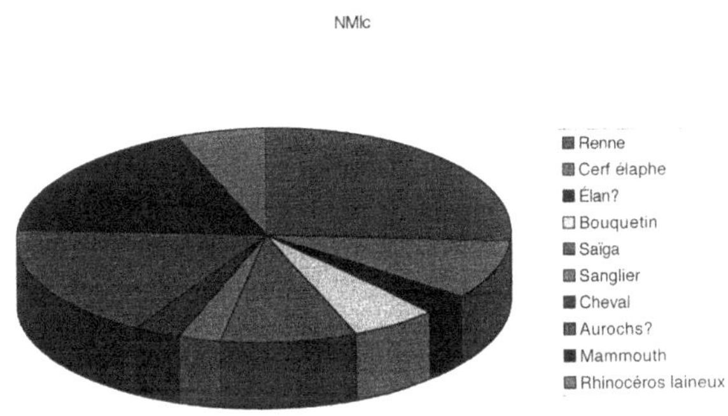

Fig. 16 : Pourcentage relatif des Herbivores de la couche 6a de Külna (en NMIc)

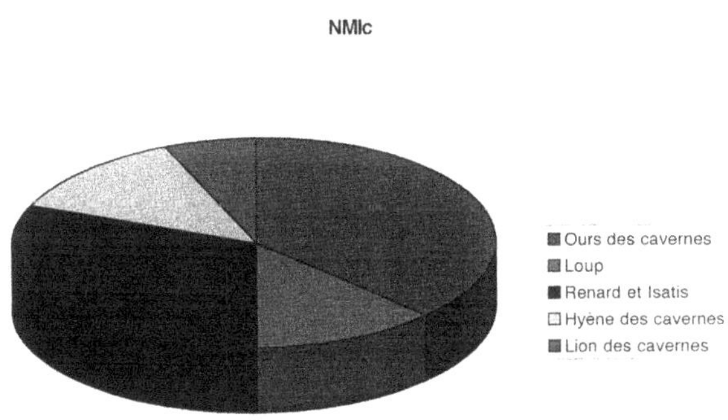

Fig. 17 : Pourcentage relatif des Carnivores de la couche 6a de Külna (en NMIc)

L'analyse palethnographique a permis de dégager quelques informations relatives aux comportements de subsistance de ces Néandertaliens. D'après plusieurs critères (dénombrement, âge et sexe des individus, conservation des éléments anatomiques et de leurs différentes parties, caractères extrinsèques), les grands mammifères peuvent être regroupés en 4 catégories.

* Celle des espèces chassées par l'homme : le Renne, le Cheval, le Cerf, l'Aurochs et la Saïga ;

* Celle des espèces où l'homme est plus ou moins intervenu : Mammouth et Rhinocéros laineux, mode d'acquisition, chasse ou «charognage» ? ;
* Celle des espèces où l'action de l'homme n'est pas attestée : Élan, Bouquetin, Sanglier et Lièvre. Ces espèces ont laissé très peu de restes et à l'exception du Lièvre, aucun de leurs ossements ne porte de marques. En revanche, les lagomorphes ont peut-être été chassés et consommés par des Renards.
*Celle des animaux intrusifs, les carnivores. À l'exception des Ours des cavernes, aucun n'a utilisé cette grotte comme repaire. La rareté des marques de charriage à sec et de fracturations typiques sur os sec, fréquemment, observées dans les grottes à ours, suggère que les hommes sont venus après le passage de ces plantigrades.

Dans la couche 6a, la chasse apparaît donc diversifiée, avec cependant une orientation vers le Renne. Comme les roches utilisées, le gibier est d'origine locale. Les rennes ont été chassés en été et en automne. Le traitement de ces Cervidés a été total ; la quantité, plus que la qualité, semble avoir été recherchée par les Préhistoriques, ce qui correspond à une stratégie de masse inverse (fig. 18). En revanche, pour la récupération de la moelle, la qualité semble prévaloir sur la quantité (fig. 19). Par ailleurs, les activités liées au traitement du gibier, notamment du Renne, apparaissent différentes selon les secteurs de la grotte. Le dépeçage et la désarticulation ayant eu lieu principalement à l'entrée, le décharnement et la récupération de la moelle plus à l'intérieur. La grotte de Külna, lors de la formation de cette couche, peut être assimilée à un habitat à occupations récurrentes et relativement courtes (saisonnières).

L'aménagement de l'espace est également attesté dans la couche micoquienne 7a. Un foyer, aménagé dans une petite niche de la paroi, a été dégagé avec tout autour de nombreux outils et une des dents humaines. Le fragment de maxillaire lui a été découvert à proximité d'un petit amas d'os brûlés et de charbons de bois. Deux secteurs, l'un dans la partie antérieure de la grotte et l'autre plus à l'intérieur, montrent une composition différente des outils. Les activités pratiquées devaient donc être différentes. Selon K. Valoch, les Préhisto-riques auraient effectué des séjours estivaux dans la partie antérieure du site et des occupations hivernales plus à l'intérieur de la grotte. Cette hypothèse s'accorde avec celle, occupations saisonnières, suggérée par l'analyse archéozoolo-gique de la couche 6a.

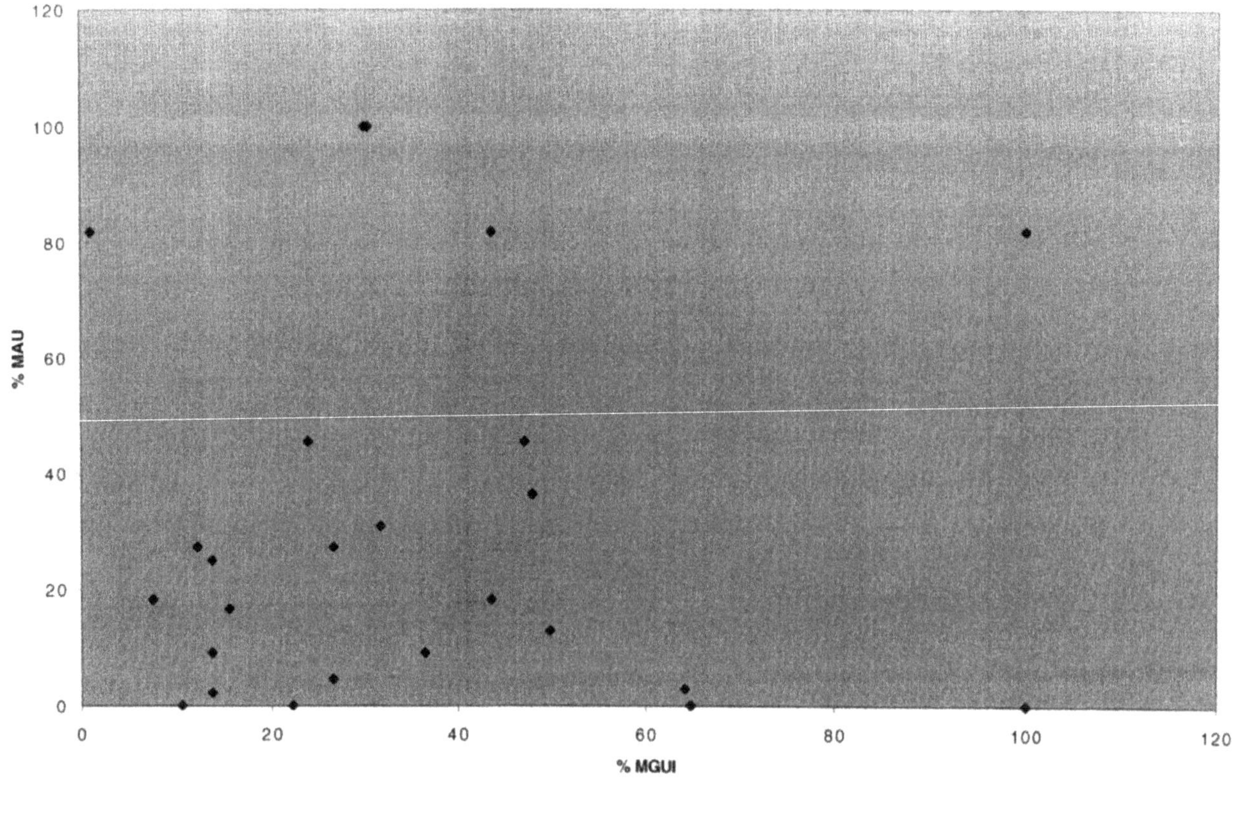

Fig. 18 : Relation entre les pourcentages MAU (*Minimal Animal Unit*) et MGUI (*Modified General Utility Index*,

Indice de viande, moelle, graisse) des Rennes de la couche 6a de Külna

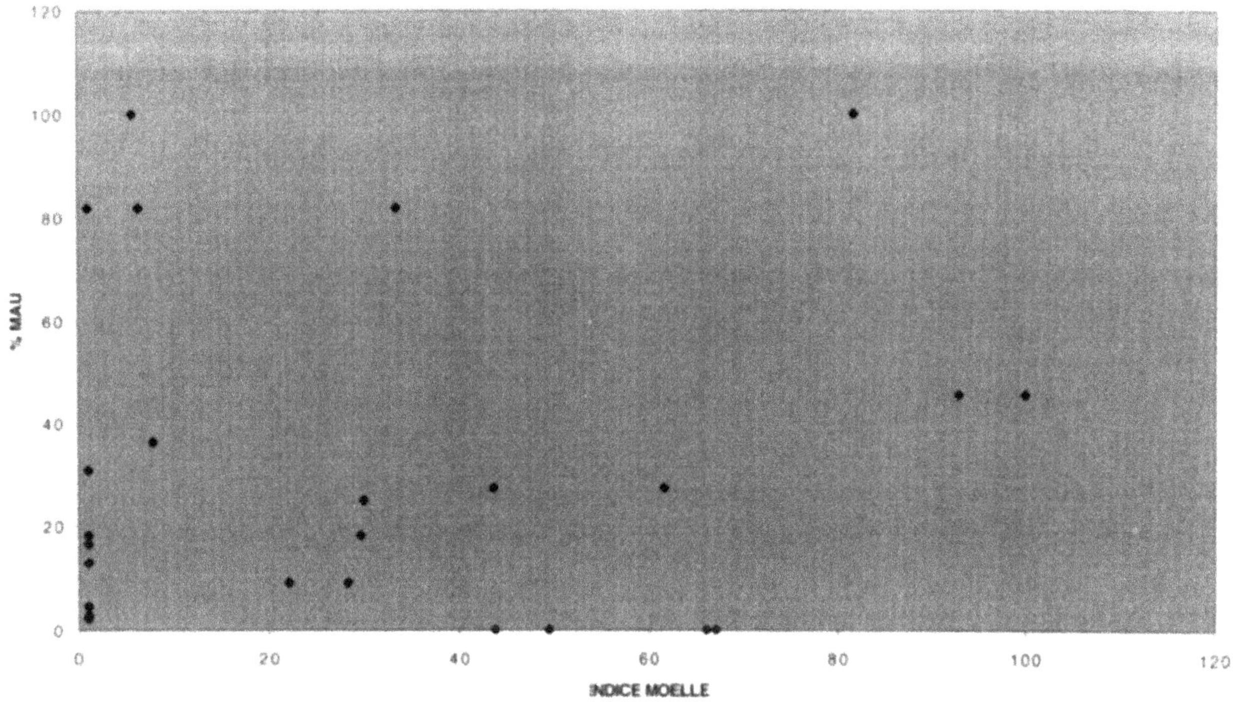

Fig. 19 : Relation entre le pourcentage MAU (*Minimal Animal Unit*) et l'Indice de moelle des Rennes de la couche 6a de Külna

CONCLUSION

Il apparaît une divergence nette entre les données fournies par les analyses des matériels lithiques, qui indiquent un changement important dans le comportement humain entre les couches taubachiennes et micoquiennes, et les données fournies par les analyses archéozoologiques, qui montrent au contraire aucune différence comportementale majeure. L'hypothèse que nous avançons, pour expliquer cette divergence, est liée à une utilisation différentielle de la biomasse végétale disponible suivant les périodes considérées. En effet, le bois végétal était a priori plus accessible durant l'Eemien et le début Weichsélien que durant le Pléniglaciaire. Dans l'optique d'une fabrication importante et systématique d'armes en bois végétal, jouant alors le rôle d'interface entre le lithique et la faune, les variations climatiques, et par voie de conséquence la modification du couvert végétal et des animaux associés, ont pu obliger les Néanderthaliens à modifier leurs comportements techniques pour parvenir aux mêmes objectifs (abattre et traiter le gibier), soulignant ainsi la grande adaptabilité de ces hommes. La diversité des comportements techniques peut donc être autant le reflet d'une adaptation des Néanderthaliens aux conditions écologiques, que le fait de traditions indépendantes des variations du milieu.

La différence des contextes écologiques, notamment entre l'ensemble des couches taubachiennes et l'ensemble des couches micoquiennes, ne se reflète pas dans les comportements de subsistance alimentaire. En effet, fondamentalement, il semble que les techniques d'acquisition et de traitement du gibier soient similaires dans les deux ensembles. Dans les deux cas, les espèces préfé-rentiellement choisies sont des animaux grégaires, migrateurs et d'espaces ouverts, chassés non loin de la grotte pour leur viande et la moelle de leurs os longs. La saisonnalité semble jouer un rôle prépondérant, par exemple, les rennes des couches 7a et 6a ont été abattus durant leurs périodes de migration, au printemps et en automne. Les pério-des d'occupations de la grotte seraient liées à la présence non loin du site, de ces espèces. La disponibilité du gibier apparaîtrait donc comme une des motivations principales de la venue des Néanderthaliens en ce lieu. Cette indépendance vis-à-vis du contexte écologique peut indiquer également l'existence de groupes de chasseurs particulièrement adaptés à la chasse d'une espèces donnée, le Bison pour certains, le Cheval pour d'autres ou encore le Renne. Nous constatons donc que les comportements de subsistance apparaissent ici indépendants des variations du contexte écologique.

BIBLIOGRAPHIE

BADONE E., FARQUHAR (1982) - Application of neutron activation analysis to the study of element concentration and exchange in fossil bones. *Journal of Radioanalytical Chemistry*, 69, p. 291-311.

BEHRE K.E., LADE U. (1986) - Eine Folge von Eem und 4 Weichsel-Interstadialen in Oerel/Niedersachsen und ihr Vegetationsablauf. Stuttgart, *Eiszeitalter und Gegenwart*, 36, p. 11-36.

BOCHERENS H., FIZET M., MARIOTTI A. (1994) – Diet, physiology and ecology of fossil mammals as inferred from stable carbon and nitogen isotope biogeochemistry : implications for Pleistocene bears. *Palaeogeography, Palaeoclimatology, Palaeoecology*, 107, p. 213-225

BOCHERENS H., BILLIOU D., PATOU-MATHIS M., BONJEAN D., OTTE M., MARIOTTI A. (1997) – Isotopic biogeochemistry (13C, 15N) of fossil mammal collagen from Scladina cave (Namur, Belgium). *Quaternary Research* 48, p. 370-380

BOCHERENS H., BILLIOU D., PATOU-MATHIS M., OTTE M., BONJEAN D., TOUSSAINT M., MARIOTTI A. (1999) – Palaeoenvironmental and palaeodietary implications of isotopic biogeochemistry of late interglacial Neandertal and mammal bones in Scladina cave (Belgium). *Journal of Archaeological Science* 26, 6, p. 599-607.

BOËDA E. (1995) - Caractéristiques techniques des chaînes opératoires lithiques des niveaux micoquien de Kulna (Tchécoslovaquie) *In : Les industries à pointes foliacées d'Europe centrale*. Paléo, suppl. 1, p. 57-72.

BOULE M. (1911-13) - L'homme fossile de La Chapelle-aux-Saints. Paris, Masson, *Annales de Paléontologie*, 6, p. 109-172 ; 7, p. 105-192 ; 8, p. 1-62.

CONDEMI S. (1985) - *Les Hommes fossiles de Saccopastore (Italie)*. Bordeaux, Thèse de 3ème cycle de l'Université de Bordeaux I.

CONDEMI S. (1991) - Some considerations concerning Neandertal features and the presence of Neandertals in the Near East, *Rivista di Antropologia*, LXIX, p. 27-38.

CONDEMI S. (1992) - *Les Hommes fossiles de Saccopastore (Italie) et leurs relations phylogénétiques*. Paris, C.N.R.S. Editions, *Cahiers de Paléontologie (Paléoanthropologie)*, 190 p.

CONDEMI S. (1998) - The Neanderthals : A cold-adapted European middle Pleistocene Population ? Brno, *Anthropologie* XXXVI/1, p. 31-38

COUTURE C. (1992) - *L'organisation cranio-maxillo-faciale des Néandertaliens et des hommes modernes*. Paris, C.N.R.S. Editions, *Cahiers de Paléontologie (Paléoanthropologie)*, 177 p.

DENIRO M.J. (1985) – Postmortem preservation and alteration of in vivo bone collagen isotope ratios in relation to palaeodietary reconstruction. *Nature*, 317, p. 806-809.

DRUCKER D., BOCHERENS H., MARIOTTI A. (2000) – Contribution de la biogéochimie isotopique à la paléobiologie des grands mammifères pléistocènes supérieurs : Application aux rennes et aux chevaux du Pléistocène supérieur du Sud-Ouest de la France. *Mémoire de la S.P.F.*, 28, p. 13-27.

ELYAQTINE M. (1995) - *Variabilité et évolution de l'os temporal chez Homo sapiens. Comparaison avec Homo erectus*. Bordeaux, Thèse de l'Université de Bordeaux I, 201 p.

FÉBLOT-AUGUSTINS J. (1993) - Mobility strategies in the late Middle Palaeolithic of central Europe and western Europe : elements of stability and variability. *Journal of Anthropological Archaeology*, 12, p. 231-265.

FÉBLOT-AUGUSTINS J. (1997) - *La circulation des matières premières au Paléolithique. Synthèse des données perspectives comportementales*. Liège, *ERAUL*, 75, 2 volumes, texte 275 p.

FIZET M., MARIOTTI A., BOCHERENS H., LANGE-BADRE B., VANDERMEERSCH B., BOREL J., BELLON G. (1995). – Effect of diet, physiology and climate on carbon and nitrogen stabe isotopes of collagen in a late Pleistocene anthropic paleoecosystem (France, Charente, Marillac). *Journal of Archaeological Science*, 22, p. 67-79.

HAUSMANN R., BRUNNACKER K. (1988) - U-series dating of middle European travertines *In : L'Homme de Néandertal, Vol. 1 : La chronologie* (Otte M. Ed.). Liège ; *ERAUL* 28, p. 47-51.

HUBLIN J.J. (1978) - *Le torus occipital transverse et les structures associées. Evolution dans le genre Homo*. Paris, Thèse de l'Université de Paris VI, 176 p.

IMBRIE J., HAYS J.D., MARTINSON D.J., McINTYRE A., MIX A.C., MORLEY J.J., PISIAS N.G., PRELL W.L., SHACKLETON N.J. (1984) - The orbital theory of Pleistocene climate : support from a revised chronology of the marine $\delta^{18}O$ record. In : *Milankovitch and climate* (ed. A.L. Berger, J. Imbrie, J. Hays, G. Kukla and B. Saltzman), D. Reidel Publishing Compagny, Dordrecht, p. 269-305.

JELINEK J. (1966) - Jaw of an intermediate type of Neanderthal Man from Czecholosvakia. *Nature*, 5063, p. 701-702.

JELINEK J. (1981) - Neanderthal parietal bone from Kulna Cave, Czecholosvakia. Brno, *Anthropologie*, 19, p. 195-196.

KAMINSKA L., KOVANDA J., LOZEK V., SMOLIKOVA L. (1973) - Die travertinfundstelle Horka-Ondrej bei Poprad, Slovakei. *Quartär*, 43/44, p. 95-112.

KOVANDA J. et *al* (1995) - The Skalka travertine mound at Horka-Ondrej near Poprad (Slovakei). *Anthropozoïkum*, 22, p. 113-140.

MAUREILLE B. (1994) - *La face chez Homo erectus et Homo sapiens : recherche sur la variabilité morphologique et métrique*. Bordeaux, Thèse de l'Université de Bordeaux I, 472 p.

MICHEL V., YOKOYAMA Y., FALGUÈRES C. and IVANOVICH M. (2000) - Problems Encountered in the U-Th Dating of Fossil Red Deer Jaws (Bone, Dentine, Enamel) from Lazaret Cave : a Comparative Study with Early Chronological Data. *Journal of Archaeological Science*, 27, p. 327-340.

MICHEL V., FALGUÈRES C., DOLO J.M. (1998) - ESR signal behavior study at g ~ 2.002 of modern and fossil bones for heating palaeotemperature assessment. *Radiation Measurements*, 29, p. 95-103.

MICHEL V., ILDEFONSE Ph., MORIN G. (1996) - Assessment of archaeological bone and dentine preservation from Lazaret Cave (Middle Pleistocene) in France. *Palaeogeography, Palaeoclimatology, Palaeoecology*, 126, p. 109-119.

MONCEL M.H., SVOBODA J. (1998) - L'industrie lithique des niveaux éemiens de Predmosti II (Brno, République Tchèque). Fouilles 1989-1992. Etudes des méthodes d'exploitation, des objectifs du débitage et de l'outillage d'un assemblage microlithique du Paléolithique moyen. Liège, *Préhistoire Européenne*, 12, p. 11-48.

MONCEL M.H., NERUDA P. (2000) - The Külna level 11 : some observations on the debitage rules and aims. The originality of a Middle Palaeolithic Microlithic assemblage (Külna Cave, Czech Republic). Brno, *Anthropologie*, XXXVIII/2, p. 217-245.

MOOK W.G. (1988) - Radiocarbon-Daten aus der Külna-Höhle *In* : *Die Erforschung der Külna-Höhle 1961-1976* (K. Valoch, sous la dir. de). Brno, *Anthropos*, 24, N.S. 16, p. 285-286.

MUSIL R. (1988) - Ökostratigraphie der sedimente in der Kulna-Höhle *In : Die Erforschung der Kulna-Höhle 1961-1976* (K. Valoch, sous la dir. de). Brno, *Anthropos*, 24, n. s. 16, p. 215-255.

MUSIL R. (1990) - *Pferdefunde aus der Külna-Höhle in Mähren*. Weimar, *Weimarer Monographien zur Ur-und Frühgeschichte*, 26, 86 s.

MUSIL R. (1997) - Klimatická konfrontace terestrických a marinních pleistocenních sediment *In* : *Dynamika vztahů marinního a kontinentálního prostředí*, Brno, p. 93-167.

MUSIL R. (1999) - Životní prostředí v posledním glaciálu na území Moravy. *Acta Mus. Moraviae, Sci. geol.*, 84, p.161-186.

NARA T. (1994) - *Étude de la variabilité de certains caractères métriques et morphologiques des Néanderthaliens*. Bordeaux, Thèse de l'Université de Bordeaux I, 197 p.

ODUWOLE A.D., SALES K.D. (1991) - ESR signals in bones : interference from Fe^{3+} ions and a new method of dating. *Nuclear Tracks Radiation Measurements*, 18, p. 213-221.

OLIVA M. (2000) - Le Paléolithique moyen en Moravie: les industries lithiques et leurs matieres premieres. *In Toward Modern Humans. The Yabrudian and Micoquian 400-50k-years ago (*A. Ronen, M. Weinstein-Evron, eds.). Oxford, *BAR Int. Ser.* 850, p. 61-75.

OPRAVIL E. (1988) - Ergebnisse der Holzkohlenanalyse aus der Külna-Höhle *In Die Erforschung der Külna-Höhhle 1961-1976* (K. Valoch, sous la dir. de). Brno, *Anthropos*, 24, N.S. 16, p. 211-214.

PIVETEAU J. (1970) - Les grottes de La Chaise (Charente). L'homme de l'abri Suard. Paris, *Annales de Paléontologie (Vertébrés)*, LVI, 2, p. 167-199.

RENSIK E., KOLEN J., SPIEKSMA A. (1991) - Patterns of Raw Material Distribution in the Upper Pleistocene of Northwestern and Central Europe. In : *A. Montet-White and S. Holen (eds.) Raw Material Economies among Prehistoric Hunter-Gatherers*, Lawrence, *University of Kansas Publication in Archaeology*, 19, p. 141-159.

RINK W.J., SCHWARCZ H., VALOCH K., SEITL L., STRINGER C.B. (1996) - ESR Dating of Micoquian Industry and Neanderthal Remains at Kulna Cave, Czech Republic. *Journal of Archaeological Science*, 23, p. 889-901.

ROEBROEKS W., KOLEN J., RENSIK E. (1988) - Planning depth, Anticipation and the Organization of Middle Palaeolithic Technology: The «Archaic Natives» meet Eve´s descendants. *Helinium*, XXVIII/1, p. 17-34.

SCHWARTZ J.H., TATTERSALL J. (1996) - Significance of some previously unrecognized apomorphies in the nasal region of *Homo neanderthalensis*, *Proc.* USA, *Natl. Acad. Sci.*, 93, p. 10852-10854.

SERGI S. (1948) - Sulla morfologia della *facies anterior corporis maxillae* nei paleantropi di Saccopastore e del Monte Circeo, *Rend. Sc. Fis. Mat. e Nat. Accad. dei Lincei*, 35, p. 401-408.

SHEMESH A. (1990) - Crystallinity and diagenesis of sedimentary apatites. *Geochimica et Cosmochimica Acta*, 54, p. 2433-2438.

STRINGER C.B., HUBLIN J.J., VANDERMEERSCH B. (1984) - The origin of anatomically modern humans in Western Europe *In* Smith F.H. et Spencer F. (éds), *The Origine of Modern Humans*. New York, Alan Liss, p. 51-135.

STRINGER C.B., GAMBLE C. (1993) - *The Neanderthals*. Londres, Thames and Hudson Ldt, 247 p.

SVOBODA J., LOOEK V., SVOBODA H., SKRDLA P. (1994) - Predmostí after 110 Years. *Journal of Field Archaeology*, 21, 4, p. 457-472.

TRINKAUS E. (Ed) (1988) - *L'Homme de Néandertal, 3 : L'Anatomie*. Liège, *ERAUL*, 30, 145 p.

VALOCH K. (1970) - Early Middle Palaeolithic (Stratum 14) in the Külna Cave near Sloup in the Moravian Karst. *World Archaeology*, 2, 1, p. 28-38.

VALOCH K. (1981) - Einige mttelpaläolithische Industrien aus der Külna-Höhle im Mährischen Karst. *Časopis Moravského musea, sc. soc.*, 66, p. 47-67.

VALOCH K. (1984) - Le Taubachien, sa géochronologie, paléoécologie et paléoethnologie. Paris, *L'Anthropologie*, 88, p. 192-208.

VALOCH K. (1988a) - Le Taubachien et le Micoquien de la grotte de Kulna en Moravie (Tchécoslovaquie) *In : L'Homme de Néandertal. 4 : La Technique* (Otte M., Ed.). Liège, *ERAUL* 31, p. 205-217.

VALOCH K. (ed.) (1988b) - *Die Erforschung der Külna-Höhhle 1961-1976*). Brno, *Anthropos*, 24, N.S. 16, 318 p.

VALOCH K. (1988c) - La variabilité typologique de la grotte Külna en Moravie, *Paléo,* Actes du colloque de Miskolc, p.73-79.

VALOCH K. (1990) - La Moravie il y a 40 000 ans *In* : C. Farizy (éd.) *Paléolithique moyen récent et paléolithique supérieur ancien en Europe*. Nemours, *Mémoires du Musée de Préhistoire d'Ile de France*, 3, p. 115-124.

VALOCH K. (1996) - *Le Paléolithique en Tchéquie et en Slovaquie.* Grenoble, Ed. Jérôme Millon, coll. L'Homme des origines, série «Préhistoire de l'Europe», n° 3, 205 p.

VALOCH K., PEELISEK J., MUSIL R., KOVANBDA J., OPRAVIL E. (1969) - Die Erforschung der Külna-Höhle bei Sloup im Mährischen Karst (Tchécoslovaquie). *Quartär,* 20, p. 1-45.

VALOCH K. (S.P.) - Eine Notgrabung in der Külna-Höhle

VANDERMEERSCH B. (1978) - Le crâne pré-würmien de Biache-St-Vaast. *In* : *Les origines humaines et les époques de l'intelligence*, Col. Int. de Singer-Polignac Foundation, p. 153-157.

VANDERMEERSCH B. (1981) - *Les hommes fossiles de Qafzeh (Israël).* Paris, Edition du CNRS, *Cahiers de Paléontologie (Paléoanthropologie)*, 319 p.

VLCEK E. (1991) - L'homme fossile en Europe Centrale. Paris, *L'Anthropologie,* 95, 2/3, p. 409-472.

VLCEK E. (1993) - *Fossile Menschenfunde von Weimar-Ehringsdorf. Weimar, Weimarer Monographien zur Ur-und Frühgeschichte*, 30, 222 p.

WEINER S., BAR-YOSEF O. (1990) - States of Preservation of Bones from Prehistoric Sites in the Near East : A survey. *Journal of Archaeological Science*, 17, p. 187-196.

WOLPOFF M. (1996) - *Human Evolution* (1996-1997 ed.). New York, College Custom, The McGraw-Hill Companies, Inc., Series, 927 p.

Remerciements

Les auteurs tiennent à remercier : le Programme CNRS « Paléoenvironnements, Évolution des Hominidés », F. Fröhlich pour l'accès à la chaîne de préparation des pastilles IR (Laboratoire de Géologie, MNHN, Paris), J. Berteau pour l'accès au spectromètre IR (Orstom, Bondy), B. Morin pour des mesures ESR préliminaires (Laboratoire de Spectrochimie de Paris VI), J.-M. Dolo pour l'accès au spectromètre ESR (LMRI, CEA, Saclay), D. Billiou pour l'assistance technique en spectrométrie de masse isotopique

LE GISEMENT DES RAMANDILS (PORT-LA-NOUVELLE, AUDE) APPROCHE PALÉOENVIRONNEMENTALE

Laurence BANES (*), Anne DORIGNY (*)

RÉSUMÉ

La grotte des Ramandils (Aude) présente un remplissage de 6 m d'épaisseur. Les études conjuguées de la faune et de la sédimentologie ont permis de reconstituer les paléoenvironnements de cette région qui se sont succédés du stade isotopique 5.e au début du stade isotopique 4.

L'évolution graduelle du climat a été clairement démontrée notamment, grâce à l'alternance d'espèces de petite taille, issues de biotopes diversifiés ainsi que par des traits sédimentologiques variés, mettant en exergue l'importance des processus éoliens.

1. GÉNÉRALITÉS

Localisée au pied du massif du Cap Romarin, à trois kilomètres au sud de Port-la-Nouvelle (Aude), la grotte des Ramandils se situe à mi-chemin entre les étangs de Lapalme et de Sigean, à moins de 1500 mètres du trait de côte actuel.

Le gisement est découvert en 1925 par Théophile Héléna. En 1971, Henry de Lumley étudie l'industrie lithique tandis que Jean-Pierre Gerber analyse le matériel faunique (1971 et 1973). Paul Boutié démarre des campagnes de fouilles systématiques à partir de 1983. Une dent humaine est dégagée en 1990. À cette date, le gisement n'est pas encore entièrement fouillé (Boutié, 1991) mais a toutefois fait l'objet de nombreux travaux (C. Percie du Sert, 1992 ; L. Kabiri, 1993 ; O. Ajaja, 1994 ; L. Banes, 1996 et 1998 ; A. Dorigny, 1999).

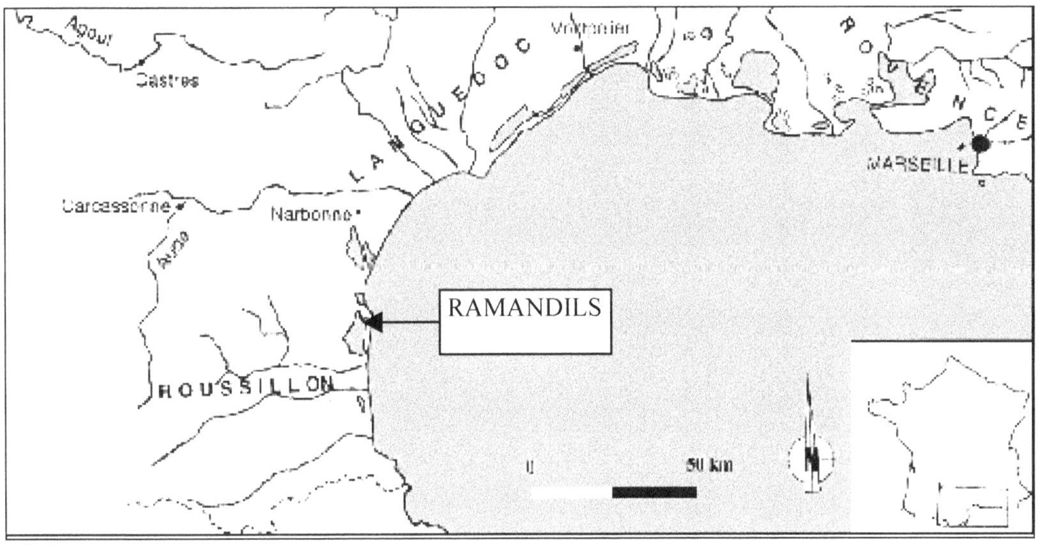

Fig. 1 : Carte de localisation

Les restes anatomiques sont en très grande majorité fragmentés et/ou concrétionnés. Nous avons totalisé 489 restes pour un N.M.I de 91 individus (ce chiffre important s'explique par la grande diversité des espèces présentes sur le site). Cette liste n'inclut pas la très grande population de lapin de garenne, *Oryctolagus cuniculus grenalensis* (C. Percie du Sert, 1992).
Les espèces numériquement majoritaires sont, dans l'ordre décroissant, *Cervus elaphus*, suivi des équidés, *Bos primigenius* et *Sus scrofa*.

La grotte des Ramandils présente un remplissage de 6 m d'épaisseur, débutant à la base par une plage marine située à 2,46 m d'altitude et datée par ESR (Yokohama et *al*., 1987) à 128 000 ans +/- 15 000 (stade isotopique 5.e). La stratigragraphie se subdivise en 5 grands ensembles, respectivement de bas en haut :

(*) UMR 5590 du C.N.R.S - Avenue Léon-Jean Grégory - 66720 Tautavel - France

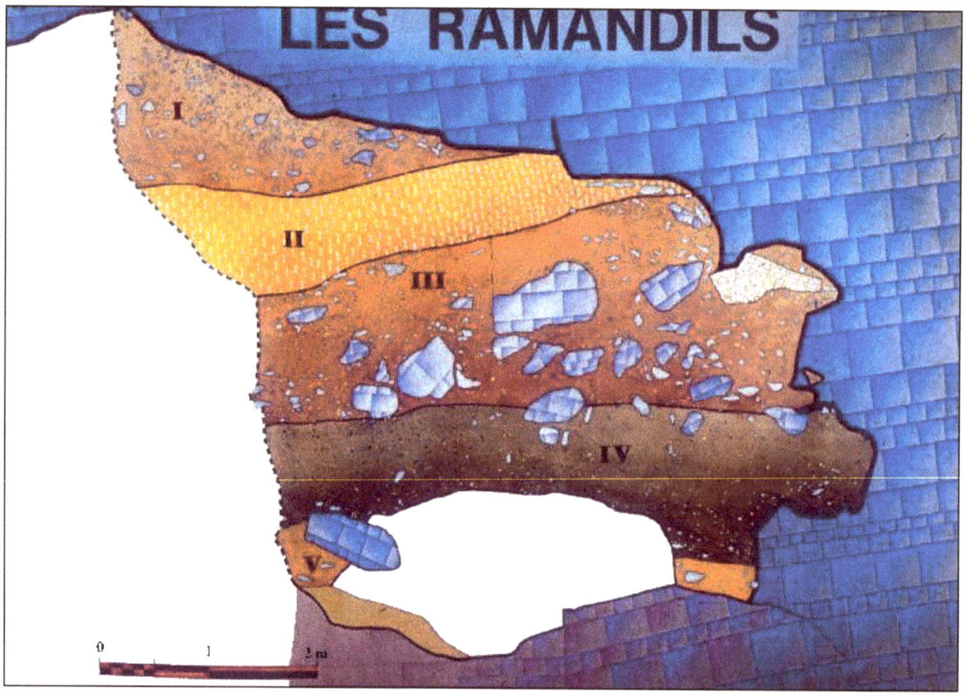

Coupe stratigraphique : Les ramandils.

- Ensemble V : Niveau à sables jaunâtres.
- Ensemble IV : Niveau à rares cailloutis, correspondant à une phase partielle d'effondrement du plafond, sans que cela n'ait occasionné de rupture dans l'occupation humaine de la grotte. Le matériel archéologique est de facture moustérienne.
- Ensemble III : Il se subdivise en 2 sous-ensembles :
- IIIb : Niveau à gros blocs correspondant à la phase principale d'effondrement du plafond.
- IIIa : Niveau à argiles rougeâtres surmonté par un paléosol à cailloutis presque jointifs.
- Ensemble II : Niveau de sables et de limons à poupées calcaires, résultant d'une phase de décalcification du niveau supérieur.
- Ensemble I : Niveau de limons et d'argiles rougeâtres à cailloutis anguleux abondants.

2. ÉTUDE SÉDIMENTOLOGIQUE

1. Cadre géologique

La région du Cap Romarin constitue la terminaison orientale de la nappe de charriage du massif des Corbières. La grotte des Ramandils est creusée dans les calcaires Urgo-aptiens, très résistants (à faciès Urgonien) de cette nappe. À la base de la stratigraphie, une source karstique

pérenne a creusé un sillon de 4 m de largeur à la base du remplissage. L'activité de cette source semble avoir été continue dans le temps (mais avec des modifications importantes du débit) ce qui a provoqué des phénomènes postdépositionnels dans les sédiments comme l'imprégnation des couches supérieures par capillarité et la décalcification de certains niveaux.

2. Cadre géomorphologique

Le massif du Cap Romarin constitue un synclinal, formé de plis de couverture de direction SW/NE et affecté de nombreuses failles en raison de l'incompétence du matériel. D'importantes manifestations du karst sont observées (dolines,fissures, avens...) et constituent le système d'érosion dominant de cette région.

Ensembles Stratigraphiques	N.R	N.M.I
Ens. I	44	14
Ens. II	172	25
Ens. III	186	27
Ens. IV	55	14
Ens. V	32	11
TOTAL :	489	91

Tab. 1 : Répartition du N.R et du N.M.I par Ensembles stratigraphiques des espèces animales de la grotte des Ramandils (Aude)

La paléofalaise du cap Romarin a été façonnée par les variations eustatiques positives du Miocène, du IV ancien et de l'Eutyrrhénien. Au pied de cette dernière, commence le domaine littoral. La construction successive de trois cordons littoraux, celui des Coudrels daté du Pléistocène supérieur (> à 33 000 ans), celui des Coussoules (Holocène) et la plage actuelle a entraîné l'isolement progressif de cette région en complexe lagunaire, en particulier depuis 125 000 ans (stade isotopique 5.e).

Entre le pied de la falaise et le cordon littoral des Coudrels, on observe une formation sableuse à nombreux tests de coquilles, témoignant d'une ancienne lagune aujourd'hui asséchée.

Ces éléments permettent d'affirmer que la proximité permanente de la mer, malgré les variations eustatiques importantes, est un facteur à prendre en considération au cours des analyses sédimentologiques, en particulier sur l'origine des matériaux.

3. Analyses sédimentologiques

Les analyses sédimentologiques ont porté sur 40 prélèvements effectués le long de la coupe nord (*cf.* coupe stratigraphique), du niveau sus-jacent à la plage marine (base de l'ensemble V) jusqu'au sommet de la stratigraphie (sommet de l'ensemble I).

À la base du remplissage, la plage marine ne caractérise pas le niveau maximum atteint par la transgression eutyrrhénienne dans la région du cap Romarin. Ce niveau se situe aux alentours de 5 m d'altitude et est matérialisé par une encoche littorale et des placages de sables coquilliers à Cardium.

- Ensemble V :

Cet ensemble dit à sables jaunâtres (Ech. 40 à 35) présente une prédominance de sables fins, limons et argiles, à l'exception du niveau 35 où un net accroissement des sables grossiers est observé (*cf.* log stratigraphique).

Les courbes de fréquence font apparaître un pic à 125 µm, que l'on retrouve tout le long de la stratigraphie. Les courbes cumulatives et indices (*cf.* log stratigraphique) montrent des sédiments globalement bien classés et une pente très redressée, ce qui indique un agent de transport de faible intensité, à l'exception de l'échantillon n° 35 qui s'individualise très nettement.

La morphoscopie des grains de quartz fait apparaître un fort pourcentage de grains émoussés luisants, témoignant d'un remaniement des sables de la plage sous-jacente.

L'ensemble des paramètres granulométriques indique une mise en place éolienne, par vannage des matériaux du plateau continental, mobilisables suite au retrait de la mer. Cet ensemble traduit à la base un climat relativement vigoureux (froid et surtout sec), puis une évolution tendant vers un climat plus humide. L'échantillon n° 35 indique un degré d'humidité plus important et une mise en place liée à des conditions exceptionnelles, comme une crue importante de la source. Il indique les prémices d'une évolution climatique importante.

- Ensemble IV :

Cet ensemble dit à rares cailloutis présente une mise en place globalement différente de l'ensemble précédent. L'irrégularité est ici de mise. Les sédiments sont mal classés et l'augmentation de la teneur en carbonates indique une humidification croissante du climat.

Le processus de mise en place est généralement l'eau, circulation à travers les fissures du karst, intense activité du karst, ruissellement, activité de la source (crue et remontée par capillarité) et dans une moindre mesure le vent. La force de l'agent de transport reste modérée, à l'exception de quelques pics qui peuvent être liés à une intense activité de la source ou du karst mais également à un effondrement partiel du plafond, généré par cet accroissement d'humidité.

- Ensemble III :

Il est subdivisé en deux sous-ensembles, IIIb à gros blocs et IIIa à argiles rougeâtres.

Le sous-ensemble IIIb correspond à la phase principale d'effondrement du plafond. À la base on observe une continuité avec l'ensemble précédent.

Les sédiments sont mal classés et le pourcentage de sables grossiers est ici le plus élevé de l'ensemble de la stratigraphie. Cependant, ce sont les sables fins les mieux classés ce qui atteste de la faiblesse de l'agent de transport (*cf.* log stratigraphique).

La teneur en CaCo3 est également importante. Ces paramètres indiquent une mise en place par l'eau de ruissellement et un climat relativement humide. Le mauvais classement des sédiments est dû également à la phase principale d'effondrement du plafond, générée par ce surcroît d'humidité et certainement des phénomènes occasionnels de gélifraction.

Cet effondrement a entraîné l'apport d'éléments grossiers et un remaniement des sédiments, en exerçant de forte pression (*cf.* photo).

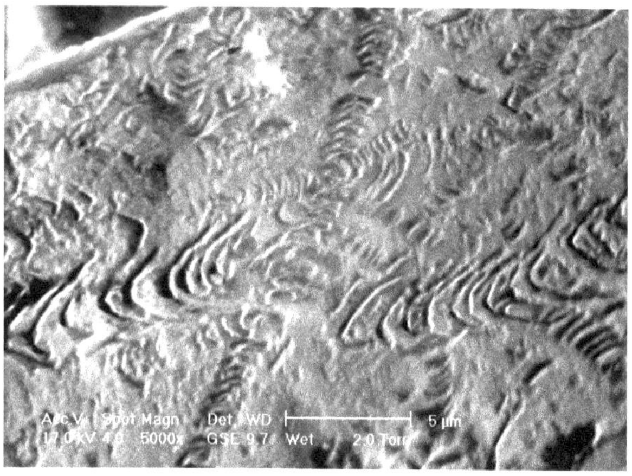

Fig. 2 : Échantillon n° 13 (ensemble III). Figures de broutage (Cliché B. Deniaux UMR 5590 CNRS)

Au sommet de l'ensemble IIIb, d'importantes modifications sont observées dans la mise en place des sédiments. La teneur en CaCO3 diminue progressivement, le pourcentage de limons et de sables fins augmente et les sédiments sont de mieux en mieux classés. Les courbes cumulatives indiquent une mise en place par des processus essentiellement éoliens et dans une moindre mesure le ruissellement. Ces éléments traduisent les prémices d'un assèchement du climat.

Le sous-ensemble IIIa confirme la tendance amorcée dans l'ensemble IIIb. La teneur en limons et en sables fins continue d'augmenter et les courbes cumulatives se redressent fortement, le pourcentage de CaCo3 continue de diminuer. Le vent est l'agent de transport et d'érosion dominant. Le fort pourcentage d'argiles rougeâtres est dû à une décalcification du niveau supérieur suite à la formation d'un paléosol au sommet de l'ensemble II.

L'ensemble III traduit donc une aridification croissante du climat, alors qu'à la base il traduisait le climat le plus humide de l'ensemble de la stratigraphie.

<u>- Ensemble II :</u>

L'ensemble II dit à poupées calcaires confirme la tendance amorcée dans l'ensemble III. Le pourcentage de limons augmente considérablement (> à 50%). Les sédiments sont très bien classés, en particulier du côté des éléments fins. Les courbes cumulatives sont très fortement redressées. Le processus de mise en place est essentiellement éolien. La genèse des poupées calcaires est liée à des phénomènes postdépositionnels, consécutifs à la décalcification du paléosol.

L'ensemble II confirme donc une aridification croissante du climat et son refroidissement progressif, attesté par la présence de gélifracts dans les sédiments.

<u>- Ensemble I :</u>

Cet ensemble présente les mêmes caractéristiques que l'ensemble II. La mise en place est exclusivement éolienne. On atteint ici le maximum d'aridité et de froid de l'ensemble de la stratigraphie. Le niveau de la mer devait se situer une cinquantaine de mètres plus bas que l'actuel. Le plateau continental livrait alors de vastes étendues et les sables étaient alors mobilisables par le vent.

III - LA GRANDE FAUNE :

Ordre	Famille	Genre / Espèce	% N.R
Carnivores	*Canidae*	*Canis lupus*	3,07
		Vulpes vulpes	0,41
	Ursidae	*Ursus spelaeus*	1,23
	Felidae	*Felis silvestris*	0,41
		Felis (Lynx) pardina	2,86
	Hyaenidae	*Crocuta crocuta*	0,61
	Mustelidae	*Meles meles*	0,20
Artiodactyles	*Suidae*	*Sus scrofa*	8,80
	Cervidae	*Cervus elaphus*	29,65
		Dama clactoniana	1,43
		Rangifer tarandus	0,61
	Bovidae	*Bos primigenius*	11,65
	Capridae	*Capra sp.*	0,61
Proboscidiens	*Elephantidae*	*Paleoloxodon antiquus*	0,61
Perissodactyles	*Rhinocerotidae*	*Dicerorhinus sp.*	0,82
	Equidae	*Equus caballus germanicus*	18,20
		Equus hydruntinus	9,81
Rongeurs	*Hystricidae*	*Hystrix sp.*	0,20
Autres		Oiseau ind.	0,20
		petit Herbivore ind.	1,43
		grand Herbivore ind.	0,61
		Espèce ind.	2,86

Tab. 2 : Liste de la faune de la grotte des Ramandils (Aude) - (N.R : Nombre de Restes ; N.M.I Nombre Minimal d'Individus)

1 - Présentation du matériel :

<u>Les carnivores</u> (N.R : 43) : Tendance générale à la gracilité. Quelques ossements révèlent une action anthropique : calcination et traces d'outils en silex. Par sa petite taille, le loup des Ramandils se rapproche de ceux des Cèdres et de La Fage (E. Crégut-Bonnoure, 1995). Une phalange est calcinée.
Le renard n'apparaît que par une I_3 inférieure gauche et un fragment de calcaneum.
L'ours, un *Ursus spelaeus* de faible taille, a été reconnu grâce à quatre restes osseux et deux fragments dentaires. On note une importante calcination et quelques traces d'outil en silex.

Le lynx est également de petite taille. la biométrie des phalanges et de l'humérus le rapproche du lynx pardine actuel. Il n'y a pas de trace de calcination. La *crocuta* apparaît sporadiquement. Le genre Mustela a livré une P_4 inférieure droite.

Les artiodactyles (N.R : 258) : le sanglier est bien représenté (N.R : 43). Quelques ossements portent des traces de calcination et de rongeurs. Aucune marque de découpe bouchère n'a été observée.

Le daim et le renne sont peu présents. Certains os ont vraisemblablement été brûlé.

Le cerf est une des espèces prédominantes du site (N.R : 145). Il est caractérisé par sa gracilité. L'examen biométrique le rapproche du *Cervus elaphus simplicidens* de Combe-Grenal (données Crégut-Bonnoure et Defleur, 1995). De nombreux ossements ont subi l'action du feu (pointes d'andouiller, radius, humérus, sésamoïdes, ...).

Les grands bovidés (N.R : 57) sont exclusivement représentés par *Bos primigenius*. La population se compose essentiellement de jeunes ou de très jeunes individus.

Les probocidiens, *paleoloxodon antiquus*, apparaissent grâce à trois restes.

Les périssodactyles sont surtout représentés par les équidés car le rhinocéros n'apparaît que sporadiquement : 4 restes fragmentés et brûlés qui attestent toutefois de la présence d'au moins un très jeune individu (dent déciduale).

Equus hydruntinus (N.R : 48) est ici surtout remarquable par son extrême gracilité.
Le cheval des Ramandils (N.R : 89) est un animal robuste et trapu, de taille moyenne. Ses caractéristiques ostéologiques et biométriques ont été comparées à celles des chevaux de divers gisements (Fontéchevade, La Quina, Pair-non-Pair, Combe-Grenal, Tournal à Bize, ...). Ces mises en parallèle ont fait apparaître une polymorphie de caractères : son Mt III le rapproche d'*Equus palustris*, mais surtout d'*E. taubachensis* (Tournal) tandis que sa dentition s'apparente plutôt à celle d'*E. germanicus* (La Quina). Il s'insère donc dans le « Type I » de V. Eisenmann (1991) qui regroupe *E. germanicus*, *E. palustris* et *E. taubachensis*. Ces chevaux ont évolué sous des climats tempérés. Elle considère d'autre part que *E. taubachensis* (Eemien) et *E. germanicus* (Würm) sont de même lignée. Ses travaux nous apportent donc des indices d'ordre climatique et chronologique.

2 - Répartition des espèces animales par ensemble stratigraphique :

L'étude de chaque ensemble stratigraphique a montré une nette évolution de la représentativité des espèces :

	Ens. V	Ens. IV	Ens. III	Ens. II	Ens. I
C. lupus	3,12	7,27	1,07	3,48	4,54
V. vulpes				1,16	
U. spelaeus		1,81	1,07	1,16	2,27
F. silvestris				1,16	
F. lynx pardina	6,25		3,22	1,74	6,81
C. crocuta			1,07	0,58	
M. meles				0,58	
Carnivora sp.			1,07	5,81	9,09
S. scrofa	9,37	12,72	11,29	5,23	6,81
C. elaphus	34,37	38,18	35,48	26,16	4,54
D. clactoniana	3,12		3,22		
R. tarandus		1,81	1,07		
B. primigenius	18,75	14,54	12,36	9,88	6,81
Capra sp.	3,12		0,53		2,27
P. antiquus				1,16	2,27
Rhinocerotidae			1,07	1,16	
E. caballus	12,5	5,45	13,44	25,01	31,81
E. hydruntinus	6,25	5,45	9,67	11,04	13,63
H. rodentia				0,58	
Oiseau sp.		1,81			
petit Herbivore		5,45		1,74	2,27
grand Herbivore			1,61		

Tab. 3 : Répartition, par Ensembles (en %), des espèces présentes dans la grotte des Ramandils (Aude)

- Ensemble V : Le cerf est le mieux représenté (34,3 %), suivi par l'aurochs. Le cheval (12,5 %) et le sanglier (9,3 %) sont moins abondants. Nous notons la présence du daim. Le gibier, notamment le cerf et l'aurochs, était chassé de préférence à l'âge adulte témoignant probablement d'une chasse sélective. Ces données se réfèrent toutefois à un nombre de restes restreint.

- Ensemble IV : Le cerf est le plus abondant (38,1 %), puis l'aurochs (14,5 %) et le sanglier (12,7 %). L'âge des animaux est plus diversifié que précédemment. La majorité des restes est toutefois attribuée à de jeunes adultes. Seul, le cerf échappe à cet abattage systématique ; il est surtout chassé en tant que jeune adulte ou adulte mature.

- Ensemble III : C'est l'Ensemble qui comprend le plus grand nombre de restes depuis la base de la stratigraphie. Les restes de carnivores sont en augmentation. Leur présence se manifeste également par de nombreuses traces sur les ossements : extrémités broyées, diaphyses brisées, larges stries et marques de pression de dents. Les espèces évoluant dans des milieux sylvicoles (cerf, daim, sanglier ou aurochs) se sont également multipliées. Toutefois, les équidés progressent également de façon significative.

- Ensemble II (N.R : 172) : Les carnivores sont fort bien représentés (6 espèces). Le blaireau, le chat sauvage et le renard apparaissent. Il est étonnant de ne pas les avoir rencontrés auparavant car le milieu était tout aussi adapté à leur mode de vie (biotope et régime alimentaire). Les équidés continuent leur progression. Au contraire, les artiodactyles sont moins abondants. Le cerf est encore l'animal prépondérant (26,16 %) mais il est maintenant en concurrence avec le cheval (25 %).
Les stades d'usure dentaire du cerf indiquent que le site a au moins servi de campement temporaire durant l'été (Juillet-Août).

Les herbivores dotés d'une masse pondérale importante ont surtout été chassés alors qu'ils étaient immatures ou de jeunes adultes tandis que les espèces omnivores étaient chassées à l'âge adulte. Les carnivores n'étaient pas chassés ou faisaient l'objet d'une chasse opportuniste.

- Ensemble I : Le sommet de la stratigraphie ne comprend que 44 restes. Ces derniers confirment toutefois le changement faunistique : le cerf et l'aurochs sont très peu représentés (respectivement 4,5 et 6,8 %). Les équidés sont les animaux les plus abondants.

Le choix du gibier est plus dirigé vers les individus adultes que vers les jeunes. Les équidés semblent être l'objet d'une chasse opportuniste. Nous n'avons noté que peu de traces d'origine anthropique ou carnivore sur les ossements. Par contre, beaucoup d'entre eux ont subi l'action de l'eau (polissage, formation de «cratères» plus ou moins importants).

3 - Les paléoenvironnements de la grotte des Ramandils :

À partir de la caractérisation écologique de chacune des espèces et de leur représentation relative (exprimée en pourcentages), une étude de l'évolution des associations fauniques est possible. Nous avons observé un contraste très net entre le début et la fin de la séquence stratigraphique. Deux groupes d'espèces se succèdent dans le temps, marquant une évolution clima-tique et donc environnementale.

Nous appliquerons également la méthode des histogrammes écologiques afin de caractériser le paléomilieu des Ramandils. Cette approche, définie par T.H Fleming en 1973, a été modifiée par P. Andrews et *al* (1979) puis par C. Guérin et M. Faure (1987). Quatre graphiques, dont les classes (systématique, masse, adaptation alimentaire et locomotion) sont représentées chacune en pourcentage, mettent en évidence les communautés écologiques d'un milieu donné (Delpech et Guérin, 1996).
La mise en parallèle des résultats de ces deux approches permet une caractérisation précise du contexte écologique dans lequel se sont succédées les différentes phases du remplissage de la grotte.

La figure ci-dessus a été construite à partir des espèces les plus représentatives du biotope dans lequel elles évoluent. Nous avons donc retenu *E. caballus* et *E. hydruntinus* (regroupés sous le terme générique « Equidés »), *B. primigenius*, *C. elaphus*, *R. tarandus*, , *D. dama*, *S. scrofa*, *U. spelaeus*, *V. vulpes*, *F. lynx* et *F. silvestris*.

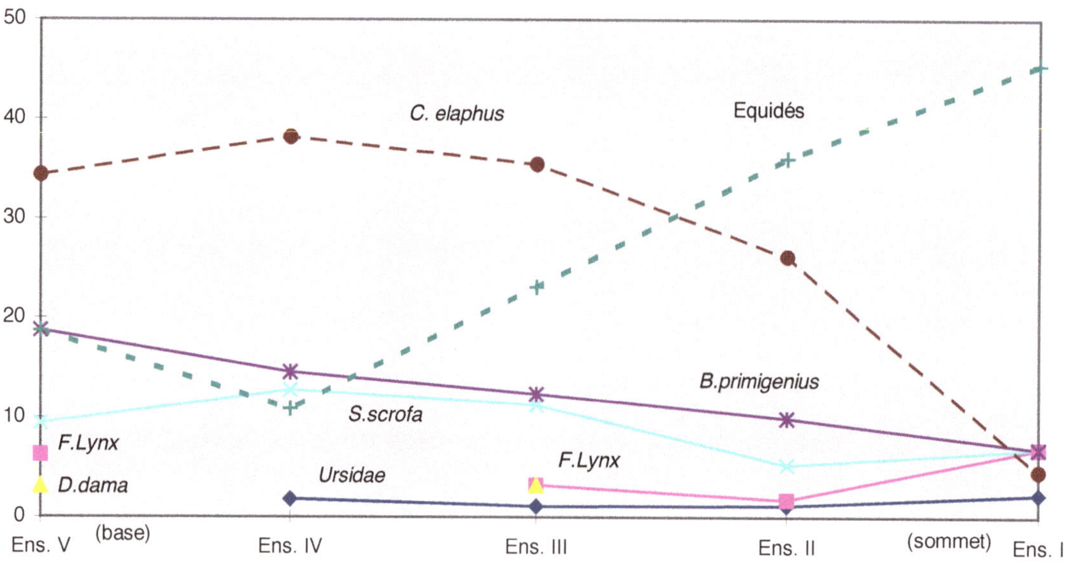

Fig. 3 : Représentation faunique (en %) de la grotte des Ramandils (Aude)

a - Ensemble stratigraphique V :

La forte présence du cerf et de l'aurochs, celle plus faible du sanglier, du lynx et du daim indiqueraient un milieu plutôt tempéré et humide. Les équidés sont généralement marqueurs d'un climat plus sec et souvent plus rigoureux.
Les histogrammes écologiques de cet Ensemble montrent bien que le groupe des artiodactyles est prépondérant. On note une grande diversité d'espèces (*C. elaphus*, *D. dama*, *B. primigenius*, *Capra sp.*, *S. scrofa)*. Beaucoup d'entre elles sont adaptées au couvert forestier.
La faune présente est de corpulence généralement moyenne, ce qui est propice aux déplacements dans les fourrés. Les animaux coureurs et ubiquistes sont bien représentés ; ils concurrencent toutefois les espèces sylvicoles. Ce dernier point indique sans doute une mixité de paysages, c'est-à-dire un environnement en pleine évolution.

Ces associations fauniques peuvent laisser penser que le remplissage de l'Ens. V s'est effectué à la fin d'une période relativement froide et sèche. Un réchauffement climatique, assorti d'une humidité plus importante se met alors en place, facilitant le développement d'un couvert végétal forestier. Celui-ci devait essentiellement comprendre des forêts ou des bois clairs à zones buissonneuses. Les espaces découverts ont certainement régressé de façon notable, sans pour autant disparaître.

b - Ensemble stratigraphique IV :

Nous constatons une forte augmentation de la présence du cerf et du sanglier ainsi qu'une nette régression des équidés. Faible apparition de l'ours et du renne.
Le réchauffement climatique amorcé dans l'unité précédente se confirme : *C. elaphus* atteint son taux de représentation le plus élevé. Il en va de même pour *S. scrofa*. *B. primigenius*, bien qu'en régression, est encore assez bien représenté. Les équidés ne représentent plus que 11 % de la faune recueillie.
L'aurochs est moins sensible que le cerf aux oscillations climatiques passagères. Si l'on tient compte de la douceur climatique apportée par la proximité de la Méditerranée, *B. primigenius* peut parfaitement évoluer dans ce type d'environnement, même si le paysage s'ouvre progressivement (la présence de bois ou de forêts ne lui est pas, au contraire du cerf, indispensable).

Nous observons d'une part la prédominance des espèces ubiquistes, qui sont donc capables de s'adapter à des environnements diversifiés ; d'autre part, les catégories de poids sont toutes plus ou moins fortement représentées. Les espèces majoritaires (de 200 à 1000 kg) sont représentées par les équidés et le cerf. Ces derniers ont des biotopes antagonistes.
Au vu de ces diagrammes, il est difficile de pressentir si l'évolution du paysage va dans le sens d'un climat plus tempéré ou plus froid, ou encore si le degré d'hygrométrie va augmenter ou décroître.

c - Ensemble stratigraphique III :

Le cerf et les équidés sont toujours fortement majoritaires (respectivement 35,48 % et 23,11 %). L'aurochs et le sanglier sont bien représentés.
Les équidés, dont le pourcentage de représen-tation était au plus bas lors de l'Ens. précédent (10,9 %), amorcent ici une progression qui ne faiblira plus tout au long du remplissage. À l'opposé, la présence du cerf décroît. *C. elaphus* reste toutefois encore l'espèce dominante de cette unité.
L'aurochs, l'ours, le sanglier se raréfient progressivement. Le daim est présent ; il disparaîtra des dépôts suivants. Les espèces de type forestier se développent. Les coureurs sont moins bien représentés. L'évolution du changement environnemental de la grotte des Ramandils semble s'être stabilisée lors du remplissage de l'Ens. III. Nous observons en effet que les espèces forestières sont désormais très proches de celles qui sont ubiquistes. Leur corpulence moyenne (entre 45 et 100 kg), les rend parfaitement adapté à un milieu arboré. Les espèces brachyodontes dominent les autres types d'adaptation alimentaire. Or, ce sont essentiellement les espèces forestières qui sont comprises dans cette catégorie (*C. elaphus*, *D. dama*, *R. tarandus*). Le cheval des Ramandils peut s'adapter à un climat tempéré et assez humide. Un environnement relativement boisé ne le fera donc pas disparaître.

D'autre part, lors de ses déplacements, le lynx a besoin de se mettre fréquemment à couvert sous les arbres. Un milieu exclusivement steppique ne lui convient pas.
L'environnement n'est cependant pas constitué que d'espaces forestiers. Les périssodactyles, qui ont besoin d'espaces ouverts pour courir, sont assez bien représentés, ainsi que les espèces dont le poids est supérieur à 200 kg. La surface des paysages découverts augmente certainement au détriment des espaces forestiers (cette thèse est accréditée par la présence importante d'*E. hydruntinus*). La température reste tempérée. L'assèchement climatique est progressif et non pas subit.
Ces variations ont pour conséquence une réduction du couvert forestier au profit d'un paysage plus ouvert. La présence d'espèces de type forestier et tempéré reste malgré tout prédominante même si l'augmentation du nombre de restes d'équidés

annonce une multiplication des étendues herbeuses.

d - Ensemble stratigraphique II :

Les dépôts de l'Ens. II marquent définitivement l'inversion de la prédominance du cerf par rapport à celle des chevaux (36,05 %). Outre la très forte diminution du cerf et du lynx, nous constatons que les espèces de type forestier continuent leur régression. Le daim a disparu.
E. caballus cf. *germanicus* et *C. elaphus* sont représentés à même hauteur (respectivement 25,01 % et 26,16 %). Il y a donc concurrence entre les deux espèces. *E. hydruntinus*, surtout adapté aux paysages découverts (steppes et prairies à graminées) représente quant à lui 11 % de la faune de ce complexe stratigraphique.

B. primigenius, qui ne supporte pas le froid et l'assèchement climatique, décroît progressivement. *S. scrofa*, qui se satisfait des mêmes conditions, connait une courbe de forte déclivité.
Les artiodactyles et les périssodactyles ont un taux de représentation équivalent. Les espèces ubiquistes et sylvicoles sont abondantes ; les animaux coureurs sont moins bien représentés.
L'important développement des carnivores est remarquable : ceux-ci sont en augmentation constante depuis la base de la stratigraphie (de 22,2 % à 46,66 % ici). Les espèces carnivores présentes ici évoluent soit dans un milieu à dominante forestière, soit dans des paysages diversifiés.

D'autre part, la prédominance des espèces ubiquistes indique, comme pour l'ensemble précédent, un environnement varié. La présence, même beaucoup moins marquée, des espèces de type forestier indiquent que le couvert végétal n'a pas complètement disparu. Les paysages s'ou-vrent progressivement à partir de l'Ens. III. Lors du dépôt de l'Ens. II, les prairies devaient déjà être prépondérantes.

Ces dépôts confirment non seulement le refroidissement climatique mais aussi l'assèchement entamé lors de l'ensemble III. La forêt est en nette régression, au profit, certainement, de bois clairs à zones buissonneuses. Le climat était vraisemblablement tempéré et relativement humide.

e - Ensemble stratigraphique I :

Le remplacement progressif du cerf (4,54 %) par les équidés (45,44 %) est pleinement réalisé. Le sanglier et le lynx ont un taux de représentation plus élevé que lors du remplissage de l'unité précédente. Ces deux espèces sont numérique-ment plus importantes que le cerf. L'ours est également en progression. La présence de l'aurochs décroît régulièrement depuis la base du remplissage.
Les artiodactyles sont majoritaires. En ce qui concerne la locomotion, nous observons la légère augmentation des espèces ubiquistes, ainsi que de celles qui sont adaptées à la course. Les espèces forestières, faiblement représentées, sont stables.

Cette association correspond sans aucun doute au climat le plus froid et le plus sec du remplissage. Il est vraisemblable qu'il reste néanmoins empreint d'une légère humidité car les pourcentages de *S. scrofa* et de *F. lynx* augmentent. Ceux-ci n'ont pas besoin d'une végétation forestière ; des bois clairsemés, des marais ou des garrigues leur suffisent. Par contre, cette humidité ambiante ne doit pas être suffisante pour *C. elaphus* et *B. primigenius*.

La période devait être relativement tempérée, plus froide néanmoins que précédemment. L'environnement était alors varié, composé en partie d'espaces forestiers entrecoupés de clairières, mais aussi de paysages plus ouverts. Les herbivores dont la denture est caractérisée par l'hypsodontie (les équidés, l'aurochs et l'éléphant) sont ici dominants. Selon V. Eisenmann (1985), « l'hypsodontie traduit une résistance à l'usure (qu'entraîne une végétation sèche et siliceuse) par augmentation de la hauteur de la couronne». Leur présence prépondérante associée à celle d'espèces de type forestier indique donc une mixité de paysages.

IV - INTERPRÉTATION DU SITE :

Nous avons rencontré au sein de cet ensemble faunique quelques particularités biométriques et morphologiques :

- La relative petite taille des espèces présentes : *C. lupus*, *U. spelaeus*, *Felis (Lynx) pardina*, *Equus hydruntinus* (dont la taille est inférieure à celles des hydruntins de La Balauzière, de la grotte Tournal, ou de La Crouzade), et *Cervus elaphus*. Cette taille modeste ne correspond pas à celle que l'on rencontre communément dans les gisements du Würm II.
- La présence exclusive de *Bos primigenius*.
- Le polymorphisme des caractères du cheval des Ramandils le situe entre *E. caballus germanicus* et *E. taubachensis* (ils faisaient partie de la même lignée).

En second lieu, l'analyse du paléoenvironnement de la grotte des Ramandils a démontré l'évolution climatique graduelle.

Les restes fossiles dégagés de la grotte des Ramandils se composent essentiellement de cerf, d'équidés, d'aurochs et de sanglier. Nous avons mis en évidence deux groupes d'associations fauniques : de la base de la stratigraphie jusqu'à l'Ensemble III, la composition de la faune révèle un environnement de type forestier induit par un climat tempéré et humide, ces éléments sont confirmés par les analyses sédimentologiques. On remarque en effet que de l'ensemble V jusqu'au milieu de l'ensemble IIIb, la composition des sédiments révèle un degré d'humidité important (% de CaCo3 et d'argiles). De l'Ensemble III au sommet du remplissage, l'évolution climatique se traduit par une hygrométrie de plus en plus faible, des paysages qui s'ouvrent progressivement. Les paramètres granulométriques confirment cette tendance, par la taille des particules et l'agent de transport dominant qui est ici le vent. Ces éléments indiquent une aridification croissante du climat ainsi qu'un refroidissement ayant pour conséquence l'abaissement du niveau marin de plus de 50 m par rapport au zéro actuel, libérant ainsi de vastes espaces.

Nous avons observé que la base du remplissage (Ens. V) s'était constituée lors d'un climat relativement tempéré et humide. La douceur climatique ainsi que le degré hygrométrique élevé s'avèrent être à leur maximum lors de l'Ensemble stratigraphique IV ; la végétation est mixte, avec une dominante forestière. À partir de l'Ens. III, qui reste tempéré, nous constatons une humidité moindre. Les paysages restent néanmoins diversifiés. L'Ens. II est plus froid mais également plus sec que précédemment. Les paysages s'ouvrent et sont surtout constitués de plaines et de bois clairsemés. Le sommet de la stratigraphie est caractérisé par des paysages encore plus ouverts. L'assèchement et le refroidissement progressif du climat atteignent alors leur maximum.
La réalisation de cénogrammes nous apportera, dans un second temps, des précisions non négligeables quant aux biotopes qui se sont succédés ici.

L'analyse globale du complexe faunique, de la sédimentologie et de l'évolution des paléoenvironnements nous conduisent à estimer que le remplissage de la grotte des Ramandils s'est effectué lors des stades isotopiques 5.e et 4. La position chronologique durant l'interstade de Saint-Germain II (80 000 B.P.) nous paraît vraisemblable de la base de la stratigraphie à l'Ensemble III, la séquence supérieure (Ens. II et I) se situant quant à elle au début du stade 4.

BIBLIOGRAPHIE

AJAJA O. (1994) - Datation de quelques sites moustériens de Catalogne et du Languedoc par la méthode U-Th, Comparaison avec l'ESR, *thèse du M.N.H.N., Paris.*

ANDREWS P., LORD J.-M., NESBIT-EVANS E.-M. (1979) - Patterns of ecological diversity in fossil and mammalian faunas, *Biol. Journ. Linn. Soc., London*, 11, p. 177-205.

BANES L. (1996) - Les restes dentaires de la faune des grottes des Ramandils (La Nouvelle, Aude) et de La Crouzade (Gruissan, Aude*), Mémoire de Maîtrise*, Université Paul Valéry, Montpellier III, 135 p.

BANES L. (1998) - La faune moustérienne de la grotte des Ramandils (La Nouvelle, Aude), *Mémoire de D.E.A*, Université de Perpignan, Laboratoire de Préhistoire de Tautavel, UMR 5590 du CNRS, 206 p.

BONIFAY M.F. (1968) - Carnivores Quaternaires du Sud-Est de la France, *Thèse de Doctorat Es-Sciences*, Paris.

BONIFAY M.F. (1980) - Le cheval du Pléistocène moyen des grottes de Lunel-Viel (Hérault) Equus mosbachensis palustris n. ssp., *Gallia Préhistoire*, 23 (2), p. 233-281.

BOUTIE P. (1991) - La grotte moustérienne des Ramandils, *Rapport de fouilles 1988-89-90*, Université Paul Valéry Montpellier III, 86 p.

CLOT A. et *al.* (1976) - Les poches ossifères du Pléistocène moyen et inférieur de Montoussé (Hautes-Pyrénées), *Bull. Soc. histoire naturelle Toulouse*, 112, 1-2, p. 146-161.

CLOT A., DURANTHON F. (1990) - Les mammifères fossiles du Quaternaire dans les Pyrénées, *Muséum d'Histoire Naturelle de Toulouse*, Accord Edition, 159 p.

CREGUT-BONNOURE E., DEFLEUR A. (1995) - (sous la direction de) - Le gisement Paléolithique Moyen de la grotte des Cèdres (Var), *D.A.F*, n° 49, Editions de la maison des Sciences de l'Homme, 178 p.

DELPECH F., GUERIN C. (1996) - Paléoenvironnement : l'animal, le milieu, le climat, in : *Les grands mammifères plio-pléistocènes d'Europe*, Collection Préhistoire, 3eme cycle et recherche, Ed. Masson, p. 243-253.

DORIGNY A. (1999) - Contribution à l'étude sédimentologique et géomorphologique du Quaternaire marin en Languedoc-Roussillon, *Mémoire de D.E.A*, Université de Perpignan, Laboratoire de Préhistoire de Tautavel, UMR 5590 du CNRS, p.

EISENMANN V. (1985) - Indications paléoécologiques fournies par les Equus (Mammalia, Perissodactyla) pliocènes et pléistocènes d'Afrique, colloque international de Juin 1981, *L'environnement des hominidés au plio-pléistocène*, Masson, p. 57-79.

EISENMANN V. (1991) - Les Chevaux quaternaires européens (Mammalia, Perissodactyla). Taille, typologie, biostratigraphie et taxonomie, *Géobios*, n° 24, fasc. 6, p. 747-759.

FLEMING T.H. (1973) - Numbers of Mammal species in North and Central America forest communities, *Ecology*, Durham, 54 (3), p. 555-563.

GERBER J.P (1971) - La faune des vertébrés du gisement de plein air des Ramandils, *Mémoire de D.E.A*, Université de Provence, Centre de Marseille Saint-Charles, 36 p.

GERBER J.P (1973) - La faune des grands mammifères du Würm ancien dans le Sud-Est de la France, *Travaux du Laboratoire de Géologie Historique et de Paléontologie de l'Université de Provence*, Centre de Marseille Saint-Charles, p. 105-125.

GUERIN C. et FAURE M. (1987) - Grands mammifères, in Miskovsky J.-C. (éd.), *Géologie de la préhistoire : méthodes, techniques, applications*, Maison de la géologie édit., Paris, p. 801-830.

KABIRI L. (1993) - Formations littorales et continentales du Pléistocène supérieur en Languedoc-Roussillon et Catalogne. Etude géologique des remplissages des Ramandils (Port-La-Nouvelle) et de l'Arbreda (Serinya), *Thèse de Doctorat*, M.N.H.N., Paris, 210 p, 80 fig.

LANGE B. (1966) - Etude paléontologique de la grotte Tournal, *Thèse de III° cycle*, Lab. de Paléontologie des Vertébrés et de Paléontologie humaine, Fac. Sciences, Paris.

LUMLEY H de. (1971) - Le Paléolithique inférieur et moyen du Midi Méditerranéen dans son cadre géologique, Tome II Bas-Languedoc-Roussillon-Catalogne, *V° supplément à Gallia Préhistoire*, Ed. du C.N.R.S, 439 p.

PERCIE DU SERT C. (1992) - Les lagomorphes du gisement moustérien des Ramandils, Port-La-Nouvelle (Aude), *Mémoire de Maîtrise*, Université Paul Valéry, Montpellier III, 116 p.

PILLARD B. (1972) - La faune des grands mammifères du Würmien II, La grotte moustérienne de l'Hortus, *Etudes Quaternaires*, Mémoire 1, p. 163 - 205.

YOKOHAMA Y., NGUYEN HU, SHEN G., QUAEGEBEUR J.P., KOUMBA N.,(1987) - Datations par les méthodes de l'uranium et la résonance de spin électronique (ESR) du remplissage de la grotte des Ramandils à Port-La-Nouvelle (Aude), *Cypsela*, VI, Centre d'Investigations Archéologiques de Girona, p. 151-154.

LE GISEMENT MOUSTÉRIEN DE LA ROUQUETTE (PUYCELSI, TARN, FRANCE) : PREMIERS RESULTATS

Jean-Pierre DURAN, Djamila BRIKI, Sophie GRÉGOIRE, Thibaud SAOS, Anne-Marie MOIGNE (*)

RÉSUMÉ

Le gisement de la Rouquette (Puycelsi) est situé au NW du département du Tarn (France), sur l'extrême limite sud des Grands Causses du Quercy. Il développe une stratigraphie de 7 couches archéologiques moustériennes insérées dans un éboulis de pied de falaise. L'ambiance paléo-climatique générale est froide, elle correspond à la fin du stade isotopique 5 et au début du stade isotopique 3. L'ensemble supérieur (couche A et Bs), montre une fraîcheur et une humidité marquées, il est caractérisé par un Moustérien à denticulés (couche A) et un Moustérien se rapprochant du type Ferrassie (couche Bs). Légèrement tourmenté par les travaux agricoles, il est très pauvre en restes fauniques. L'ensemble moyen (couches B et Bb) s'est déposé lors d'un climat très froid marqué par une action éolienne constante, entrecoupé de périodes humides courtes. Il est inséré dans un système de gros blocs décimétriques à métriques. Les faunes d'espaces découverts (rennes et chevaux et bisons) sont associées à une industrie Charentienne de type «Quinoïde» de faciès oriental, voire méditerranéen. L'ensemble inférieur (couches C à E) s'est développé durant une période froide et plus sèche (diminution des cervidés). Il est constitué de petits blocs et de cailloutis. Les faunes de mêmes types que l'ensemble médian (mis à part quelques critères archaïques marqués sur *Equus caballus)* sont associées à un Moustérien Charentien de type Quina classique.

ABSTRACT

The Rouquette site (Puycelsi) is located in the NW area of the Tarn department (France), at the southern extremity of the Grands Causses of Quercy. The stratigraphy is composed of 7 archeological levels attributed to the Mousterian era, in a slope deposit at the foot of a cliff. The general paleoclimatic ambience is cold, corresponding to the end of isotopic stage 5 and the beginning of stage 3. The upper part of the stratigraphy (levels A and Bs), correspond to a cool and humid climate, characterised by a denticulate Mousterian industry (level A) and a Mousterian industry close to the Ferrassie type (level Bs). Slightly disturbed by agricultural activity, the faunal remains are scarce. The middle part of the stratigraphy (levels B and Bb) was deposited during a very cold period, marked by a constant eolian activity, interrupted by short humid periods. The level is inserted in large decametre and meter blocks. The open-space fauna (reindeer, horse and bison) associated with a Charentian industry of «Quinoïde» type and of oriental or Mediterranean style. The lower portion of the stratigraphy (levels C to E) was formed during a colder and dryer climate (less cervids), composed of small blocks and stones. The fauna is the same as that in the middle portion (apart from a few archaic elements such as *Equus caballus*), associated with a Charentian Mousterian industry of classical Quina type.

Sur la commune de Puycelsi (27km à l'ouest de Montauban), le site de La Rouquette est situé dans un ensemble géostratégique complexe où se rejoignent les Grands Causses calcaires jurassiques du Nord, les petits plateaux calcaires lacustres stampiens associés aux argiles à graviers de l'Est et les molasses ravinées à cailloutis de plateau du Sud et de l'Ouest. Fouillé par André Tavoso de 1980 à 1988, le site de la Rouquette est un gisement moustérien de plein air, avec une exposition sud/sud-est. La stratigraphie laisse apparaître 7 couches d'occupation moustériennes riches en industrie lithique et restes fauniques. Ce site de plein air se trouve sur les importants dépôts de pente des falaises calcaires du Jurassique moyen qui surplombent l'Audoulou, petit affluent de la Vère, elle même affluent de l'Aveyron.

1. CADRE GÉOLOGIQUE

La formation du site est à rattacher aux premières glaciations würmiennes. En s'entassant en un talus abrupt au-dessus du ruisseau de l'Audoulou, l'éboulement en masse de pans de falaises calcaires formant l'extrémité sud du plateau de Mespel, a permis de retenir les différents éboulis de pente successifs tout au long du début du Pléistocène supérieur (fig. 1). Ces éboulis ont été alimentés par les imposantes falaises calcaires du Dogger (Aalénien-Bajocien) qui correspondent à la formation des calcaires oolithiques d'Autoire venant recouvrir les marnes et argiles du Lias.

2. STRATIGRAPHIE

La stratigraphie du gisement a été définie par A. Tavoso, puis affinée à partir des observations des coupes consignées dans des carnets de terrain inédits et de fouille (Tavoso, 1980 ; 1981 ; 1982 1983 ; 1984 ; 1985 ; 1986 et 1987). Les coupes stratigraphiques synthétiques (fig. 2) ont été obtenues par A. Fournier (Laboratoire de Paléontologie Humaine et de Préhistoire, Centre Saint-Charles, Université de Provence, Place Victor Hugo, 13331 Marseille Cedex 3) par croisement des relevés originaux. Elles permettent de situer les niveaux archéologiques au sein de trois grands ensembles sédimentaires. Ils sont essentiel-

(*) UMR 5590 du CNRS - Av. Léon Jean Grégory - 66720 TAUTAVEL.

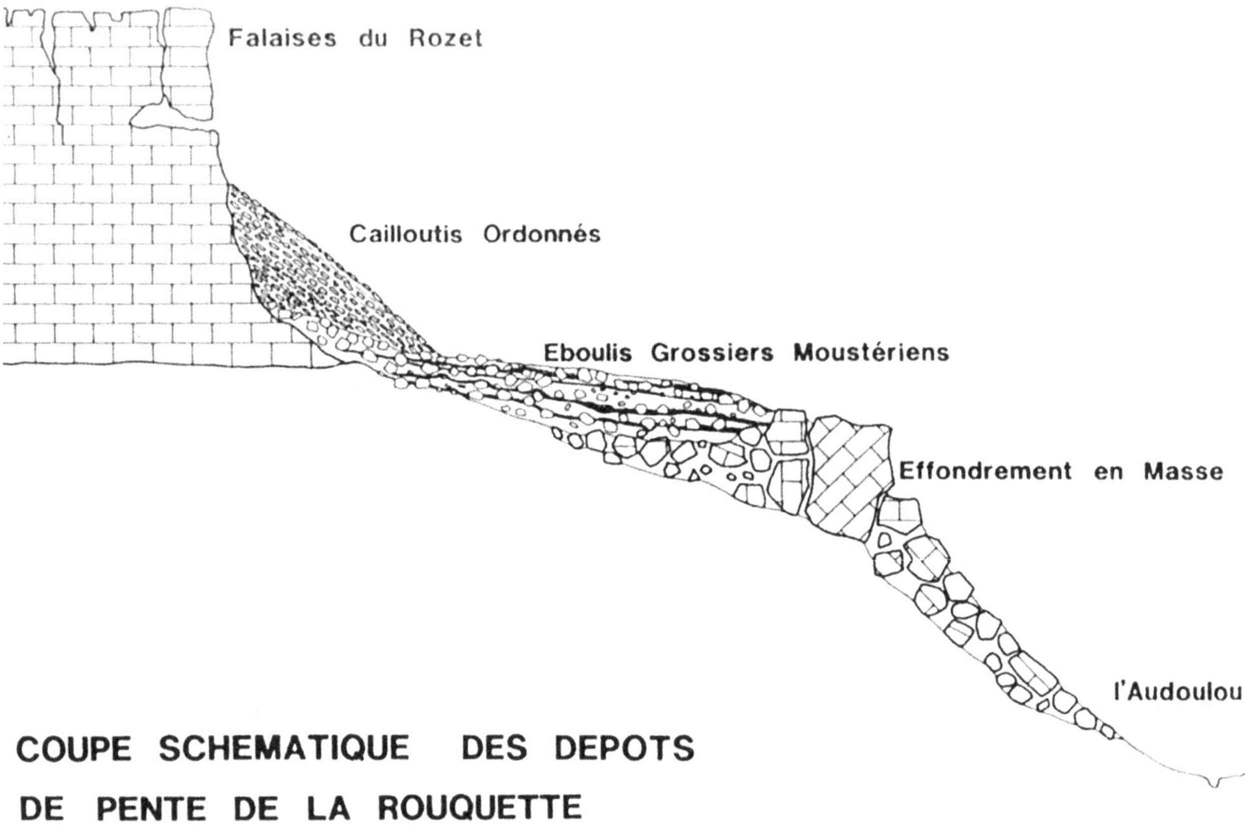

Fig. 1 : Coupe schématique des dépôts de pente de la Rouquette.

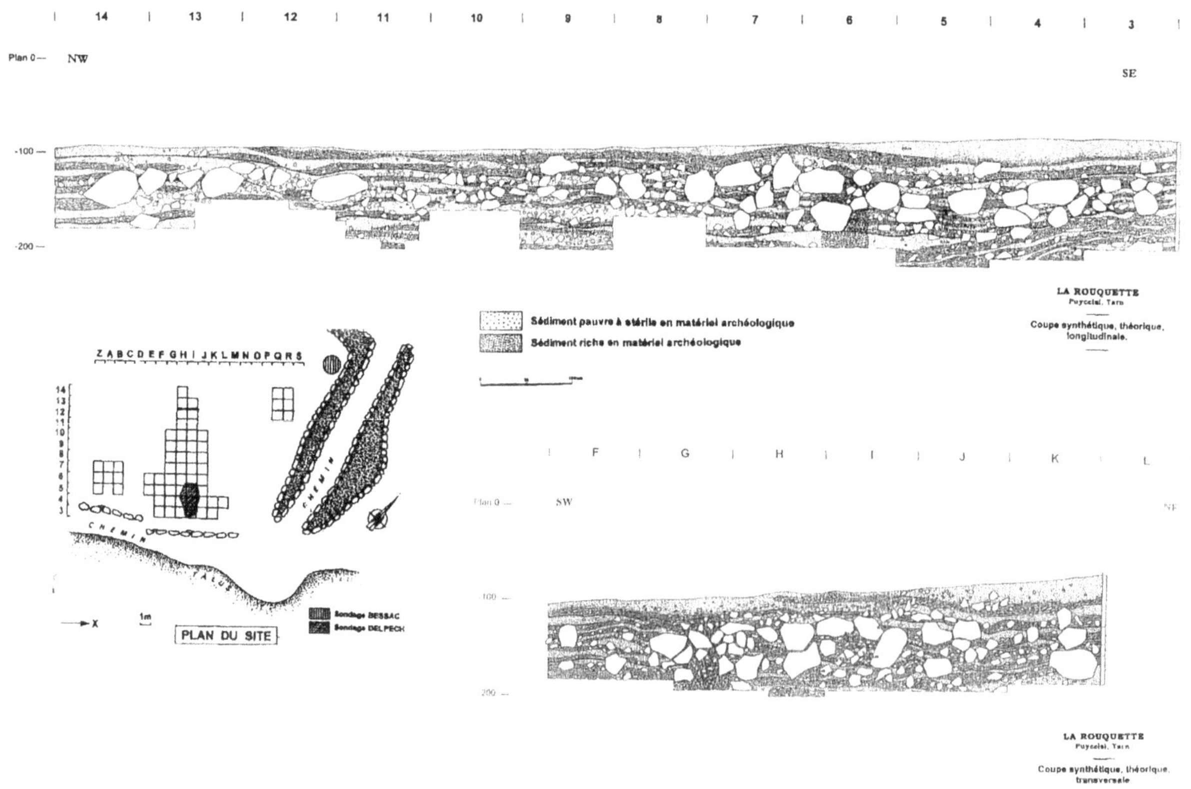

Fig. 2 : La Rouquette. Coupes stratigraphiques synthétiques.

lement définis par la granulométrie des dépôts. La description stratigraphique sera réalisée du sommet vers la base, en présentant les niveaux archéologiques qui leur sont associés.

Ensemble stratigraphique supérieur : sable limoneux brun foncé à petit cailloutis

Épais de 10 à 50 cm, cet ensemble se distingue nettement par sa couleur et la très faible abondance en fraction grossière : il s'agit d'un sable limoneux brun foncé, riche en matière organique, emballant un petit cailloutis centimétrique à rares blocs.
Deux niveaux archéologiques ont été repérés :

- Niveau A : il est de nature argileuse et de teinte marron foncée. Il correspond à deux horizons pédologiques.
- les 5 premiers centimètres d'humus gris noirâtre à structure particulaire sont riches en racines et traces d'activité biologique (turricules de lombrics).
- Puis 15 à 45 cm d'horizon d'accumulation argileuse sont sous-jacents. Les cailloux, peu nombreux et corrodés au sommet du niveau, voient leur nombre et leur fraîcheur s'accroître en profondeur. Il est surtout très riche en matériel lithique.

- Niveau B surface : il est très localisé et représente le sommet des couches en place. Uniquement repéré au nord de la fouille il est séparé de A par un petit niveau stérile à cailloutis.

Ensemble stratigraphique moyen : très gros blocs à matrice limono-sableuse brune

Le sédiment des échantillons de l'ensemble II, épais de 35 à 60 cm, est un éboulis de gros blocs, pluridécimétriques à métriques avec des éléments grossiers dominants (pierres et granules de 60 à 80 %) et un pourcentage de sables qui dans la granulométrie globale chute de moitié par rapport à l'ensemble précédent, de 20 à 10 %.
Les éléments de cette blocaille sont parfois fortement engrenés, comme fendus en place : de gros fragments disjoints se raccordent pour former d'imposants blocs.

- Niveau B : Il se distingue par la présence de nombreux cailloux décimétriques, de grands blocs, et une consistance plus compacte du sédiment qui devient moins argileux, plus caillouteux et dont la teinte s'éclaircit progressivement du marron foncé au brun jaunâtre. D'un point de vue pédologique, ce niveau correspondrait à la base des horizons B du sol, et constituerait le sommet d'un niveau d'accumulation calcaire. Les pierres sont fréquemment recouvertes d'un enduit calcitique. Il est très riche en matériel archéologique.
- Niveau B base : il est constitué d'un cailloutis centimétrique emballant des blocs décimétriques et pluri-décimétriques. Il s'individualise du niveau B.

Ensemble stratigraphique inférieur : blocs à matrice limono-sableuse brun-jaune

Jusqu'à la base de la fouille, cet ensemble stratigraphique a été rencontré sur 50 cm au maximum. Cet ensemble correspond encore à un important cailloutis à matrice limono-sableuse, la teinte devient plus jaunâtre, plus claire que l'ensemble sus-jacent, et comprend moins de blocs volumineux. Le taux de pierres et de granules est important, ils composent 50 à 60 % du sédiment.

- Niveau C surface : ce niveau stérile continu est plus ou moins épais et légèrement contaminé.

- Niveau C : il se définit par un cailloutis assez fin (2-3 cm) à matrice limoneuse ou sableuse peu abondante, de couleur ocre. Il est très riche en matériel archéologique.

- Niveau D : il est constitué d'un cailloutis beaucoup plus pauvre que celui du niveau C, riche en blocs de 10 à 20 cm. Il est très riche en matériel archéologique mais peu fouillé.

- Niveau E (Base de la fouille) : il est formé de sédiment ocre à nombreux blocs. Il est riche en matériel archéologique mais très peu fouillé.

La stratigraphie comporte donc au moins 7 couches qui se répartissent sur plus 1,5 m d'épaisseur, selon la nomenclature d'André Tavoso établie lors de la fouille. Ces principaux ensembles archéologiques sont délimités par de fins niveaux de cailloutis stériles. Notons l'ensemble inférieur dont le pendage général diffère légèrement du pendage général du niveau moyen.

3. ORIGINE ET MISE EN PLACE DU SÉDIMENT

Le site de la Rouquette s'inscrit dans un système de base de corniche. Ce pied de falaise constitue un véritable chaos de blocs dans lequel ont vécu les hommes préhistoriques. La fraction grossière a été directement héritée de la falaise calcaire toute proche et mise en place essentiellement par gravité. L'étude de la fraction fine apporte des renseignements supplémentaires sur les conditions de mise en place du gisement.
Les grains de quartz dominent dans tout le remplissage, leur pourcentage atteint en moyenne 77 %. Ils sont suivis par des agrégats argileux (11

%) et des grès (10 %). Les grains de feldspaths et les éléments divers sont attestés en très faible quantité (1 %).
Le cortège de minéraux lourds rencontré à la Rouquette apparaît très nettement dominé par des minéraux ubiquistes résistants provenant de roches cristallines : tourmaline, zircon, rutile, ou cristallophyliennes : grenats, tourmalines colorées. Les minéraux d'origine métamorphique sont également bien représentés, avec l'épidote, la staurotide, l'andalousite, le disthène, la sillimanite, l'anatase et la dolomite. Les résultats observés sur le site de la Rouquette montrent de fortes analogies avec ceux réalisés sur les sédiments du Trias de la Grésigne (Carrère, 1963), où les minéraux rencontrés sont également des espèces ubiquistes qui proviennent probablement du remaniement de stock de grès plus anciens du Permien ou du Carbonifère.
La morphoscopie des grains de quartz révèle que les ensembles inférieur et supérieur renferment une plus grande proportion de grains de quartz hyalins. Forte proportion que l'on retrouve dans les calcaires et les argiles du plateau. Les niveaux médians contiennent, quant à eux, un pourcentage plus élevé de grains de quartz opaques. Dans l'environnement, cette richesse en opaques est attestée dans le sable alluvial de l'Audoulou ainsi que dans les marnes et les argiles de fond de vallée. Cette observation permet de proposer une mobilisation de ces grains par le vent, charriant les grains d'amont en aval, sur un espace relativement découvert.
La fraction argileuse du remplissage du site de la Rouquette est constituée essentiellement de kaolinite et d'illite. Un troisième minéral, l'interstratifié chlorite-vermiculite-montmorillonite, est faiblement représenté, mais connaît néanmoins une légère hausse en pourcentage vers la base. La présence de ce minéral argileux, qui ne se retrouve pas dans l'environnement, pourrait être due à une dégradation par hydrolyse in-situ de la chlorite. Celle-ci s'étant produite dans un milieu ouvert et lessivé par les solutions naturelles (Millot, 1964), une dégradation relativement rapide.

Ces résultats sur l'évolution de la composition du remplissage soutiennent la proposition d'un cadre climatique. L'ensemble inférieur pourrait avoir connu un climat relativement tempéré comparé à l'ensemble stratigraphique médian, où l'intense gélifraction révélée par certains blocs fendus sur place, associée à une forte influence éolienne révèlent un climat froid.
L'ensemble supérieur, assez nettement perturbé par l'activité biologique et par l'activité agricole (épierrage très net en surface sur les 20 premiers centimètres) peut laisser envisager une période assez ou plus tempérée. Ceci doit se confirmer par l'étude du matériel faunistique.

4. INVENTAIRE DU MATÉRIEL FAUNIQUE

L'étude a porté sur l'ensemble des restes osseux (Briki, 1996) : les esquilles, les os déterminables et les dents. Les fragments de bois sont très rares. Les grands herbivores sont les espèces les plus abondantes avec le cheval, le renne et les grands bovidés (aurochs et bison). Les petits herbivores et les carnivores sont rares.

5. ÉTUDE DES POPULATIONS D'HERBIVORES

La quantification des individus est réalisée, par la combinaison de la présence des ossements sur les différents niveaux, l'âge des individus et les associations d'ossements découvertes lors de la fouille ou pendant l'analyse du matériel. Pour

	A	Bs	B	Bb	Cs	C	D	E	Total
Equus germanicus	28	56	1368	337	1	829	70	22	**2711**
Bison priscus		3	64	9		12	2		**90**
Bos primigenius	1	2	28	9		5	1		**46**
Bos-bison	5	35	376	82		168	21	7	**694**
Capra sp.			1			2			**3**
Rupicapra sp.	1		1	1					**3**
Cervus elaphus		4	30	7	1	5	2		**49**
Rangifer tarandus	4	14	467	104	4	89	10	3	**695**
Sus scrofa		1		1					**2**
Canis lupus			4	4		2			**10**
Ursus speleaus.	1								**5**
Ursus arctos			4						
Vulpes vulpes				1		6			**7**
Total	**40**	**115**	**2343**	**555**	**6**	**1118**	**106**	**32**	**4375**

Tab. 1 : Liste faunique complète par couche en 2000

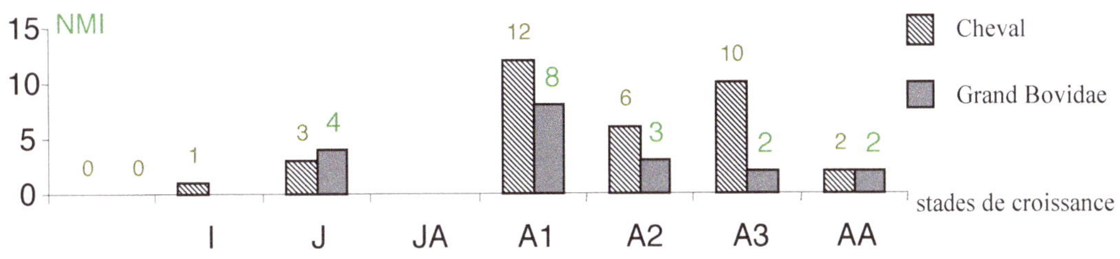

Fig. 3 : Profil de mortalité du cheval et des grands bovidés de la Rouquette.

chaque population, nous avons étudié l'âge et le sexe des animaux abattus et laissés sur site. La détermination de l'âge est réalisée à partir du degré d'usure des dents associées en maxillaires et en mandibules. Ces types de restes sont très nombreux dans tous les niveaux archéologiques.
À partir du remplacement dentaire et l'usure progressive des dents définitives, nous avons établi des stades de croissances qui permettent de visualiser les différentes populations (fig. 3).

La détermination du sexe est étudiée à partir de la morphologie du bassin, de la robustesse relative des os et de la présence de caractères masculins (bois, canines, etc…). La population de chevaux qui a été chassée à la Rouquette est caractérisée par des animaux adultes et particulièrement des adultes jeunes de 5 à 8 ans, classes d'âge observées également chez les grands bovidés. La discrimination du sexe n'a pas été possible. D'après la population des jeunes rennes, la saison d'abattage semble être automnale et, hivernale selon les stades de croissance dentaire ainsi que la morphologie des pédicules des bois des jeunes mâles.

6. INTERPRÉTATION BIOSTRATIGRAPHIQUE

La population des grands bovidés a été comparée à celles décrites sur les gisements moustériens aquitains, pyrénéens, méditerranéens et des causses.
Dans les différents niveaux de la Rouquette, les associations de faune montrent une évolution surtout caractérisée par celle des chevaux. Selon la taille des dents et des métapodes, les chevaux robustes des niveaux inférieurs sont attribués à un *Equus germanicus* archaïque. Les chevaux des niveaux supérieurs nettement plus graciles sont comparables à ceux des couches 35 à 1 de Combe Grenal (Guadelli, 1984). Leur stade d'évolution peut être corrélé avec la fin du stade 4 et le début du stade 3. Au travers de l'étude des humérus et des tibias, l'aurochs de la Rouquette est un animal très corpulent et en général plus robuste que le bison. Les restes, faiblement présents de *Capra* et *Rupicapra,* ne permettent pas d'avancer une attribution vers des espèces pyrénéennes ou alpines. *Cervus elaphus* est un animal de très grande taille qui correspond et s'associe aux populations contemporaines des stades 4 à 2. Enfin le renne est représenté par des individus graciles, jeunes et femelles, qui sont encore au stade de l'étude peu représentatifs du point de vue évolutif.
Les carnivores sont peu abondants : le *Canis lupus*, loup de très forte taille des périodes les plus froides du Pléistocène supérieur, le renard *Vulpes vulpes* et les ours *Ursus arctos et Ursus speleaus.* Ils correspondent également à une association du Pléistocène supérieur.
Cette association indique des conditions climatiques générales rigoureuses semblables à celles de Mauran (Eisenmann et David, 1992). Les animaux chassés et regroupés sur ce site sont par ordre d'importance : le cheval, le renne, le bison, l'aurochs et le cerf. Mais dans l'ensemble moyen (tab. 1), les proportions de renne, de bison et de cerf augmentent par rapport à celle du cheval.
Les hommes préhistoriques ont exploité en priorité les prairies puis les forêts.

7. ÉTUDE TAPHONOMIQUE DU MATÉRIEL FAUNIQUE

7.1 Action naturelle

La fracturation des ossements est très importante particulièrement dans les niveaux supérieurs et moyen. Les os longs montrent souvent un éclatement attribué aux amplitudes thermiques et directement au gel, particulièrement dans les niveaux B et B base. Les racines ont affecté la surface des os et dans le niveau C, les restes fauniques ont subi la forte pression due poids des sédiments. Les carnivores ont rongé des articulations (un os de cheval et douze restes de cervidés), mais dans des proportions faible, alors que des rainures ont été attribuées à l'action de gros rongeurs. La conservation différentielle est importante, avec une forte présence des dents, des os longs, une abondance des vertèbres et des côtes et une rareté des os courts et des bois.

7.2 Action anthropique

Le fort degré d'altération de la surface corticale des os fait que les stries d'origine anthropique sont rares. Pourtant, observées à la loupe binoculaire et au MEB, une phalange de cheval et un métatarse d'aurochs présentent des faisceaux de stries fines et profondes (fig. 4). Elles peuvent être associées, par leur localisation et leur morphologie, à des stries de dégagement des tendons ou de désarticulation. Ces stries sont, pour le renne, généralisées sur tous les types d'ossements et correspondent, d'une façon sûre, à des phases de boucherie. Si, tous les ossements sont fracturés, le plus souvent ils ont été ouverts par l'homme moustérien. Mais l'importance du «concassage» d'écrasement, également observé sur l'industrie, induit une fragmentation secondaire qui masque l'action humaine.

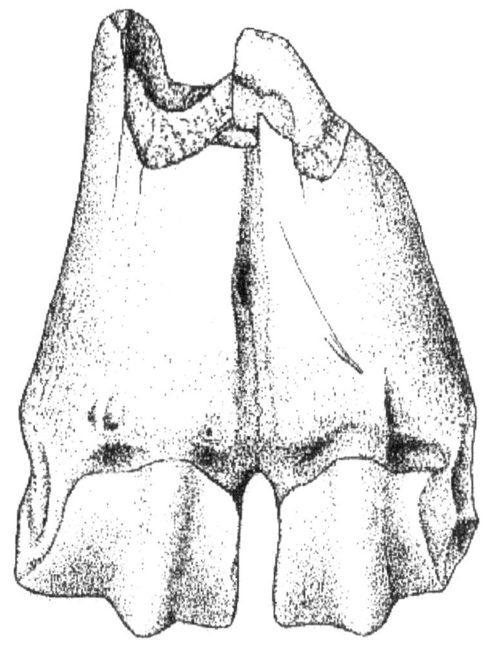

Fig. 4 : Stries anthropiques sur un métatarse d'aurochs.

L'étude des restes osseux du site de la Rouquette, malgré leur altération superficielle nous permet de proposer une interprétation de la période d'occupation du site se situant à la fin du stade 5 ou au début du 3. Cette accumulation est directement liée à des activités humaines essentiellement de chasse, de consommation du gibier. Toutefois la préparation des pivots de renne semble indiquer une transformation systématique de ces bois de massacre.

8. LES MATIÈRES PREMIÈRES LITHIQUES : IDENTIFICATION ET ORIGINE.

Les roches utilisées pour la confection des industries lithiques ont été étudiées dans le but de retrouver leur provenance et d'approcher ainsi les lieux d'approvisionnement en matière minérale des néandertaliens de la Rouquette, afin de constituer des esquisses de territoires parcourus. Différents types ont été déterminés. Il s'agit essentiellement de silex, de quartz et de quartzites et beaucoup plus rarement de calcaire, de lydienne, de schistes, de grès, d'argilite et de jaspes.
Ces matières premières se répartissent de la façon suivante :

les deux matériaux dominants sont le silex (53 %) et les quartz (41 %). Les quartzites sont assez représentés (4 %), suivi du calcaire (1 %). Les autres roches (1 %) ne sont représentées que par quelques pièces.
Dans un premier temps la détermination et la classification des roches et des sous types s'est faite à l'œil nu. Dans chaque catégorie nous avons distingué des types différents sur des critères de coloration, de texture (fine ou grossière). Ils ont été différenciés par rapport aux éventuelles inclusions visibles, à la patine ou encore au type de cortex.
L'étude pétrographique réalisée dans un deuxième temps vient appuyer ces premières observations (Grégoire, 2000).
Dans un deuxième temps, des prospections réalisées autour du site, guidées par le géologue J.G. Astruc, ont permis de retrouver dans l'environnement du site des roches identiques à celles utilisées pour la fabrication de l'outillage moustérien.

8.1 Provenance des silex

Trois principaux types de silex ont été identifiés à la suite de l'étude pétrographique. Le type le plus courant, représenté dans l'industrie par une grande variété de faciès, est un silex d'origine tertiaire lacustre contenant des gastéropodes. Ce silex à été reconnu dans les niveaux de calcaires stampiens de Cordes, notamment au niveau du Verdier où il est très abondant et associé à d'importants ateliers de taille (de l'Acheuléen au Néolithique) entre 12 et 20 km du site de la Rouquette. Ce même silex a été repéré en grande quantité, en position secondaire, au sommet des conglomérats de la Grésigne, en plusieurs points distants du site de 2 à 5 km, dans le secteur de St Martial de Vère, mais sous une forme plus fortement de blocs «diaclasé».

Un autre type de silex, moins courant dans la série moustérienne, a pu être repéré à 4 kilomètres au nord-ouest du site, aux environs du village de Brian-de-Vère. Il s'agit d'une spiculite affleurant sous forme de nodules siliceux de couleur sombre dans un calcaire carixien.
Enfin un dernier type de silex, exploité sous forme de galet de petit module, a été identifié en position secondaire dans un épandage fluviatile à environ 7 à 10 km au sud-est du site.

8.2 Provenance des quartz

Dans les alluvions de la Vère, au pied du site, à environ 500 mètres de celui-ci, presque tous les types de quartz et de quartzite utilisés dans l'industrie sont présents sous forme de galets. Ces galets sont le résultat des dépôts des grands courants fluviatiles qui divaguaient durant le Tertiaire dans le Bassin Aquitain. La Vère incise par en-droits ces dépôts entraînant les galets dans ses alluvions. Les galets de roches cristallines mêlés aux nombreux galets de calcaire, et de grès plus rares, sont de taille assez modeste pour la plupart. En moyenne, ils font une dizaine de centimètres de diamètre. La taille réduite de ces galets pourrait expliquer les faibles dimensions de l'industrie en général.

8.3 Provenance des quartzites

La majorité des types ont pu être repérés dans les alluvions de la Vère. Seuls trois types de quartzites, le ZR7, le ZR10 et le ZR11 ne proviennent pas des alluvions de la Vère. Il s'agit de quartzites très fins et de couleur sombre qui proviennent plutôt des alluvions de la Garonne puisqu'il s'agit sans doute de roches provenant des Pyrénées.

Pour les plus petits galets de quartz et de quartzite, ainsi que pour les lydiennes, une autre source semble possible. Elle se situe à environs 7 kilomètres au sud-est du site. Il s'agit d'anciens épandages fluviatiles formés de petits galets (5 centimètres de diamètre en moyenne), de quartz de quartzite de lydienne et de chailles déposés sur des molasses stampiennes. Les cailloutis cristallins peuvent provenir du massif central (bassin de Carmaux, Astruc communication orale). Les lydiennes et les chailles pourraient avoir un origine Pyrénéenne (Mouline, 1983).

8.4 Distances d'approvisionnement (tab. 2)

matière première	quantité	distance de la source au site
quartz, quartzite, grès, calcaire (galets)	2995	500m
silex spiculite SR5, SR6	139	4 km
lydienne, silex en galet SR8	100	7 à 10 km
silex stampien SR1, SR2, SR3, SR4 et SR7	3203	2 à 5 km. 20 km au maximum
quartzite ZR7, ZR10 et ZR11	20	25 km

Tab. 2 : Quantité de matière première exploitée, en nombre de pièces, en fonction de leur éloignement du site.

La majorité des matières premières provient de la zone locale comprise entre 0 et 5 kilomètres, espace généralement le plus parcouru.
Le deuxième approvisionnement le plus important est concentré dans la zone intermédiaire comprise entre 5 et 20 km. La zone éloignée, au delà des 20 km, semble connue mais pas exploitée (fig. 5).
Les galets de quartzites de la Garonne sont les témoins du passage des Moustériens de la Rouquette dans la zone qui se situe au delà des 20 kilomètres. Ils semblent révélateurs de la provenance du groupe, venu s'installer à la Rouquette, plutôt que d'un approvisionnement volontaire vers cette source de matière première située à 25 km au minimum de la Grésigne.

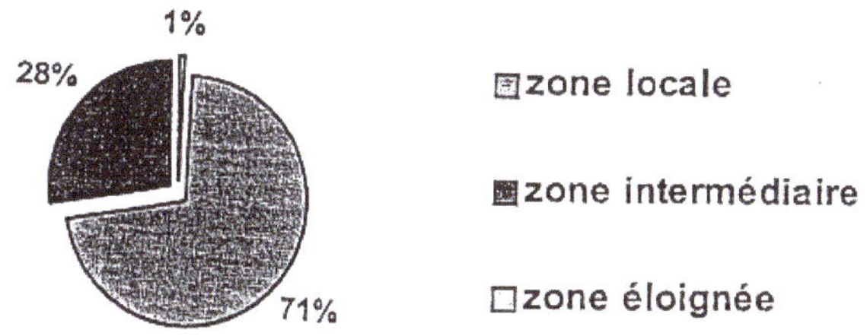

Fig. 5 : Taux d'exploitation des matières premières par zones.

9. TECHNO-TYPOLOGIE DES INDUSTRIES DE LA ROUQUETTE

Le site de la Rouquette a livré 7 couches moustériennes bien individualisées lors de la fouille et toutes pourvues de matériel lithique. Ce dernier est abondant (6301 pièces au total), mais les populations lithiques pour chaque couches sont plus ou moins importantes (tab. 3) pour différentes causes (implantations de longue durée ou non, situation de la fouille par rapport aux nappes de vestiges, variabilité des superficies décapées ...).

	A	Bs	B	Bb	C	D+E	Total
silex	848	95	1613	495	264	34	3348
quartz et quartzites	1278	99	1082	210	144	18	2831
divers	42		35	14	29	1	122
Total	2211	194	2730	719	437	54	6301

Tab. 3 : nombre de pièces lithique par couches et grands types de matières premières (décompté en 1999)

Ainsi très diffuse, la couche Bs, paraît être une implantation éphémère mais bien individualisée. Les couches inférieures E et D sont très riches mais sont malheureusement peu fouillées. Elles seront regroupées en un ensemble E + D et utilisées à titre indicatif.
Pour toutes les couches et pour toutes les matières, la chaîne opératoire (matière brute, décorticage, totalité du plein débitage avec les produits de mise

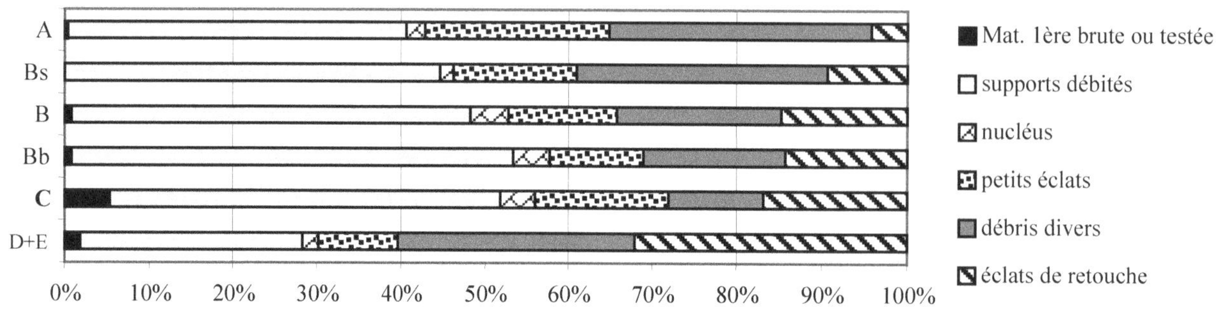

Fig. 6 : Représentation par couches de la chaîne opératoire générale (sans les outils).

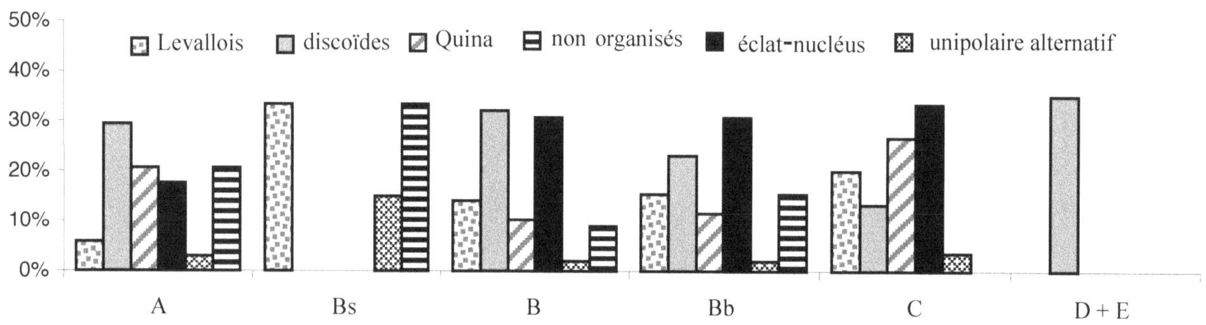

Fig. 7 : Descriptif simplifié des grands types de débitage (nucléus) par couches.

en place des critères de débitage, outils et déchets de consommation et de débitage) est représentée dans sa totalité (fig. 6). Les éclat d'entame peuvent atteindre 8 % des éclats et le taux de transformation général est moyen à important selon les niveaux (fig. 8) et inférieur à 20% dans les couches A et Bs.

Les quartz, les quartzites et les silex forment plus de 98 % des matières sauf en couche C où les matières diverses représentent presque 7 % du total. Si le choix du silex est visible dans les ensembles inférieur et moyen (de E à B), une parité entre les deux matières principales s'effectue au début de l'ensemble supérieur en couche Bs et aboutie, dans la couche A à une présence majoritaire des quartz et quartzites (57 %).

Les nucléus sont assez peu nombreux (fig. 6). Leur étude montre tout d'abord, une relative variété des modes de débitage dans toutes les couches (fig. 7), avec une constance du débitage sur éclat. Ensuite, une opposition est visible, du bas vers le haut de la stratigraphie, entre la progression du débitage discoïde et la régression du débitage de type Quina. Ce dernier est très abouti et classique de E à C, presque exclusivement d'alternance continue. Il est à faible nombre de séries en Bb, B et A. Totalement absent de Bs, il est réalisé surtout sur silex et parfois en quartzite. Le débitage discoïde est uniquement instauré sur quartz et quartzites de E à B, puisque autant sur silex et quartz en A. Il est majoritairement unifacial (n° 9 de la liste Tavoso entre 37 % et 27 % et le n° 5 égal à 10 %). Il passe à la méthode bifaciale en toute fin d'exhaustion des nucléus. Les produits totalement décortiqués sont abondants (n° 18 entre 15 % et 20 %). Ceci vient d'une forte hiérarchisation des surfaces dans ce type de débitage de E à B, celle utilisée comme plan de frappe étant entretenue comme plan de frappe le plus longtemps possible.

L'analyse des éclats et des nucléus Levallois montre que le débitage est le plus souvent récurrent et de préparation exclusivement bipolaire et unipolaire dans les couches de E à D et récurrent centripète dans la couche Bs. Les couches Bb et B montrent le remplacement progressif de la première modalité par la seconde. Ce débitage disparaît dans la couche A, bien qu'une faible importation d'éclats Levallois soit attestée. L'indice Levallois technologique (toutes matières confondues) est toujours inférieur à 6 %. Mais dans la couche Bs, il atteint 13 % (26 % sur silex), la production étant d'excellente qualité. Par contre l'indice de facettage large des talons décroît inexorablement de 25 % en couche E à 4 % en A.

Les supports débités sont de dimension réduite (inférieure ou égale à 45 mm) et au moins aussi larges que longs en général (plus rarement en Bs).

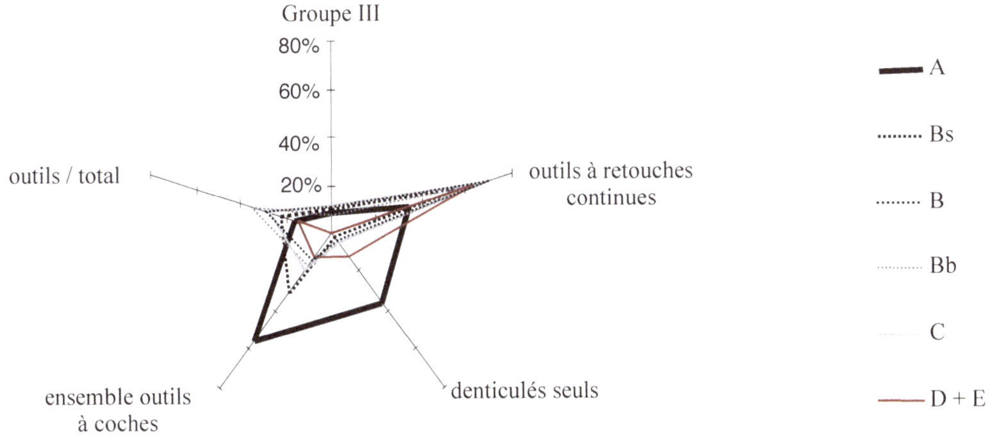

Fig. 8 : quelques quantifications typologiques.

D'un point de vue typologique, les ensembles inférieurs) à moyens dévoile une certaine évolution dans un ensemble d'industrie charentienne de type Quina. L'ensemble supérieur témoigne d'une industrie charentienne mal caractérisée (couche Bs) avec une tendance au faciès Ferrasie et d'une industrie à denticulés légèrement enrichie en racloirs (couche A) (fig. 8).

Pour les retouches continues (fig. 9), 3 tendances fortes de bas en haut de la stratigraphie sont : la forte proportion de retouche Quina et sa baisse constante (de 23 % à 10 % voire 6 % en B) jusqu'à son absence en A ; une retouche 1/2 Quina solidement présente et toujours 2 à 2,5 fois plus soutenue que la retouche Quina (fig. 11) sauf dans l'ensemble inférieur, et enfin, l'augmentation constante de la retouche surélevée à partir de Bb (entre 38 % et 42 % en A et Bs).Il faut noter l'importance de la reprise à l'os qui donne des retouches scalariformes peu profondes.

Diversifiés, les racloirs sont convexes jusqu'à Bs puis droits en A. Les racloirs latéraux simples forment environ 34 % des outils de E à Bs. Les transversaux sont très nombreux, environ 15 % et 20 % dans Bs. Les racloirs bifaces ou possédant des amincissements divers sont abondants de E à B puis assez rares en Bs et A. Notons l'importance des racloirs doubles en couche A et leur rareté des couches E à Bs. Les pointes sont toujours présentes. Les limaces le sont jusqu'au niveau B puis disparaissent. Les outils convergents représentent toujours moins de 10 %. Les déjetés abondent en couche Bs puis disparaissent en couche A. Les denticulés, toujours peu nombreux (4 à 5 %), deviennent majoritaires en A (36 %). Par contre les encoches représentent toujours moins de 8 %, sauf en A (13 %) et en Bs où elles culminent à 24 %. Le groupe III est toujours dominé par les grattoirs, mais les burins, les troncatures et les perçoirs sont toujours présents comme les raclettes de E à B.

Certaines caractéristiques fortes comme, la réduction extrême des outils, les encoches centrales, tronquantes ou doubles opposées sur les racloirs (jusqu'à 20 % des racloirs en Bb) et l'importance des aménagements secondaires (abattements sommaires et amincissements divers) suivent les grandes tendances stratigraphiques déjà évoquées pour la technologie ou la typologie (fig. 10).

Nous pouvons ainsi définir un Moustérien Quina classique dans le niveau inférieur, proche de celui du Roc de Marsal et Combes Grenal (Turq, 1992), qui évolue dans l'ensemble moyen vers un Moustérien Quina «oriental» comme celui de Champs Grand (Slimack, 1999) ou de Mas Viel (Turq, 1992), voire «méditerranéen» comme celui de la Crouzade C7, la Balauzière (Lumley H. de, 1971). L'ensemble supérieur montre l'implantation de courte durée, Bs, avec une industrie qui se rapproche d'un Ferrassie enrichi en encoches, et la

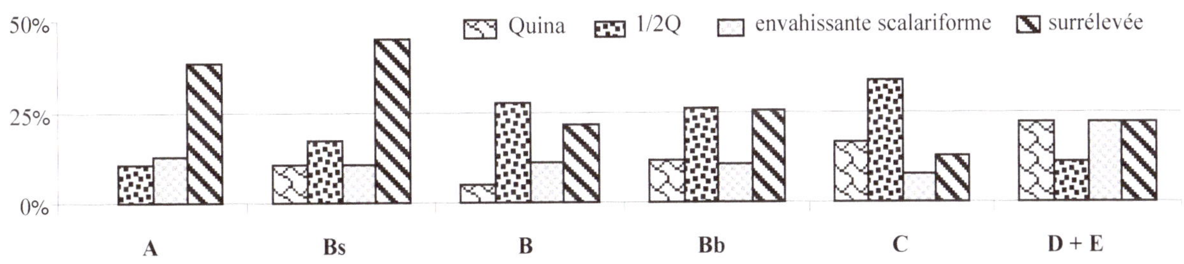

Fig. 9 : Principaux types de retouches caractéristiques de l'évolution stratigraphique.

couche A spécifique d'un Moustérien à denticulés de débitage discoïde proche des industries typologiquement atypiques des Fieux, couche K (Jaubert, 1984) ou de Meillers (Pasty, 2000).

Ce gisement moustérien de plein air présente une fréquentation régulière, probablement du début du stade 4 au début du 3. Les associations fauniques confirment les résultats sédimentologiques, pour un contexte général froid et humide. L'ensemble moyen est particulièrement rigoureux avec une grande faune d'espaces très découverts (renne et bison), avec *Microtus malei* et *Microtus agrestis* (Desclaux, communication orale) et une forte présence des vents. La surface des os et la sédimentation sont affectées par d'intenses phénomènes de gélifraction. Dans l'ensemble inférieur, les faunes semblent indiquer un climat moins humide avec une diminution des cervidés et la présence du *Microtus arvalis*. Selon la sédimentologie l'ensemble supérieur pourrait être légèrement plus tempéré. Les industries assurent également d'une même partition nuancée. Les ensembles inférieur et moyen montrent plusieurs variantes sur silex et quartz du Moustérien charentien de type Quina alors que l'ensemble supérieur témoigne d'un faciès charentien plus Levallois et d'un Moustérien à denticulés sur quartz. Les choix et les distances d'approvisionnement en matières premières sont typiques d'un contexte moustérien.

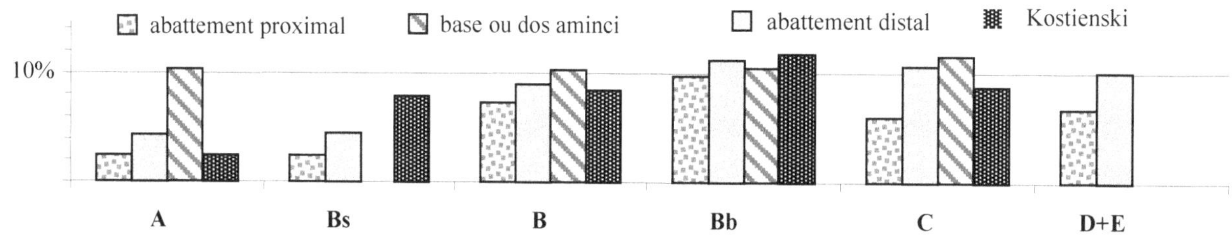

Fig. 10 : Évolution stratigraphique des principaux aménagements secondaires de l'outillage.

Remerciements : cette étude a été réalisée dans le cadre du programme de recherche du CNRS «Paléoenvironnement, évolution des hominidés» et présentée au colloque de Poitiers «Les hominidés et leurs environnements, histoire et interactions», 18-20 Septembre 2000.

BIBLIOGRAPHIE

BRIKI J. (1996) - *Étude du Post-céphalique des grands herbivores du gisement moustérien de la Rouquette (Puycelsi)*, Mémoire de D.E.A de l'Univ. de Perpignan.

CARRÈRE M. (1963) - Sur l'âge et les conditions de sédimentation des formations détritiques de base de la série secondaire entre le Lot et l'Aveyron. *Mém. B.R.G.M., colloque Trias* 1961, p. 321-338.

DURAN J.P. (1997) – *Étude des industries moustériennes du gisement de la Rouquette (Puycelsi, Tarn)*, Mémoire de D.E.A de l'Univ. de Perpignan.

DAVID F. et FARIZY C. (1994) – Les vestiges osseux : étude archéozoologique, *in* C. Farizy (Dir.) : *Hommes et Bisons du Paléolithique moyen à Mauran (Haute-Garonne)*, XXXème supplément à Gallia Préhistoire, CNRS éd..

GUADELLI J.L. (1987) – *Contribution à l'étude des zoocénoses préhistoriques en Aquitaine (Würm ancien et interstades würmiens,* Thèse de Doctorat de l'Univ. de Bordeaux I.

GRÉGOIRE S. (2000) - *Origine des matières premières des industries lithiques du Paléolithique pyrénéen et méditerranéen. Contribution à la connaissance des aires de circulations humaines.* Thèse de Doctorat de l'Univ. de Perpignan.

JAUBERT J. (1984) – *Contribution à l'étude du Paléolithique ancien et moyen des Causses.* Thèse de Doctorat de l'Univ. de Paris I.

LUMLEY H. DE. (1971) - *Le Paléolithique inférieur et moyen du Midi de la Méditerranée dans son cadre géologique, t. II, Bas Languedoc-Roussillon-Catalogne*, Vème° Supplément Gallia préhistoire, Presse du CNRS, Paris. 446 p.

MILLOT G. (1964) - *Géologie des argiles.* Masson éd., Paris, 75 fig, 15 tab, 11 pl, index alphabétique, 499 p.

MOULINE M.P. (1983) – Les accidents siliceux dans les calcaires lacustres du Castrais et de l'Albigeois. *Bull. de la Soc. Géol. de France* 57e XXV, n° 1, p. 51-56, 2 fig.

PASTI J. F. (2000) – Le gisement Paléolithique moyen de Meillers (Allier) : un exemple de la variabilité du débitage discoïde, *Bull. Soc. Préhist. Française*, t. 97, 2 : pp. 165-190.

SLIMAK L. (1999) - Pour une individualisation des Moustériens de type Quina dans le sud-est de la France. La Baume Néron (Soyon, Ardèche) et le Champ Grand (Saint-Maurice-sur-Loire, Loire), première données. *Bull. de la Soc. Préhist. Fr.*, 96, n° 2, p. 133-144.

TAVOSO A. (1987) - Les premiers chasseurs de la Vère. *Plaquette de l'exposition «Les premiers chasseurs de la Vère»* organisée du 12 Juillet au 23 Août 1987 par le groupe d'Etudes et de Recherches de l'Université de Provence et par l'association des Amis de Puycelsi–Grésigne, Univ. de Provence éditeur, Marseille, 28 p.

TURQ A. 1992. - *Le Paléolithique inférieur et moyen entre les vallées de la Dordogne et du Lot.* Thèse de Doctorat de l'Univ. de Bordeaux I

Adresses Email :

Duran Jean-Pierre : Duran.jeanpierre@free.fr

Briki Djamila : Dheriech@yahoo.fr

Grégoire Sophie : gregoire@tautavel.univ-perp.fr

Saos Thibault : tsaos2001@yahoo.fr

LE PORTEL OUEST, LA FIN DES NÉANDERTALIENS ?

Grégoire PRINCE (*), Thibaud SAOS (*) et Régis VEZIAN (*)

RÉSUMÉ

Le Portel ouest, en Ariège, se place comme un avant poste pyrénéen à 490 m d'altitude. L'intérêt de ce gisement réside dans sa position chronologique et géographique.
L'évolution d'un Moustérien d'inspiration acheuléenne par le débitage multipolaire alternatif (rappelant le débitage orthogonal) vers un débitage plus laminaire, dans les couches supérieures (couches Csup à A) du gisement, suit l'apparition de bifaces (couches C et Csup). On voit donc apparaître une chaîne opératoire systématisée, avec une sélection plus rigoureuse des matières premières sur un vieux fond de débitage orthogonal évolué basé sur l'exploitation de quartz local. (Alibert, 1984 ; Bérard, 1984 ; Bismuth, 1985 ; Tesseidre, 1985 ; Vézian, 1989 ; Jaubert et Bismuth, 1996 ; Prince 1996, 1997, 2000a et b, Grégoire, 2000)
Les restes humains appartiennent à une lignée de néandertaliens évolués présentant un ensemble de caractères crâniens et dentaires automorphes robustes. (Lumley, 1976 ; Gruselle, 1993 ; Bertrand, 1999)
La faune se distingue par l'alternance, suivant les niveaux, du renne, du bison et du cheval. Leur présence semble être liée à la gestion de l'environnement selon l'évolution du climat depuis le stade isotopique 6 jusqu'au stade 3. Tous les paliers de l'écosystème de ces hommes ont joué leur rôle puisqu'un certain nombre de petits bovidés ont également fait l'objet de chasses (Gardeisen, 1994 ; Vézian, Marquet et Gardeisen, 1998).
Les sédiments, répartis en une vingtaine de couches, présentent 4 grands ensembles. L'inférieur, assez riche en galets karstiques avec un sédiment limono-argileux, couvre les couches H à M. L'ensemble moustérien inférieur comprend les couches les plus riches du gisement (F3 et F2) où le matériel est inclus dans une matrice limono-argileuse. La couche E se présente comme un niveau d'argile homogène qui marque bien la coupure vers l'ensemble des couches moustériennes supérieures. Celles-ci (couches D et couches C) sont toujours composées d'un sédiment limono-argileux. Enfin, l'enrichissement des couches supérieures en sables est lié soit à un apport de sédiments par ruissellement, soit à la migration des sédiments plus fins vers les niveaux inférieurs. (Vézian, 1952-53, 1964, 1972, 1989a et b ; Deguillaume, 1994 ; Menzhi, 1994 ; Djerrab, 1996)
L'analyse palynologique fait encore ressortir la cassure qui existe entre les couches moustériennes et l'ensemble des couches supérieures. (Renault-Miskovsky et Girard, 1998)
Le gisement du Portel Ouest est une cavité qui semble comblée à l'heure actuelle. Elle a pu jouer le rôle d'un abri de très grande taille si l'hypothèse de Jean Vézian qui veut que ce porche soit l'entrée Ouest du karst contenant la grotte ornée du Portel Est (Voir la coupe du karst du Portel à la fig. 1), s'avérait confirmée. La présence de matériel archéologique et paléontologique dans la zone appelée Arrière Fond par Joseph Vézian tendrait à étayer cette théorie. C'est enfin un gisement qui nous paraît très riche vu la densité d'objets récoltés pour une superficie qui pour l'ensemble F avoisine les deux mètres carrés se rétrécissant vers la base. Quelques centaines de milliers d'objets ont été extraits, essentiellement par Jean Vézian, pour être ensuite classés et déterminés par celui-ci afin de mieux comprendre l'origine d'une telle accumulation.

ABSTRACT

Le Portel ouest, Ariège, appears like a pyrenean outpost at an altitude of 490 m. The main interest of this deposit resides in its chronological and geographical position.
The progressive evolution from an Acheulian inspired Mousterian, marked by alternative multipolar debitage (which recalls orthogonal debitage) up to blades debitage in the site's upper layers (layers Csup to A) follows Bifaces appearance (layers C and Csup). A systematised «chaîne operatoire» comes out with a rigorous selection of raw material taking over the old evolved orthogonal debitage based on a local quartz exploitation. (Alibert, 1984 ; Bérard, 1984 ; Bismuth, 1985 ; Tesseidre, 1985 ; Vézian, 1989 ; Jaubert, Bismuth, 1996 ; Prince, 1996, 1997, 2000a and b ; Grégoire, 2000).
Human remains, linked to evolved Neanderthals, present numerous robust automorphic characters (Lumley, 1976 ; Gruselle, 1993 ; Bertrand, 1999).
Fauna distinguishes by alternation, following the levels, of the reindeer, bison and horse. Their relative presence is to be linked to environment management following the climate evoluion from Isotopic Stage 6 up to Stage 3. Every ecosystem's stages played their role as a certain number of small bovids were hunted as well (Gardeisen, 1994 ; Vézian, Marquet, Gardeisen, 1998).
Sediments, representing over more than twenty layers, present four main ensembles. The Inferior one, enriched in karstic pebbles associated to argileous-silty sediment, covers layers H to M. The Inferior Mousterian ensemble includes the richest layers (F3 and F2) where the material is included in an argileous-silty matrix. Layer E is an homogenous clay level which well marks a cut before the Upper Mousterian. These (layers D and C) are still composed of an argileous-silty sediment. Finally, the Upper layers sands enrichment is due to either the runoff import of such sediments or the migration of the fine fraction to the lower levels (Vézian, 1952-53, 1964, 1972, 1989a and b ; Deguillaume, 1994 ; Menzhl, 1994 ; Djerrab, 1996).
Pollens analysis shows once again the breakage between the Mousterian Main Ensemble and the Upper Layers (Renault-Miskovsky and Girard, 1998).

Le Paléolithique moyen semble moins représenté en Ariège si l'on en croit les publications, généralement anciennes, portant sur le sujet. Il est par conséquent important, même nécessaire dans un tel cadre, de considérer le rôle primordial que peut jouer le Portel Ouest pour la compréhension du comportement des hommes de Neandertal dans des régions de moyenne montagne à proximité des formations glaciaires d'altitude. Pour ces êtres humains il a fallu s'adapter à un environnement aux reliefs accidentés, au climat rigoureux sans être extrême et à des matières premières différentes

(*) UMR 5590 du CNRS - Avenue Léon-Jean Grégory - 66720 TAUTAVEL (FRANCE)

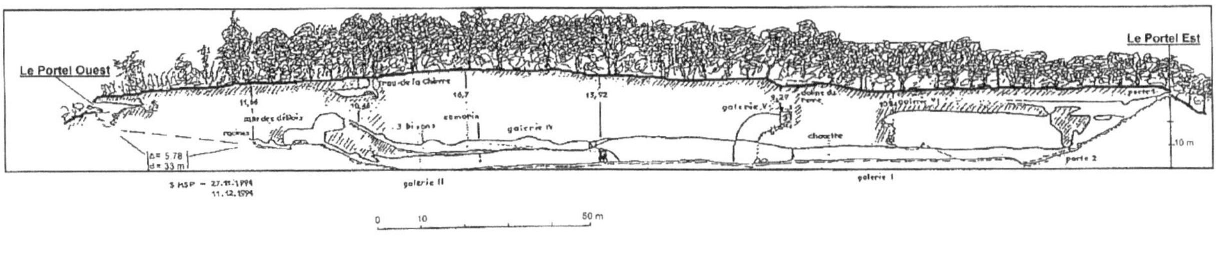

Fig. 1 : coupe du karst du Portel.

correspondant cependant aux besoins des groupes ayant occupé la cavité. L'adaptation aux modifications climatiques qui surviennent depuis le stade isotopique 6 jusqu'au stade isotopique 3 apparaît au travers de l'évolution des faunes et les autres données paléoenvironnementales.

L'évolution culturelle marquée par l'apparition de bifaces et de débitage de lames dans les couches C, Csup et B1a, semble pouvoir être mise en parallèle d'une modification du climat au cours du stade 3. La mise en évidence de modifications profondes du comportement des habitants de cette grotte a fait l'objet d'une étude pluridisciplinaire liant les observations faites essentiellement sur : l'industrie, la faune et les sédiments. Cette étude approfondie s'est faite dans le cadre de l'étude du site. Ceci nous permet, ici, de mettre en parallèle les données accumulées sur l'ensemble du remplissage et celles concernant les couches marquant cette étape d'évolution culturelle de la fin du Moustérien.

Le peu de données sur la fin du Moustérien dans la partie orientale des Pyrénées donne un rôle de référence au gisement du Portel. Le gisement joue ce rôle, non seulement pour l'ensemble de la seconde moitié du Moustérien mais également pour le Moustérien de tradition acheuléenne qui n'est pratiquement pas connu dans les Pyrénées.

1. INDUSTRIE

L'industrie est composée de 13,59 % d'outils soit : 2 954 outils sur un total de 21 730 supports de plus de 25 mm de dimension maximale. 24,65 % des outils sont coordonnés ou au moins attribués à une des 23 couches et sous-couches observées par J. Vézian. Seulement 13 de celles que nous avons pu étudier contiennent des supports retouchés (soit les couches : B1a, C, C1, Csup, D, D1, E, F, F1, F1a, F2, F3 et G). Les couches de l'ensemble moustérien supérieur (E, D1, D, Csup, C1, C et B1a) contiennent, selon le matériel qu'il nous a été possible d'étudier, très peu de matériel retouché. L'addition de tous ces points tend à limiter l'étendue des conclusions menant à une meilleure compréhension du Moustérien du Portel dans un cadre plus large que le site en tant que tel.

La considération géographique des variations typologiques du type Quina nous amène à prendre en compte les différents outils spéciaux ou marquants de cet assemblage comme résultant d'une logique propre à une évolution pyrénéenne d'un faciès apparenté au moustérien de type Quina comme les faciès orientaux.

L'ensemble moustérien inférieur comprend les cinq couches F et la couche G. Cet ensemble montre une augmentation du nombre de racloirs associée à une baisse du nombre d'outils types du Paléolithique supérieur. La quantité d'objets augmente considérablement jusqu'au point où dans les couches F2 et F3, les objets forment un magma archéologique sur quelques dizaines de centimètres d'épaisseur. Toutes les caractéristiques de l'outillage tendent à faire entrer cet ensemble dans le Moustérien de type Quina. Il est certain que les caractéristiques ne sont parfois pas toutes réunies mais les variations sont sans doute liées à une évolution locale du type Quina, le Moustérien du Portel (Prince, 2000b).

Dans toutes les couches l'outil dominant est le racloir. Par le biais des variantes ressortent les racloirs à encoches latérales qui reviennent régulièrement dans la bibliographie consultée. Ils ressortent, ponctuellement, dans des séries attribuées soit à du Moustérien relativement ancien et mal caractérisé (généralement considéré comme Tayacien), soit à du Moustérien Quina ou quinoïde.

Ces outils se trouvent majoritairement dans toutes les séries à débitage non-Levallois qui semblent entrer dans une évolution typologique et technologique de l'Acheuléen «Clactonien» vers un Moustérien encore mal caractérisé «charentoïde».

C'est par la variation des taux d'outils du groupe des denticulés que nous avons pu percevoir une évolution typologique. Il apparaît que les denticulés augmentent au fil des couches aux dépens des outils à retouches quinoïdes. L'association de ces outils avec les retouches quinoïdes ou Quina apparaît dans certaines séries comme une succession d'étapes depuis le denticulé vers une retouche Quina (Bordes, 1964 ; Verjux, 1988). Ceci expliquerait cette association constante et marquerait une diminution du taux de réduction des supports au fur et à mesure de la succession des couches. Dans plusieurs gisements, les denticulés apparaissent tout au long du Moustérien comme pour

rythmer la succession des cultures. Dans des faciès plus anciens du Moustérien comme à La-Chaise-de-Vouthon où P. David décrit «de nombreuses petites pièces à retouches alternées, à becs multiples délimités par des encoches dont l'utilisation m'échappe.» (David, 1951). On voit effectivement émerger les outils du groupe des denticulés pendant tout le Moustérien et surtout ces outils à encoches latérales.
Cet assemblage va finalement passer à des retouches envahissantes avec l'apparition de bifaces et bifaçoïdes associés à un débitage plus laminaire qui annonce l'arrivée du Paléolithique supérieur. C'est malheureusement cette dernière partie de l'industrie que nous n'avons pu étudier et qui placerait plus clairement le problème de la transition.
Alors que la couche D présente du Moustérien à denticulés, que C présente les prémices d'un Moustérien de tradition acheuléenne, l'assemblage de la couche Csup ou C supérieure est clairement ancré dans le Moustérien de tradition acheuléenne. Bien que nous n'ayons pu attribuer tous les outils appartenant à cette couche, nous avons pu faire ici une description complète à partir des éléments disponibles.
Les indices et pourcentages proviennent tous de décomptes manuels faits sur les 490 objets que compte la couche. Seuls 23 artefacts ont des dimensions inférieures à 25 mm. Ceci implique, malgré toute l'attention du fouilleur, qu'une sélection même involontaire s'est produite en ne tenant pas compte de l'ensemble du matériel lithique. Les 121 outils récoltés dans cette couche sont clairement dominés par les denticulés mais la présence de bifaces associés à des lames Levallois a retenu toute notre attention.
Les outils sur éclats, très variés, sont dominés par les racloirs bien sûr mais ceux-ci sont moins réguliers que ceux que nous verrons pour les couches inférieures. Leurs dimensions moyennes sont réduites mais les types de retouches varient beaucoup plus, avec 38 % de retouches denticulées dont 80 % d'encoches clactoniennes, 25 % de retouches mixtes bifaces, 12,5 % de demi-Quina, 12,5 % de semi-abruptes et quelques retouches minces envahissantes ou abruptes.
Les racloirs présentent tous des encoches latérales symétriques. Les supports de plus petites dimensions et dont la forme est irrégulière sont transformés en racloirs.
La sélection des matières premières entrant en jeu devient un point majeur dans la catégorie des outils bifaçoïdes. En effet, nous n'avons pas trouvé de pièce de cette catégorie qui soit fabriquée en quartz. Ceux-ci présentent des bifaces peu typiques, des «Keilmesser» au sens large et des pièces à retouches envahissantes.
Les bifaces sont façonnés à partir de grands éclats (par rapport à la moyenne), en quartzite et présentent un minimum de retouches pour la mise en forme. Il est possible qu'il s'agisse de bifaces juste mis en forme et peu utilisés. Un seul cas présente une mise en forme plus intense associée à une cassure transversale. Est-ce une des raisons qui ont amené les tailleurs à ne retoucher leurs supports que dans la mesure du nécessaire ?
Cette couche s'inscrit donc clairement dans le Moustérien de tradition acheuléenne qui annonce le passage au Paléolithique supérieur. La particularité de l'industrie moustérienne de tradition acheuléenne du Portel Ouest est de présenter ces outils bifaçoïdes à dos qui convergent avec certaines pièces des assemblages d'Europe orientale, associés à un indice Levallois quasiment nul (IL^{ty} =IL= 0,45) mais plus important que dans les autres couches du gisement (IL^{ty} =IL= 0,01). L'indice de racloirs, si l'on excepte les encoches et denticulés, est très faible (IR = 0,2) et si l'on ajoute les denticulés (groupe IV de F. Bordes) de l'outillage, l'indice s'élève et atteint un IR = 17. L'indice de bifaces (IB = 6) est faible mais étant donné les contraintes rencontrées par ces tailleurs, il devient raisonnable. Les outils de type paléolithique supérieur ; toujours atypiques, représentent 3 % de l'outillage. Le reste de l'assemblage est caractérisé par un nombre important de lames (10 %), d'éclats utilisés (35,87 %) et de supports bruts (28,13 %) ne comprenant aucun nucléus.
Les formes qui apparaissent dans les couches moustériennes supérieures C et Csup, s'apparentent à un Moustérien de tradition acheuléenne de type B, à débitage non-Levallois (IL 0,45) avec de petits bifaces et outils bifaciaux peu caractéristiques essentiellement en quartz, sauf quelques uns qui sont plus grands et plus réguliers en quartzite. Ceci aurait tendance à rappeler la couche H du Moustier (Soressi, 1999) ou les couches supérieures du Pech de l'Azé I avec de petits bifaces mal caractérisés et irréguliers. La convergence continue avec le débitage laminaire, en augmentation claire par rapport aux couches inférieures, qu'il soit Levallois ou laminaire strict avec un facettage peu marqué des talons. Les racloirs se font rares et deviennent assez irréguliers. Les couteaux à dos sont absents de cet ensemble. C'est un des points qui nous font émettre des réserves quant à l'attribution de ces couches d'une façon stricte. La forte quantité d'éclats et de lames utilisées dans ces couches vient peut-être suppléer à la lacune en couteaux à dos.

La faible quantité d'industrie par rapport au reste du gisement et l'absence du matériel des couches supérieures ne nous permet pas de tirer de conclusions définitives. Bien que J. Vézian (Vézian, 1972 et 1989) repris par J. Clottes annoncent la présence de couteaux à dos de type Audi et d'un couteau de Châtelperron dans la couche B1, en fait il s'agît d'un Moustérien de tradition acheuléenne où les couteaux à dos retouchés (4) sont associés à un certain nombre de bifaces (toujours sur de grands éclats en quartzite) et d'éclats de bifaces. La présence de ces outils dans ces couches avec celle d'outils moustériens et quelques bifaces montrerait donc qu'il ne s'agît pas d'un Châtelperronien mal caractérisé mais bien d'un Moustérien de tradition acheuléenne de type B, pyrénéen voire ariégeois. C'est au vu de cet assemblage et de la relation avec les phénomènes liés à l'environnement qu'il nous est permis d'annoncer que nous sommes témoins du passage, par une évolution locale du Moustérien de tradition acheuléenne, du Moustérien vers le Paléolithique supérieur.

2. ÉVOLUTION DES FAUNES

La grande faune du Portel Ouest est abondante et variée ; le sondage de quelques mètres carrés réalisé dans le porche d'entrée a permis de recueillir plus de 80 000 restes fauniques dont 12000 déterminables répartis dans 20 couches sur cinq mètres de profondeur (Vézian, 1989 ; Gardeisen, 1994). Les couches F à G sont les plus riches du gisement (fig. 2). Elles ont livré essentiellement du renne, du cheval, et du bison qui témoignent d'une occupation principale du site par l'homme de Neandertal lors d'un épisode froid pouvant correspondre au stade isotopique quatre. Les rongeurs sont présents dans toutes les couches (Marquet *et al*, 1998). Leur étude a révélé des changements climatiques qui ont été corrélés avec les stades isotopiques cinq, quatre, trois, et début du stade deux.

2.1 Listes fauniques

Lors de la fouille, J.Vézian fit les premières déterminations des restes fauniques des grands mammifères avec l'aide de Astre, Bouchud, Pales et Prat. Cette liste faunique n'a subi que très peu de modifications depuis le réexamen de la faune (Gardeisen, 1994 ; Vézian, 2000). La liste des rongeurs a été établie par J.Cl. Marquet (1989, 1993, 1998).

2.1.1 LISTE DE LA FAUNE DE GRANDS MAMMIFÈRES DU PORTEL OUEST

Canidae :	- *Canis lupus* Linné, 1758	Loup
	- *Vulpes vulpes* Linné, 1758	Renard
Ursidae :	- *Ursus spelaeus* Rosenmüller et Heinroth, 1794	Ours des cavernes
Mustelidae :	- *Meles meles* Linné, 1758	Blaireau
	- *Mustela putorius* Linné, 175	Putois
	- *Martes martes* Linné, 1758	Martre
Hyenidae :	- *Crocuta crocuta spelea* Goldfuss, 1832	Hyène des cavernes
Felidae :	- *Panthera (Leo) spelea* Goldfuss. 1810	Lion des cavernes
	- *Lynx lynx* Linné, 1758	Lynx
	- *Felis silvestris* Schreber, 1777	Chat sauvage
Cervidae :	- *Rangifer tarandus* Linné, 1758	Renne
	- *Cervus elaphus* Linné, 1758	Cerf
	- *Capreolus capreolus* Linné, 1758	Chevreuil
	- *Megaceros giganteus* Blumenbach 1803	Mégaceros
Equidae :	- *Equus caballus* cf. germanicus Nehring, 1804	Cheval
Bovidae :		
. Bovinae	- *Bos primigenius* Bojanus 1827	Aurochs
	- *Bison priscus* Bojanus 1827	Bison
. Caprinae	- *Capra caucasica* Pallas, 1783	Bouquetin
. Rupricaprinae	- *Rupicapra rupicapra* Linné,1758	Chamois
Elephantidae :	- *Mammuthus primigenius.* Blumenbach, 1799	Mammouth
Rhinocerotidae :	- *Coelodonta antiquitatis* Blumenbach, 1799	Rhinocéros laineux
Suidae :	- *Sus scrofa* Linné, 1758	Sanglier

2.1.2 LISTE DES MICRO MAMMIFÈRES DU PORTEL OUEST

Marmota marmota	La marmotte
Microtus oeconomus/malei	Le campagnol nordique
Lagurus lagurus	Le lemming gris des steppes
Microtus gregalis	Le campagnol des hauteurs
Microtus arvalis	Le campagnol des champs
Pliomys lenki	Le campagnol de lenke
Microtus agrestis	Le campagnol agreste
Pitymys subterraneus	Le campagnol souterrain
Arvicola terrestris	Le campagnol terrestre
Chionomys nivalis	Le campagnol des neiges
Eliomys quercinus	Le lérot
Clethrionomys glareolus	Le campagnol roussâtre
Apodemus sylvaticus	Le mulot sylvestre

L'ensemble de ces espèces correspond aux standartzones MNQ25 et MNQ26 selon les définitions de C. Guérin (1980, 1982, 1988).

2.2 Paléoécologie

Notre première étude a porté sur les associations des rongeurs que nous avons essayé de corréler avec les associations des grands mammifères (Marquet *et al*, 1998). Cette étude comparative nous a permis soit de conforter soit de nuancer notre compréhension de l'évolution des conditions climatiques et environnementales du remplissage pendant le Würm ancien et l'interstade Würmien (stade isotopique 5 à 3). Plusieurs périodes ont pu être différenciées :

- Une période tempérée (couche L, la plus profonde) avec une majorité de campagnols roussâtres qui recherchent surtout les bois de feuillus, les broussailles, les lisières forestières. Les forêts qu'ils préfèrent sont les forêts de conifères surtout en milieu chaud et sec. Deux datations ont été obtenues au niveau de cette couche sur un plancher stalagmitique discontinu : l'une de 134 000 ans et l'autre de 115 000 ans qui sont proches de l'interglaciaire Eemien que l'on situe généralement entre 127 000 ans et 115 000 ans ; l'absence de macrofaune est peut-être due à la surface fouillée réduite en fond de sondage ou à des conditions de conservation moins favorables.

- Une période d'instabilité climatique (couches K à H) avec des espèces souvent opposées sur le plan climatique et environnemental chez les rongeurs et les herbivores : présence de rongeurs forestiers tempérés (le lérot, le campagnol roussâtre, le mulot sylvestre) et de rongeurs de steppes continentales (le lemming gris des steppes, le campagnol de lenke) de chevreuil qui est abondant, de renne, de cerf, de sanglier, de cheval et de bison qui restent minoritaires. Pendant cette période, des forêts se sont certainement développées pendant des oscillations climatiques favorables. Cependant elles ont pu régresser lors d'épisodes froids et surtout secs qui ont permis l'ouverture du milieu favorable aux rongeurs des steppes et à la venue de troupeaux de rennes, chevaux et bisons dans le Sud–Ouest de la France. Il faut noter dans cet ensemble stratigraphique l'absence du campagnol nordique (sauf dans la couche I), du campagnol des neiges et aussi du chamois. Les carnivores étaient en l'état actuel du sondage les seuls occupants de la grotte.

- Une période froide (couches G à F2) favorable à la venue de grands troupeaux de rennes, chevaux, et bisons au pied des Pyrénées. Le climat refroidit franchement par rapport à la période précédente car le campagnol nordique et le campagnol des neiges apparaissent pour se maintenir jusqu'en haut du remplissage. La descente du chamois à basse altitude va aussi dans ce sens. Les rongeurs d'espaces découverts sont dominants et les rongeurs d'espaces forestiers tempérés disparaissent (sauf un individu dans F2). Cependant des animaux forestiers comme le cerf, le chevreuil, le blaireau, et l'ours témoignent de la persistance de quelques forêts. L'homme de Neandertal occupe dés lors le site et tire partie des ressources naturelles en chassant abondamment le renne, le cheval, le bison mais aussi le cerf, le bouquetin et le chamois. Cette période correspondrait au stade isotopique quatre.

- Une période légèrement moins froide mais surtout plus humide (couches F1 à C) ou la faune non arctique est, dans l'ensemble, la mieux représentée avec notamment la présence d'aurochs dans la couche D. Pendant cette période plusieurs oscillations climatiques ont pu être différenciées avec des épisodes moins froids (couches F1, D)

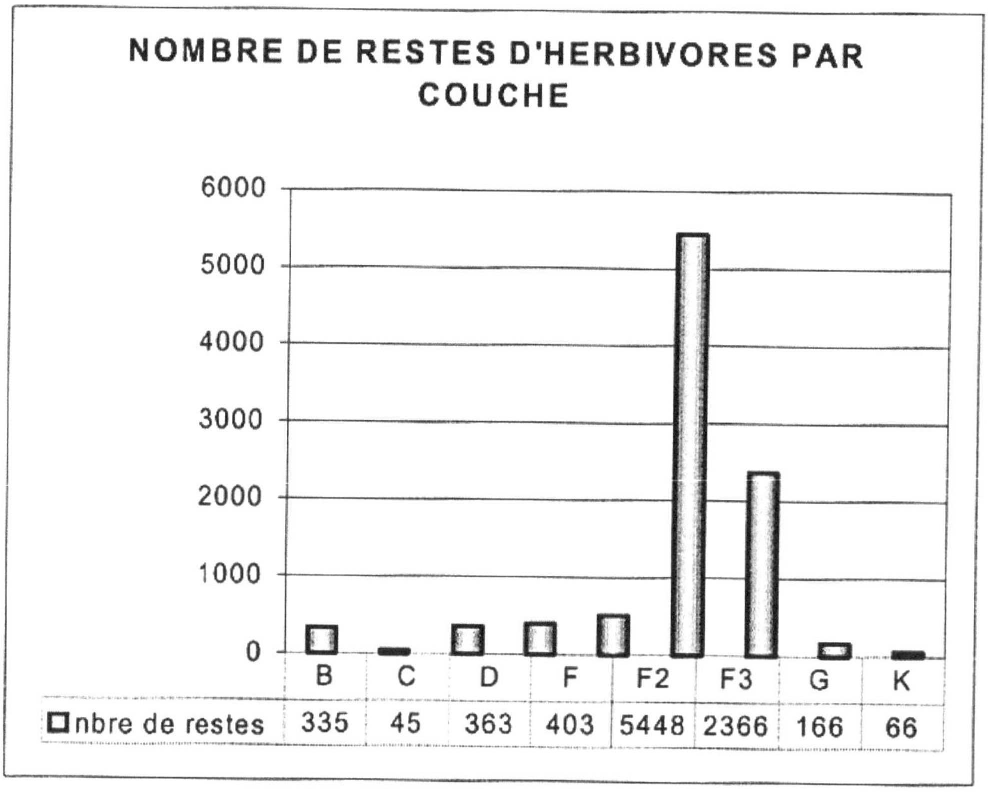

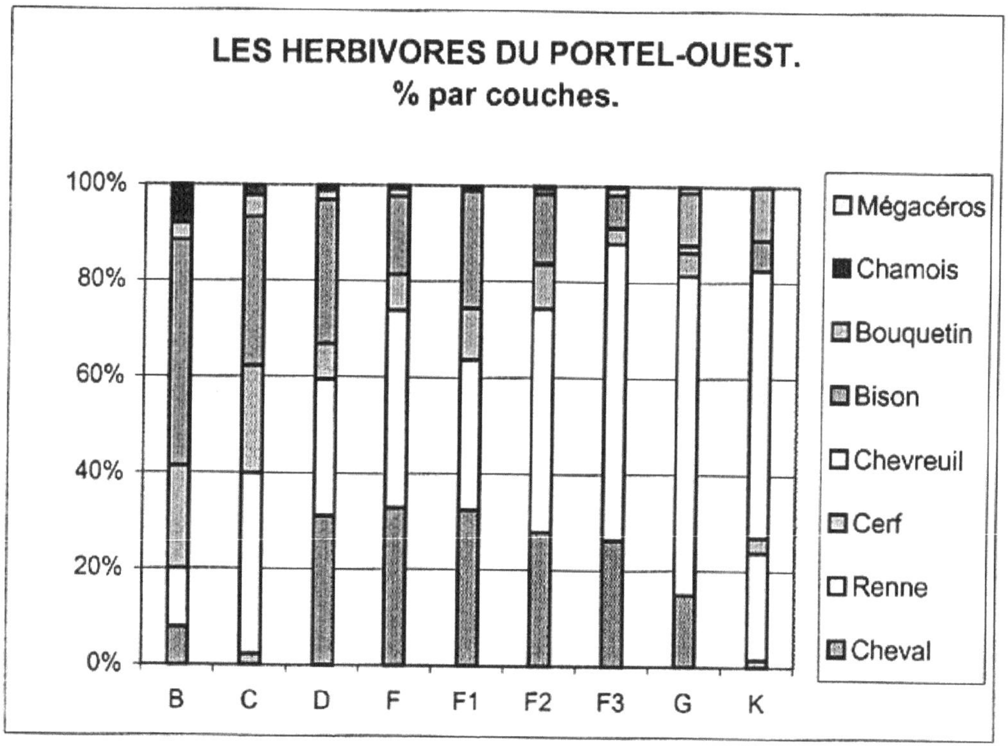

Fig. 2 : Nombre et proportions de restes d'herbivores par couche.

ou plus froids (couches F, D1, et C). Les rongeurs d'espaces découverts diminuent notablement et le renne suit cette tendance ; les rongeurs de bordures d'eaux représentés par le campagnol terrestre augmentent et les rongeurs d'espaces marécageux boréaux (le campagnol nordique) se maintiennent. Les bovinés et le cheval sont alors plus chassés que le renne certainement dans un paysage de type prairie parc plus ou moins ouvert selon les variations climatiques. Notons la présence plus soutenue des carnivores (surtout les hyènes) en alternance avec les hommes. Cette période peut correspondre au stade isotopique trois.

- Une période où le renne et le cheval diminuent au profit des bovinés et du cerf (couches B1, B1a). Dans ces couches, comme dans D, nous avons déterminé quelques restes d'aurochs ; sa présence est significative car il est très marqué écologiquement. Non seulement cet animal a une préférence pour la prairie mais encore il s'alimente en forêts de feuillus, surtout de chênes. C'est donc l'animal typique de la prairie-parc en milieu suffisamment tempéré : à l'époque historique jusqu'au 16ème siècle dans la forêt de Jaktorowka en Pologne (60 km au sud de Varsovie) lors des hivers trop rigoureux la mortalité augmentait beaucoup dans les troupeaux (Degerbol *et al*, 1970). Certains carnivores forestiers comme le lynx le chat sauvage font leur apparition. La réapparition du mulot sylvestre va dans le même sens. L'industrie correspond à du Moustérien «final» qui annoncerait le Châtelperronien. Sur ces éléments nous avons rapproché cette période de l'interstade würmien.

- Une période de retour du froid au sommet selon les rongeurs (couches B) qui peut correspondre au début du stade isotopique deux.

De la base au sommet du remplissage on peut constater des changements climatiques assez importants pendant le Würm ancien que l'on peut corréler avec ceux de Combe Grenal ou du Moustier et les stades isotopiques 5, 4, 3. L'occupation la plus intense du site du Portel Ouest correspond au maximum de froid de la période ; le site devient moins fréquenté pendant la période climatique moins froide et plus humide du sommet. Les animaux de milieu ouvert dans un contexte plutôt froid et sec comme le cheval et le renne diminuent ; cependant le bison se maintient et devient alors avec le cerf le gibier de prédilection de l'homme de Neandertal. Le paysage très ouvert pendant la période froide et sèche du stade quatre évolue vers un paysage de type prairie–parc avec des zones humides. Ces changements climatiques et environnementaux ont eu certainement des conséquences importantes sur les stratégies de subsistances de l'homme de Neandertal.

3. SÉDIMENTOLOGIE

La grotte présente un remplissage de plus de 4,50 mètres, et les caractéristiques granulométriques des couches L à B permettent de regrouper ces niveaux en huit grands ensembles correspondant à autant de cycles sédimentaires (Menzhi, 1994).

- L'ensemble I, comprend les couches K et J, caractérisé par la prédominance de la fraction limono-argileuse.
- L'ensemble II, regroupe les couches J, H, G et les couches F, avec une prépondérance en fraction grossière.
- L'ensemble III correspond à la couche E, niveau stérile essentiellement limono-argileux.
- L'ensemble IV avec les couches D et C, s'enrichît notablement en sables.

Enfin la couche B, épaisse, présente des faciès différents qui permettent de distinguer :

- Les ensembles V et VII caractérisés par une forte présence de fraction grossière,
- Et les ensembles VI et VIII qui correspondent à une augmentation de la fraction limono-argileuse.

Du point de vue paléoclimatique, on peut identifier trois grands maxima de froid, associés à des oscillations mineures.

L'ensemble II correspond au premier maximum de froid, avec une proportion importante de blocs de calcaire effondrés, emballés dans une matrice limono-argileuse.

L'ensemble V montre le deuxième maximum de froid, avec également de gros blocs effondrés, qui ont subi une dissolution par la suite, enrichissant le niveau en fraction fine.

L'ensemble VII correspond au troisième maximum de froid, avec un taux très important de blocs et cailloux.

Des variations mineures s'observent dans les autres ensembles :

- L'ensemble I présente un schéma dynamique classique avec des apports autochtones par effondrement gravitaire de la paroi et allochtones par ruissellement pelliculaire. Ainsi deux variations mineures froides sont suivies de deux périodes plus humides, caractérisées par un enrichissement en argiles.
- L'ensemble III qui est constitué de la couche E est très riche en fraction fine (sables fins et limons), ce qui laisse supposer l'existence d'une phase climatique très humide, où la grotte a pu être abandonnée.
- L'ensemble IV contient un fort pourcentage de limons, et la plus forte proportion en sables de tout le remplissage laissent supposer un ruissellement pelliculaire, donc des conditions humides.

- L'ensemble VI témoigne d'un climat humide, qui s'accompagne d'une augmentation du pourcentage des limons.
- Enfin l'ensemble VIII connaît deux variations mineures de froid, entre lesquelles s'intercale une phase humide caractérisée par un fort pourcentage d'argiles.

Ainsi la sédimentologie révèle une humidité très marquée au Portel-ouest, même pendant les périodes froides.
Il semble dès lors que les couches plus directement concernées par cette présentation de résultats (ensemble IV : D, C et Csup) s'individualisent par une modification des apports de sédiments qui s'enrichissent en sables.

4. CONCLUSIONS

Au vu des différents aspects traités par l'étude entreprise dans le cadre du programme, il est possible de présenter des conclusions relatives aux couches concernées par cette démonstration.
La totalité des études effectuées à propos du Portel Ouest tendent à montrer qu'il existe bel et bien une limite claire entre deux phases d'occupation soit : une occupation moustérienne principale concernant la majorité des couches inférieures, couches G à C, et une occupation moustérienne menant vers le Paléolithique supérieur dans les couches supérieures Csup à A. Le passage depuis les stades isotopiques 6, 5 et 4 vers le stade isotopique 3 et un adoucissement du climat semblent avoir joué en faveur de l'apparition de nouvelles caractéristiques culturelles intimement liées aux modifications paléoécologiques.
La transition climatique qui s'annonce dans la couche D est marquée tant du point de vue faunistique que sédimentologique ou palynologique par une modification paléoécologique.
En effet la modification des apports de sédiments plus sableux, résultat d'un ruissellement pelliculaire dans l'ensemble sédimentologique IV, reflète une augmentation de l'humidité qui est toutefois toujours bien marquée dans l'ensemble des niveaux.
Une transition moins marquée s'observe en revanche dans les cortèges polliniques où seule la couche C montre une évolution avec un couvert arboré faible qui devient presque nul et un paysage franchement ouvert dans les couches supérieures.
Les faunes, bien représentées dans toutes les couches, transcrivent effectivement une ouverture du paysage dans les couches B1 et B1a. Ces dernières traduisent, dans les couches F1 à C, un certain réchauffement du climat accompagné d'une augmentation de l'humidité. Le marqueur, pour la grande faune, semble être l'aurochs qui se retrouvait, jusque dans les périodes historiques, dans un milieu de forêt-parc en milieu tempéré.
La modification de l'écologie des hommes de Neandertal d'Ariège s'accompagne d'une modification progressive des pratiques techniques et des habitudes culturelles de ces derniers. La transition est tout d'abord marquée par l'apparition d'outils denticulés accompagnés d'éclats Levallois dans la couche D. Le changement techno-culturel se traduit par l'apparition d'un débitage important de lames Levallois et la création de bifaces dans les couches C et Csup. La recherche de matières premières se transforme également avec un allongement des routes d'acquisition de matières premières (112 km au maximum). La modification depuis une trame de Moustérien de type Portel dans ces couches semble en effet marquer une évolution du Paléolithique moyen vers une timide apparition de cultures assimilables à celles du Paléolithique supérieur.

Il apparaît donc que : lors d'une phase de radoucissement du climat malgré un environnement ouvert et une augmentation de l'humidité, les néandertaliens du Portel ont adapté, voire modifié leurs comportement et habitudes. Ceci se traduit par une modification de l'outillage et de l'assemblage lithique répondant à une modification du paysage. Elle ouvre l'accès à de nouvelles sources de matières premières, donne l'accès à de nouvelles espèces représentées dans le cortège faunique aux habitants de cette grotte. Enfin, elle leur demande d'adapter leurs us et coutumes à cette «fin du monde» marquée par un réchauffement de la planète qui n'est en fait que l'annonce de la plus importante période froide (stade isotopique 2) qui était toujours à venir.

BIBLIOGRAPHIE

ALIBERT A.F. (1984) - L'industrie lithique moustérienne de la couche F2 de la grotte du Portel (Ouest) (Loubens, Ariège), *Mémoire de Maîtrise*, Univ. Paul Valéry, Montpellier III.

BÉRARD O. (1984) - Contribution à l'étude de l'outillage moustérien des couches F2 et F3 de la grotte du Portel. *D.E.A.*, Univ. P. Valéry Montpellier II.

BERTRAND B. (1999) - Les restes humains moustériens des grottes du Portel, entrée Ouest, Loubens (Ariège). *D.E.A.* du Muséum National d'Histoire Naturelle.

BISMUTH T. (1985) - Contribution à l'étude de l'industrie lithique moustérienne de la couche F3 de la grotte du Portel (Loubens, Ariège), *Mémoire de Maîtrise*, Univ. Paul Valéry, Montpellier III.

BORDES F. (1964) - Moustérien à denticulés, *Archeoloski Vestnik, acta archaeologica*, Ljubljana, 13-14, p. 43-49

DAVID P. (1951) - Compte rendu des travaux effectués en 1949-1950 à la Chaise, commune de Vouthon (grotte Suhard, moustérien ancien), *Bull. de la soc. archéologique et historique de la Charente*, t. à p., 4 p.

DEGUILLAUME S. (1994) - Analyse spatiale des niveaux archéologiques de la grotte du Portel Ouest (Ariège). *Thèse* du Muséum national d'histoire naturelle.

DJERRAB A. (1996) - Étude de la variation de la susceptibilité magnétique dans la grotte du Portel Ouest (Loubens, Ariège), *D.E.A.*, Univ. de Perpignan.

DEGERBOL M. AND FREDSSKILL B. (1970) - *The Urus (Bos primigenius Bojanus) and Neolithic Domesticated cattle (Bos taurus domesticus Linné) in Denmark* , 1, p. 1- 234.

EL FOUIKAR GARDEISEN A. (1994) - Double approche taphonomique et biochimique de la conservation osseuse dans le Pléistocène supérieur de la grotte Ouest du Portel (Ariège, France). *Quaternaire*, 5 (1), p. 3-11.

GARDEISEN A. (1994) - Restes fauniques et stratégies de chasse dans le Pléistocène supérieur de la grotte du Portel Ouest (Ariège, France), *Thèse de doctorat*, Univ. Paul Valéry, Montpellier III.

GARDEISEN A. (1988) - La faune de la grotte Ouest du Portel : premiers résultats. *Bull. Soc. Préhist. Fr.*, 85 (9), p. 275-276.

GARDEISEN A. (1996) - Analyse de quelques critères de conservation des ossements fossiles l'exemple du Portel ouest (Ariège, France). *Archaeozoologia*, 8 (1/2), p. 141-146.

GARDEISEN A. (1997) - La grotte Ouest du Portel, Ariège, France : Restes fauniques et stratégies de chasse dans le Pléistocène supérieur pyrénéen. *BAR, International Series, S673*, p. 1-352.

GRÉGOIRE S. (2000) - Origine des matières des industries lithiques du Paléolithique pyrénéen et méditerranéen. Contribution à la connaissance des aires de circulation humaine. *Thèse de doctorat*, Univ. de Perpignan.

GRUSELLE J.L. (1993) - Les restes humains moustériens de la grotte du Portel, entrée Ouest, Loubens (Ariège). *D.E.A.* du Muséum National d'Histoire Naturelle.

GUADELLI J.L. (1987) - Contribution à l'étude des zoocénoses préhistoriques en Aquitaine (Würm ancien et interstade wurmien). *Thèse*, Univ. de Bordeaux.

JAUBERT J. et BISMUTH T. (1996) - Le Paléolithique moyen des Pyrénées centrales : esquisse d'un schéma chronologique et économique dans la perspective d'une étude comparative avec les documents ibériques, *actes du 118ième cong. national des soc. historiques et scientifiques*, sous la direction de H. Delporte et J. Clottes, Ed. 1993, p. 9-26.

LE GUILLOU Y. VEZIAN J. VEZIAN R., PRINCE G. et DEGUILLAUME S. (1998) - Grotte du Portel Ouest à Loubens (Ariège), *Rapport de sauvetage*, n° 60/98.

LUMLEY M.A. (de) (1976) - Les Néandertaliens dans le Midi méditerranéen, *La Préhistoire française, les civilisations Paléolithiques et Mésolithiques de la France*, 1, p. 567-577.

MARQUET J.C. (1989) - Paléoenvironnement et chronologie des sites du domaine atlantique français d'âge Pléistocène moyen et supérieur d'après l'étude des rongeurs. *Thèse de doctorat d'Etat es Sciences Naturelles*, Univ. de Bourgogne.

MARQUET J.C. (1993) - Paléoenvironnements et chronologie des sites du domaine atlantique français d'âge pléistocène moyen et supérieur d'après l'étude des rongeurs. *Tours, Indre et Loire, 1993*. 1, p. 1-346.

MENZHI M. (1994) - Étude stratigraphique, sédimentologique et micromorphologique des remplissages du Pléistocène supérieur de la grotte du Portel (Ariège) et de la grotte Tournal (Aude), *Thèse* du Muséum National d'Histoire Naturelle.

PRINCE G. (1996) - Les industries en quartz de la grotte du Portel Ouest (Loubens, Ariège), étude préliminaire de l'industrie de la couche F2, *D.E.A.* du Muséum National d'Histoire Naturelle et de l'Institut de Paléontologie Humaine.

PRINCE G. (1997) - Les industries de la grotte du Portel Ouest (Loubens, Ariège), étude préliminaire de l'industrie de la couche F2, *D.E.A.*, Univ. de Perpignan.

PRINCE G. (2000a) - Note sur la présence de fibres d'origine végétale sur un outil du Paléolithique moyen provenant de la grotte du Portel Ouest, commune de Loubens (Ariège, France), *Bull. soc. préhist. fr.* 97 (3), p. 479-480

PRINCE G. (2000b) - Contribution à l'étude des industries du Portel Ouest, Commune de Loubens, Ariège, France. Étude techno-typologique des industries moustériennes, *Thèse*, Univ. de Perpignan.

RENAULT-MISKOVSKY J. et GIRARD M. (1998) - Palynologie des grottes de Montmaurin (Haute-Garonne) et du versant nord pyrénéen. Corrélations inter séquentielles du Pléistocène moyen à l'Holocène. *Quaternaire*, 9 (3), p. 185-201.

REY J. (1964) - Observations sur le revêtement nord du Massif de l'Arize entre Rimont et Labastide-de-Sérou (Ariège). *Bull. Soc. d'Histoire Naturelle (Toulouse)*, 99 (1-2), p. 205-228.

SIMONNET R. (1979) - Carte des gîtes à silex des Pré-Pyrénées, *Cong. préhist. de France*, Session 20, Montauban, 1, p. 308-323.

SORESSI M. (1999) - Variabilité technologique au Moustérien, analyse comparée du débitage Levallois MTA A du Moustier (Dordogne, France), *Paléo*, 11, p. 111-134.

TESSEIDRE V. (1985) - Contribution à l'étude de l'industrie moustérienne de la grotte du Portel (Loubens, Ariège), *D.E.A.*, Univ. Paul Valéry, Montpellier III.

VERJUX C. (1988) - Les denticulés moustériens. *L'homme de Néandertal*. 4, p. 197-204

VEZIAN J. (1952-53) - Le gisement moustérien du Portel. *Bull. Soc. Méridionale de Spéléologie et Préhistoire*, 5, p. 211-217.

VEZIAN J. (1964) - Fouilles à l'entrée Ouest de la grotte du Portel. *Bull. Soc. Méridionale de Spéléologie et Préhistoire*, 11, p. 4-10.

VEZIAN J. (1972) - Fouilles à l'entrée Ouest de la grotte du Portel. *Bull. Soc. d'Etudes et de Recherches Préhistoriques les Eyzies*. 21, p. 88-102.

VEZIAN J. (1989a) - Le Moustérien et le Châtelperronien dans le haut bassin de la Garonne et de l'Ariège. *L'homme de Neandertal*, 8, p. 251-256.

VEZIAN J. (1989b) - Les fouilles à l'entrée du Portel Ouest. *Bull. Soc. Préhist. d'Ariège*. 44, p. 225-261.

VEZIAN R., MARQUET J.C. et GARDEISEN A. (1998) - Associations fauniques et paléoenvironnements sur la frange septentrionale des Pyrénées Ariégeoises au Würm ancien, *Quaternaire*, 9 (4), p. 303-314.

L'HOMME MODERNE EN EURASIE

Marcel OTTE (*)

RÉSUMÉ

En Europe, l'Homme Moderne apparaît brusquement et associé à une culture nouvelle, l'Aurignacien (Mladeč, Vogelherd, Cro-Magnon). Cependant, des phénomènes transitionnels existent, interprétés par certains comme des acculturations, par d'autres comme des évolutions internes au Moustérien précédent (Châtelperronien, Pointes Foliacées, Streletskien). Certains théoriciens utilisent la biochimie des populations actuelles pour proposer une origine africaine à ce mouvement. En l'absence de données archéologiques convaincantes, nous rejetons cette hypothèse. Par contre, de nombreux indices plaident en faveur d'une origine asiatique, le long de la voie des steppes, largement ouvertes.

ABSTRACT

In Europe, Modern Humans appeared abruptly and associated with a new culture, the Aurignacian (Mladeč, Vogelherd, Cro-Magnon). However, transitional phenomena existed, interpreted by some as resulting from acculturation, by others as internal development of the preceding Mousterian (Châtelperronian, foliate point industries, Streletskian). Certain theorists use the biochemistry of modern populations to propose an African origin for this movement. In the absence of convincing archaeological data, we reject this hypothesis. In contrast, numerous indices plead in favour of an Asian origin, along the length of the largely open steppes.

1. INTRODUCTION : L'HOMME MODERNE

La «modernisation» de l'humanité s'accomplit *via* les activités d'ordre culturel. Vers 3 millions d'années, il semble que le comportement de type humain s'impose progressivement comme facteur évolutif. L'ensemble des relations sociales codifiées (techniques, chasse, habitat) se répercutent dans le domaine anatomique sous forme de «tendance» à la modernité, spécialement dans l'enveloppe crânienne. Dans cette perspective, la modernisation humaine s'est enclenchée au moins dès *Homo habilis*, peut-être plus tôt.

L'apparition d'une «culture», extérieure à l'anatomie, enclenche ce processus, actif partout et toujours, selon toutefois des rythmes différents en fonction des lieux et des conditions démographiques. Ainsi, les «Hommes Modernes» actuels se ressemblent, non parce qu'ils proviendraient d'une souche commune récente (l'illusion de l'Ève africaine), mais parce qu'ils ont suivi des processus de transformation analogues au fil de temps différents et, d'ailleurs, toujours en cours actuellement. L'existence universelle de la culture dans toute société humaine suscite de tels phénomènes de convergences morphologiques : tendances au retrait de la face, à la montée du crâne, au lissage des bourrelets osseux des orbites ou de la nuque. En d'autres termes, c'est la culture qui nous détermine, qui nous façonne, qui nous «sélectionne». L'évolution biologique suit et reproduit cette tendance, en y conformant la structure anatomique, directement évidente en paléontologie.

2. L'EUROPE

Dans cette évolution, la situation européenne est particulière, car il s'agit d'un isolat géographique où les populations néandertaliennes, formées sur place, échappaient à cette tendance générale. Ce sont donc les deux masses territoriales, asiatique et africaine, qui ont fourni les plus puissants milieux novateurs en termes anatomiques et culturels, car les populations y étaient denses et non limitées par l'espace. Ces «expériences» se sont ensuite diffusées aux péninsules continentales, telles l'Europe mais aussi l'Indonésie, où les substrats *erectus* équivalent à nos européens archaïques. Partout ailleurs, l'humanité a suivi cette tendance générale, et il n'est donc pas nécessaire d'en trouver un «foyer» originel, ni en Afrique, ni ailleurs. Logiquement toutefois, c'est bien davantage l'Asie, par sa continuité continentale, qui nous a peuplé en différentes phases, dès que l'augmentation démographique locale le provoquait.

Bien que totalement humains, les Néandertaliens d'Europe (fig. 1) ne connurent donc pas la même «histoire» que l'humanité moderne : à capacités égales, leurs connaissances n'équivalaient pas à celles des Cro-Magnon. Or, les peuples se mesurent en termes de réalisations, non de potentialités.

Cette «cassure» marquée à la fois dans le corps et dans l'esprit, se manifeste donc d'autant plus nettement à l'extrême ouest. Des populations aux histoires différentes se superposent brutalement dans le même espace géographique. Cette confrontation a fait naître, aux premiers temps de la science préhistorique, le mythe de l'homme–singe (Pithécanthrope) et de l'homme–sage (moderne), opportunément récupéré dans la métaphysique populaire au moment même où les

(*)Université de Liège - Service de préhistoire - 7 Place du 20 Août - Bât A1 - 4000 LIEGE

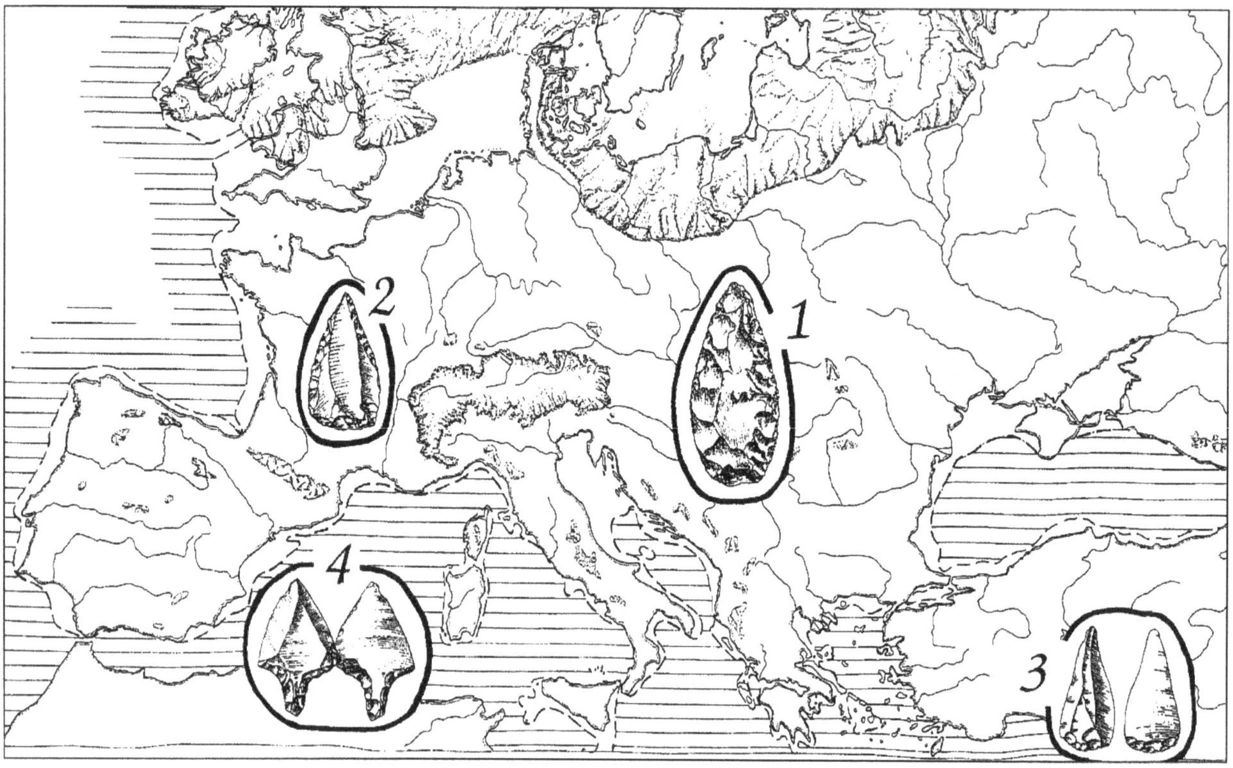

Fig. 1 : Les traditions moustériennes se manifestent au travers de procédés «stylistiques» secondaires, comme l'emmanchement. Elles montrent l'existence de populations distinctes aux coutumes déjà spécialisées.

mythes bibliques étaient mis à mal par la théorie de l'évolution. En Préhistoire, plus encore que dans d'autres sciences, on ne voit que ce que l'on cherche et ce qui prend sens en une situation historique particulière.

3. L'EUROPE MODERNE

Une migration tardive et brutale apporte donc une humanité nouvelle en Europe (fig. 2).

Sa technologie novatrice est directement perceptible aux archéologues, témoin d'autres comportements et de nouvelles valeurs. Par exemple, l'outillage en matières osseuses illustre une relation inédite au monde animal et à la nature. Durant des centaines de millénaires, la chasse était menée grâce aux instruments de bois, façonnés à la pierre. Brusquement, ce rapport aux matériaux s'inverse : l'animal est abattu par ses propres défenses naturelles. Ce bouleversement de nature métaphysique place la pensée de l'homme dans une situation toute différentes vis-à-vis de la nature, qu'il cherche à dominer par ses propres armes d'une façon «sacrilège».

Chez nous, ce phénomène fondamental précède la migration et, probablement, la suscite : doté de nouvelles certitudes, l'humanité affronte de nouveaux défis, telle l'expansion territoriale, et la migration vers l'ouest. Lorsque les populations d'Hommes Modernes pénètrent en Europe, elles ont déjà franchi le pas symbolique en brisant le lien qui les unissait à la nature. Davantage donc que des populations distinctes en présence, ce furent deux conceptions du monde qui s'affrontèrent (fig. 3 et 4). Nous ne savons rien d'éventuels conflits physiques ayant opposé Néandertaliens et Cro-Magnons, mais nous savons qu'en tout cas, deux conceptions du monde s'opposèrent.

Dans l'extrême ouest européen, où les Néandertaliens se concentrent, les flux migratoires modernes aboutissent aux remises en causes des systèmes de valeurs, aux manières de penser, aux relations sociales. Les conceptions générales du monde s'effondrent, comme celles des Eskimos, des Indiens ou des Aborigènes, mis en contact avec les Européens. Il ne s'agit pas d'exterminations physiques mais, bien plus profondément, de leur propre justification à l'existence qui passait par une pensée collective, admise, instituée et transmise comme valeur référentielle. Ces processus d'opposition sont très complexes et surtout mal connus, y compris dans les sociétés récentes ou contemporaines. L'opposition entre deux conceptions de l'univers et entre deux justifications collectives, a suscité la nécessité de marquer le territoire, d'y exprimer cette valeur référentielle, en termes de symboles et de mythes. Ainsi, furent créées les images mobilières (statuettes) (fig. 5) ou pariétales (dans les grottes). C'est donc l'appel à l'expression métaphysique qui fut aux origines des «arts» plastique européens.

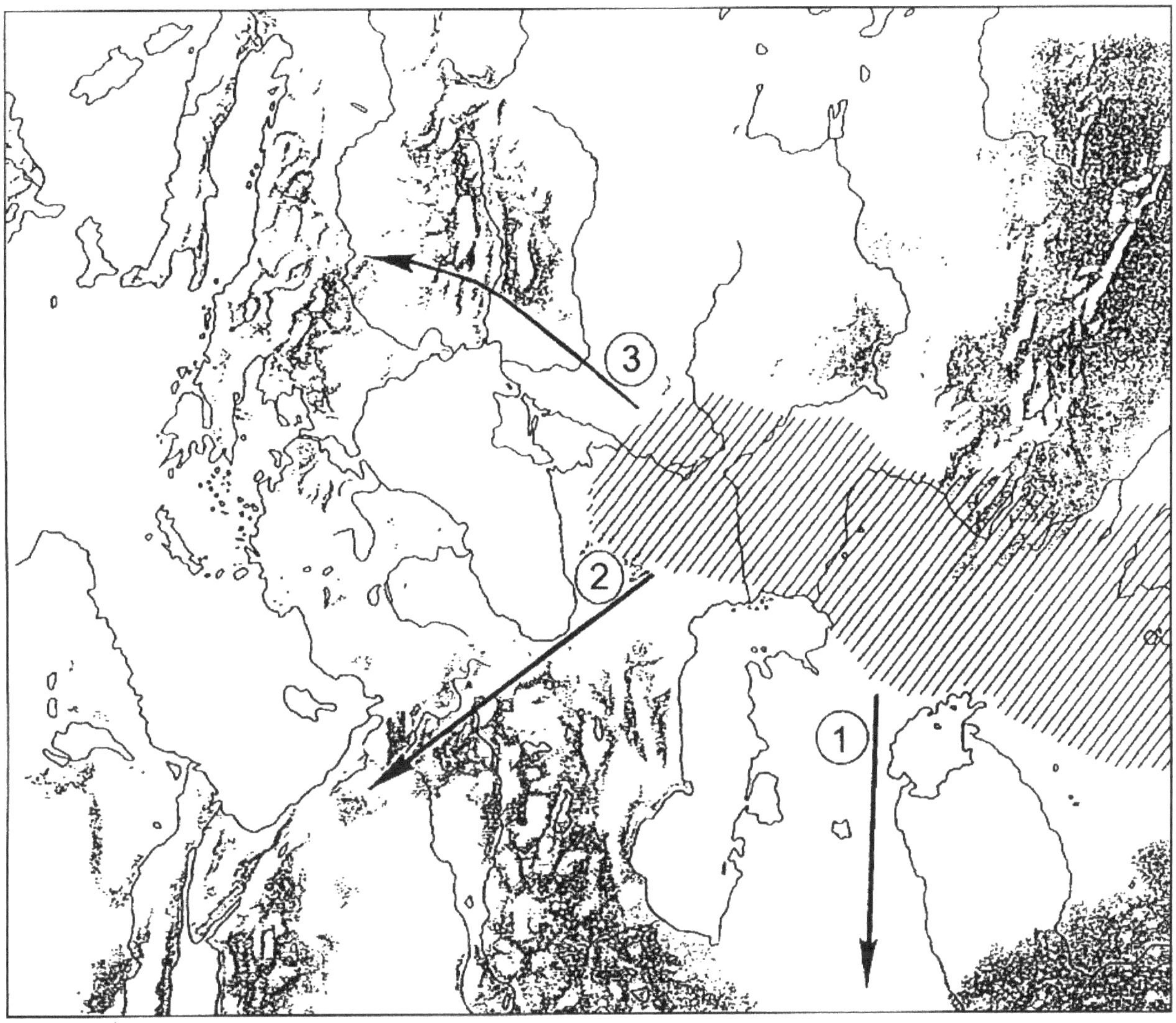

Fig. 2. L'origine apparente la plus probable aujourd'hui pour la culture aurignacienne portée par l'Homme Moderne, se situe en Asie centrale. De cette aire originelle, se seraient diffusées diverses migrations, dont vers l'Europe et le Proche Orient.

Il s'agissait d'exprimer et de matérialiser des conceptions jusque là restées abstraites, dans la tradition orale. En les matérialisant plastiquement, elles gagnaient en réalité et en pérennité. Ce sont donc les images qui, progressivement, prirent la place des mythes dans l'activité spirituelle et qui, ainsi amorcèrent leur propre «histoire». D'une manière à mes yeux très significative, il n'y a pas d'expressions artistique pariétale en Europe centrale et orientale, où pourtant les Hommes Modernes ont connu le même trouble. Il s'agit surtout d'un phénomène de marges, limité aux extrémités continentales, là où l'expansion s'essouffle et où elle se confronte, définitivement, aux occupants précédents.

4. L'ART DÉBUTE

L'histoire des formes plastiques ainsi enclenchée, poursuit dès lors sa propre évolution. Comme une histoire des techniques ou de l'habitat, il y aura désormais une «histoire de l'art» suivant sa propre logique évolutive. Les formes initialement conçues vont être modifiées en fonction même des nouvelles impressions qu'elles suscitent; elles engendrent alors de nouvelles formes exclusivement suivant des règles plastiques.

Cependant, cette évolution se limite au sud-ouest européen. Ce processus est complexe et reste largement inexpliqué : il est à la fois d'ordre spirituel, technique et plastique. Les «inventions» correspondent à des idées nouvelles mises en adéquation avec un milieu favorable, donc réceptif. Elles se superposent les unes aux autres au fil du temps et provoquent en retour une trans-formation de l'esprit. Un effet rétroactif est alors enclenché : les idées s'expriment en termes technologiques et influencent la société qui les intègre. Ainsi, les Néandertaliens n'étaient donc pas moins spiritualisés que les Hommes Modernes : ils disposent apparemment des mêmes capacités, mais ne nous ont pas laissé les mêmes réalisations : c'est un fait historique, non plus biologique. Dans ce sens, les deux humanités n'étaient donc pas équivalentes,

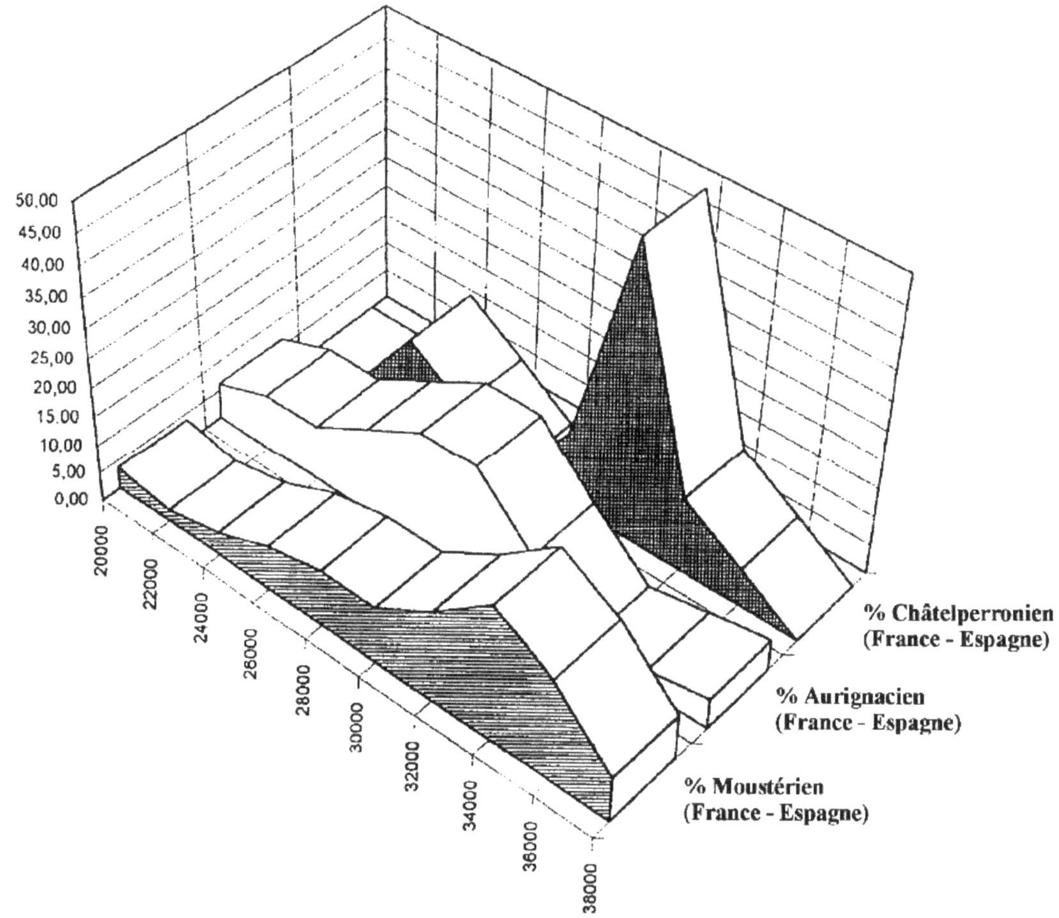

Fig. 3. Les datations ^{14}C accumulés pour les trois groupes culturels ouvrent la possibilité d'un contact entre les Hommes Modernes (ici, «Aurignacien») et les Néandertaliens (ici, «Moustérien»). Le Châtelperronien, de durée éphémère, a pu prendre naissance par acculturation, à l'issue de ce contact.

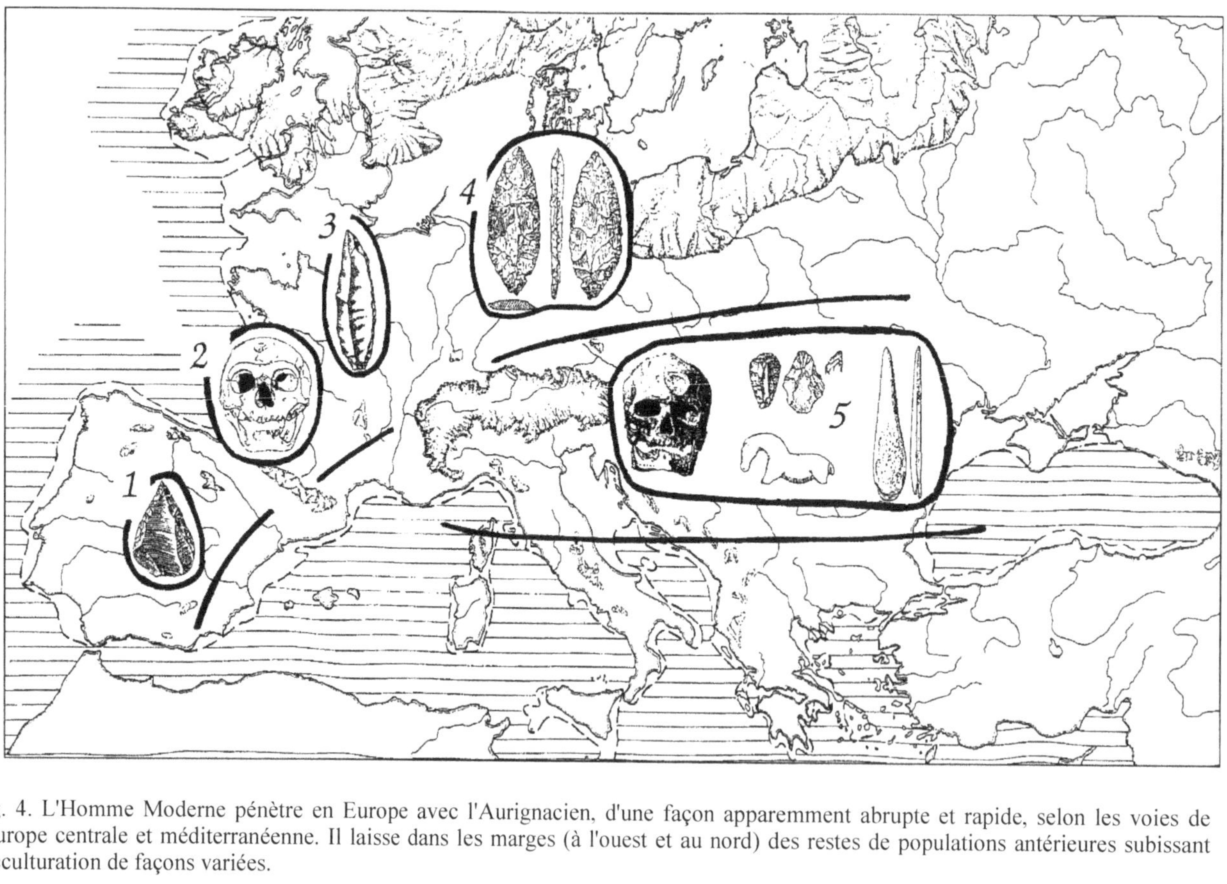

Fig. 4. L'Homme Moderne pénètre en Europe avec l'Aurignacien, d'une façon apparemment abrupte et rapide, selon les voies de l'Europe centrale et méditerranéenne. Il laisse dans les marges (à l'ouest et au nord) des restes de populations antérieures subissant l'acculturation de façons variées.

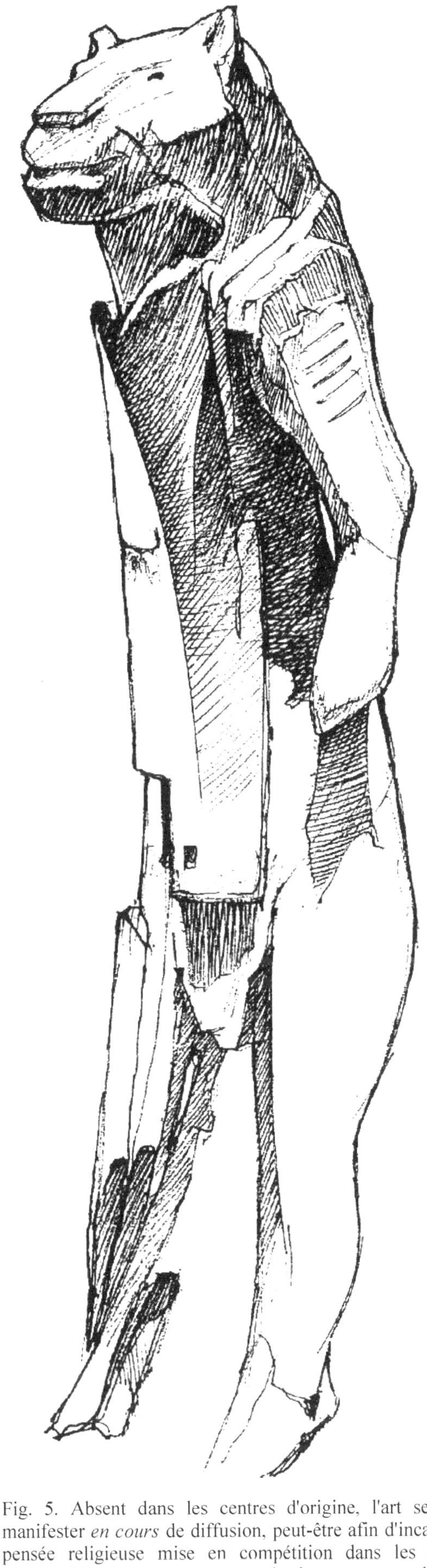

Fig. 5. Absent dans les centres d'origine, l'art semble se manifester *en cours* de diffusion, peut-être afin d'incarner une pensée religieuse mise en compétition dans les aires de contact. L'art porte un message plastique nouveau, durable et ostentatoire qui, désormais, possède sa propre évolution.

car l'archéologie nous révèle ce qui fut fait, non ce qui aurait pu être fait.

5. LES SPIRITUALITÉS OPPOSÉES

Dès les Néandertaliens, les sépultures dites «moustériennes» démontrent l'existence de considérations métaphysiques. La preuve est alors apportée d'une intention de distinguer le destin de l'homme de celui de l'animal. Désormais, le défunt ne subira pas les dégradations réservées aux animaux, consommés ou charognés. Par ailleurs, le développe-ment des techniques artisanales et des méthodes de chasse implique la prévision des gestes coordonnés, réalisés en séquences prédictives, enseignées comme telles. Il s'agit dès alors de traditions aux valeurs codées, se distinguant d'un groupe à l'autre comme système comportemental référentiel. L'appréhension prévisionnelle du monde permit une forme d'emprise sur l'environnement, *via* la technologie, le feu, l'abattage des animaux. Il existait donc, dès les Néandertaliens, une explication du monde, donnant une emprise par la conscience. En parallèle, fonctionnait alors un autre système de pensée expliquant les phénomènes naturels sur lesquels l'homme n'avait pas d'emprise : attitudes animales, phénomènes saisonniers, déplacements des astres, par exemple. Les deux explications devaient fonctionner symétriquement : société humaine et phénomènes naturels étaient mis en concordance d'une façon harmonieuse et unique, comme dans toute société traditionnelle.

Dès qu'il y eut manifestation de la conscience, par exemple par la technologie, il devait y avoir, dès les Néandertaliens, une explication des autres mécanismes sur lesquels la conscience n'avait pas de prise. Une explication équilibrée devait justifier l'un et l'autre domaines. Ce fonctionnement est d'ailleurs propre à l'esprit humain en tout temps : ce que l'on ne sait pas *peut* être expliqué et reste explicable. En ce sens, l'attitude collective n'a guère changé entre la religion au Moyen Âge et la science aujourd'hui.

La conscience et le langage existaient donc bien chez les Néandertaliens, comme chez les Hommes Modernes; leurs messages symboliques y étaient toutefois très différents. Après des centaines de milliers d'années d'évolution autonome, les deux populations se trouvaient soudain en contact. Cette confrontation engendre dès lors de nouvelles explications, rendant compte précisément de ces différences mises en confrontation. De nouvelles explications du monde s'avérèrent nécessaires pour rencontrer ces différences. Le contact fut sûrement traumatisant, sur l'ensemble des populations, et fut à l'origine des créations spirituelles ultérieures du Paléolithique supérieur (civilisation gravettienne) (fig. 6).

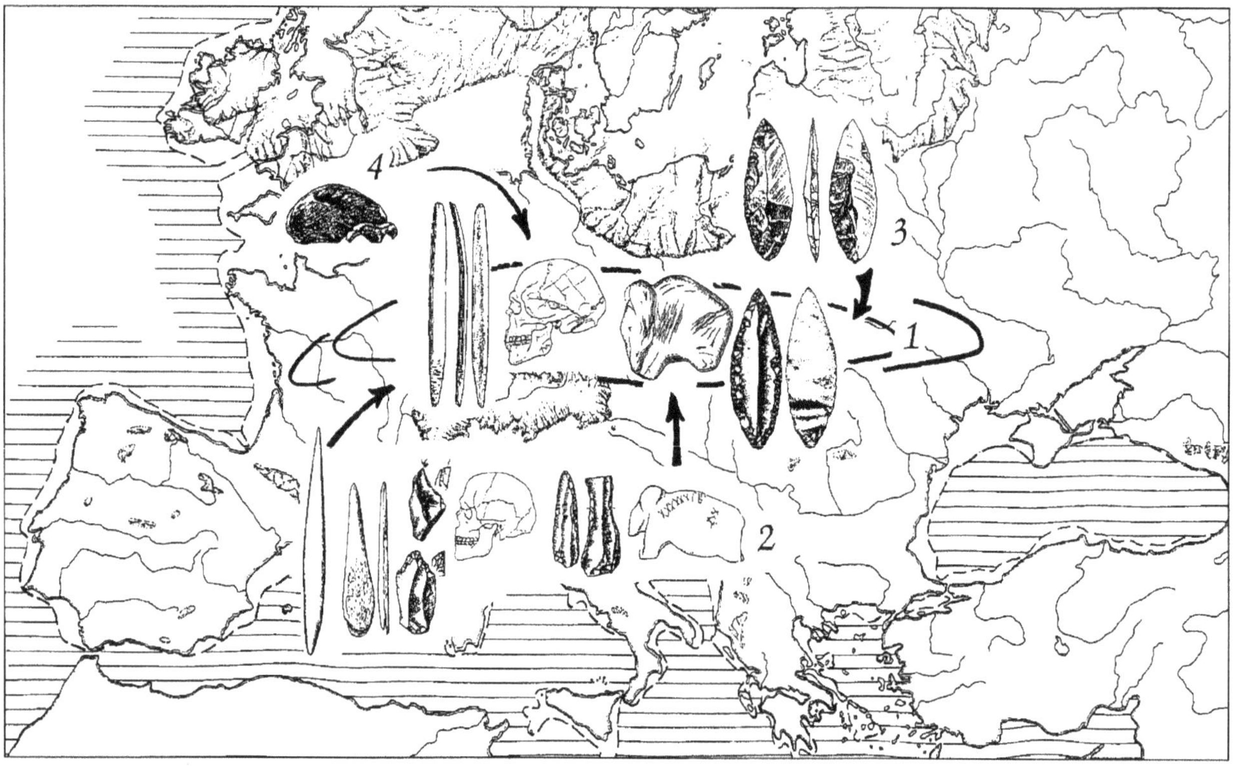

Fig. 6. En phase finale de cette expansion «moderne», il semble que le Gravettien d'Europe centrale (n° 1) soit issu d'une acculturation (voire d'un métissage) entre l'Aurignacien (n° 2) et les derniers Néandertaliens septentrionaux (n° 4) représentés par les cultures aux pointes foliacées (n° 3), dont les traces subsistent au «Paléolithique supérieur moyen».

Ce scénario, applicable à l'Europe occidentale, ne peut pas être transposé tel quel ailleurs. L'esprit humain est si riche et si complexe, qu'il peut innover de toute autre manière dans une situation différente. D'ailleurs, ce «modèle» doit être revu au fil des nouvelles découvertes. Celles-ci cependant ne peuvent suffire en elles-mêmes à justifier la démarche scientifique. Si éphémère qu'elle puisse être, l'explication des faits historiques constitue une des nécessités intellectuelles sur lesquelles notre science se fonde.

TRANSFORMATIONS DU MILIEU ET ADAPTATIONS HUMAINES DU TARDIGLACIAIRE À L'HOLOCÈNE : LES STRATIGRAPHIES PYRÉNÉENNES

Christine HEINZ (*)

RÉSUMÉ

La complexité et la diversité des paléoenvironnements à la fin des temps glaciaires, dans les Pyrénées centrales sont manifestes. Cela tient à l'existence, pour les quinze derniers millénaires, de profonds changements climatiques qui ont bouleversé les écosystèmes animal et végétal. Un des axes de recherche du programme repose sur la caractérisation de ces écosystèmes et leur évolution en fonction des facteurs climatiques. L'étude pluridisciplinaire de longues séquences stratigraphiques permet de mettre au jour plusieurs types d'assemblages paléoécologiques, ce qui est tout à fait fondamental et permettra par la suite l'émergence de modèles interprétatifs synthétiques.

Deux stratigraphies de référence du piémont pyrénéen sont considérées ici afin de saisir sur près de 6000 ans, l'évolution des paléoenvironnements : la grotte-abri du Moulin ou Troubat (Hautes-Pyrénées), et l'abri de Buholoup (Haute-Garonne) en contexte biogéographique collinéen (fig. 1) (Barbaza, 1988, Barbaza *et al.*, 1999). Concernant les dynamiques de végétation enregistrées par l'anthracologie, une première synthèse pour les 15 derniers millénaires en domaine pyrénéen est dès lors établie.

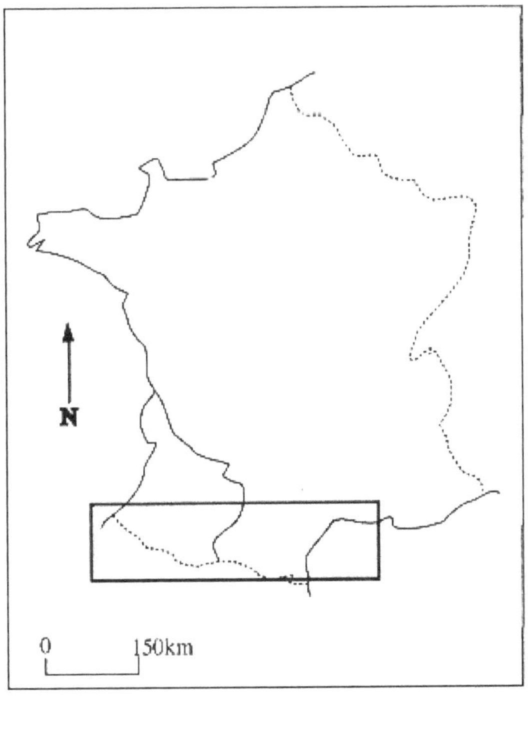

Fig. 1a : situation géographique des sites de Troubat et de Buholoup

ABSTRACT

It is clear that complex and diverse palaeoenvironmental conditions have characterized the end of the Glacial period in the central Pyrenées. During the fifteen last millenia, important climatic changes led to transformations in the entire ecosystem. Our research program aims to characterize these ecosystems and their evolution as a result of climati-cally induced events. The multidisciplinary study of long stratigraphic sequences allows us to recognise different palaeoecological assemblages. Synthetic interpretative models will be based on these results.

The archaeological work carried out at the cave-shelter of Moulin or Troubat (Hautes-Pyrénées) and Buholoup (Haute Garonne) has provided an interesting stratigraphy concerning the Late Glacial and the Post-Glacial periods. The results of the charcoal analysis provided important information concerning the climatically induced transformations in the vegetation cover from the Late Glacial Bölling-Alleröd interstadial to the middle of the Post-Glacial.

La séquence archéologique de Troubat (Troubat, Hautes Pyrénées) a permis l'obtention du premier référentiel anthracologique dans les Pyrénées centrales (Barbaza et Heinz, 1992 ; Heinz et Barbaza, 1998). Il traduit les transformations du milieu végétal assujetties pour l'essentiel au climat, de l'interstade tardiglaciaire Bölling-Alleröd au milieu du Postglaciaire. Quatre grandes phases illustrent la cinétique de végétation enregistrée par l'anthracologie, notées respectivement T1, T2, T3 et T4 (fig. 2).

La phase T1 comprend les niveaux archéologiques C. 10, C. 8c, C. 8b, C. 8a et C. 7b (Ly : 5272 - 11320 ± 410 B.P.). D'un point de vue paléoécologique, la phase T1 est caractérisée pour l'essentiel, par des espèces arbustives pionnières, frugales, d'affinités montagnardes voire même subalpines. Dans le détail, *Juniperus* prédomine nettement avec *Hippophae rhamnoides, Betula cf. verrucosa, Rhamnus alpina, Rhamnus pumila, Rhamnus cathartica/saxatilis, Prunus* (type 1 et 2) et *Salix* sp. *Pinus sylvestris* apparaît en C.8b et C.7b ; il est excessivement rare. Concernant *Juniperus*, il peut s'agir de *J. communis, J.thurifera, J. nana* ou encore *J.sabina* ; si toutes ces espèces colonisatrices marquent un paysage végétal en évolution, il est à souligner qu'une

(*)UMR 5059 CNRS, Centre de Bio-Archéologie et d'Ecologie, Institut de Botanique, 163 rue A. Broussonet, 34090 Montpellier cedex. E-mail : heinz@crit.univ-montp2.fr

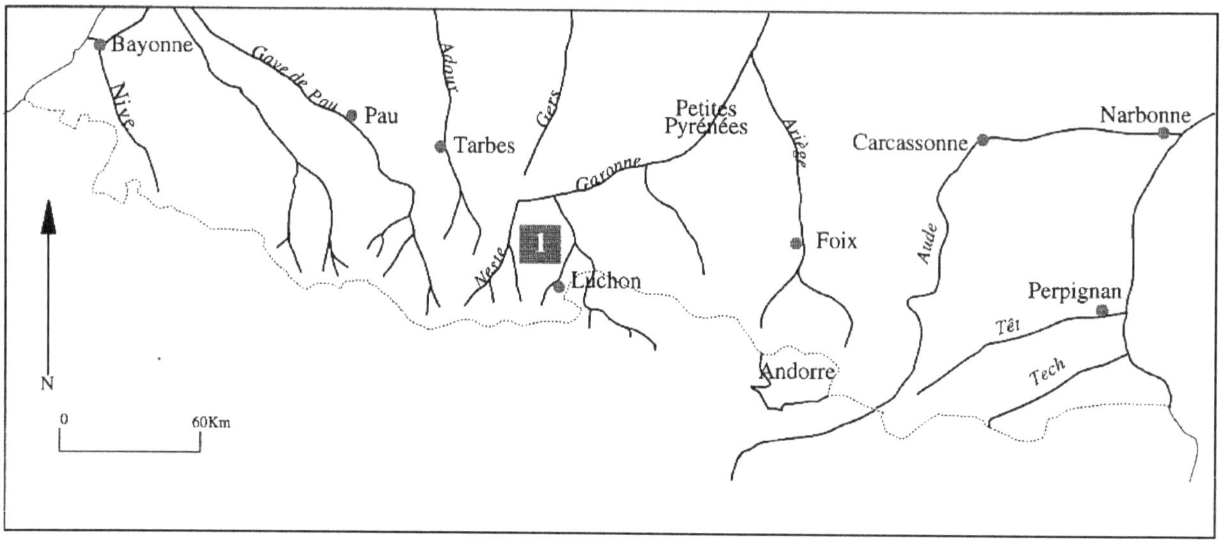

Fig. 1b : situation géographique des sites de Troubat et de Buholoup

détermination anatomique spécifique serait très intéressante d'un point du vue écologique et biogéographique.

Hippophae rhamnoïdes (Aucune différence anatomique ne permet de distinguer *H. rhamnoïdes* ssp. *fluviatilis* d'*H. rhamnoïdes* ssp. *rhamnoïdes*. Cependant d'un point de vue paléoécologique, il s'agit vraisemblablement de *H. rhamnoïdes* ssp. *fluviatilis*.) héliophile stricte, a un fort pouvoir colonisateur grâce à de longues racines drageonnantes. Il se trouve dans les fruticées, associées à des groupements pionniers des bords de torrents en montagne.

Notons la présence significative de *Rhamnus pumila*, ligneux à port rampant, fréquent en stations rupicoles et dans les fruticées à l'étage montagnard supérieur et subalpin. *Rhamnus alpina* se développe également dans ces contextes mais à l'étage montagnard et même supraméditerranéen. Par ailleurs, concernant *Rhamnus cathartica/saxatilis,* l'on peut préciser que *R.saxatilis*, arbrisseau très ramifié, prostré, est une espèce xérophile, de demi-ombre ou héliophile se développe jusqu'à la base de l'étage montagnard. *Rhamnus cathartica*, héliophile calcicole pousse dans les fruticées mais aussi en forêts ripicoles.

Parmi les 4 espèces concernées de *Prunus*, elles sont fréquemment associées à des milieux ouverts (*Prunus spinosa*), à des forêts ripicoles (*Prunus padus*, *Prunus avium*) ou encore à des fruticées (*Prunus padus*, *Prunus mahaleb*).

En filigrane, *Sambucus racemosa, Cornus sanguinea*, *Crataegus*, *Sorbus* et en C7b *Corylus avellana* (2 fragments) sont notés. Par ailleurs, *Viburnum lantana* et *V. opulus* sont identifiées. Si actuellement ces espèces héliophiles ou de demi-ombre sont susceptibles de se trouver en forêts ripicoles elles sont présentes également dans les fruticées à *Rosaceae*.

Ainsi, l'abondance de *Juniperus*, celle des *Rosaceae* (*Prunus* type 1, 2, 3), de *Rhamnus alpina*, *R. cathartica/saxatilis*, *R. pumila*, avec *Hippophae*, *Betula, Salix* se rapporte à un milieu ouvert et évoque une formation de type fruticée mise en place sous un climat de type montagnard sec voire subalpin. Une végétation héliophile, en situation de ripisylve est également perçue avec *Cornus, Corylus, Viburnum, Sambucus*.

Ainsi, au cours de T1 (entre 13 000 B.P. environ et 11320 ± 410 B.P.) une végétation forestière se met en place de type fruticée à *Juniperus* sous un climat montagnard sec / subalpin en relation avec une amélioration climatique. Cette dynamique est à corréler à l'interstade tardiglaciaire et C.7b correspondrait même à l'optimum forestier interstadiaire ce qui est en accord avec les limites chronologiques de l'Europe du sud (Beaulieu *et al.*, 1982 ; Beaulieu *et al.*, 1988).

La phase T2 regroupe les niveaux C.7a, C.6b (Ly : 5275 - 10770 ± 100BP), C.6a. Elle est caractérisée par une régression très nette de *Juniperus*. *Hippophae* et *Rhamnus pumila* voient leurs occurrences diminuées en C7a puis ils disparaîssent en C6b. *Rhamnus alpina* se maintient ; *Betula* est cependant mieux représenté qu'en T1. En revanche, une augmentation des *Rosaceae* (*Prunus type 1, Sorbus*) de *Rhamnus cathartica/ saxatilis*, est assez remarquable. La courbe de *Pinus sylvestris* quoique discrète, est en légère progression à partir de C.6b.

Dès les niveaux aziliens classiques C.6b (10770 ± 100 BP) et C6a les premiers chênes à feuillage caduc sont notés, accompagnés de *Acer* type 1 (Acer cf. *campestre*) et de *Corylus* déjà présent en T1. La présence de quelques fragments de *Quercus* à feuillage caduc est en accord avec le rapide dé-

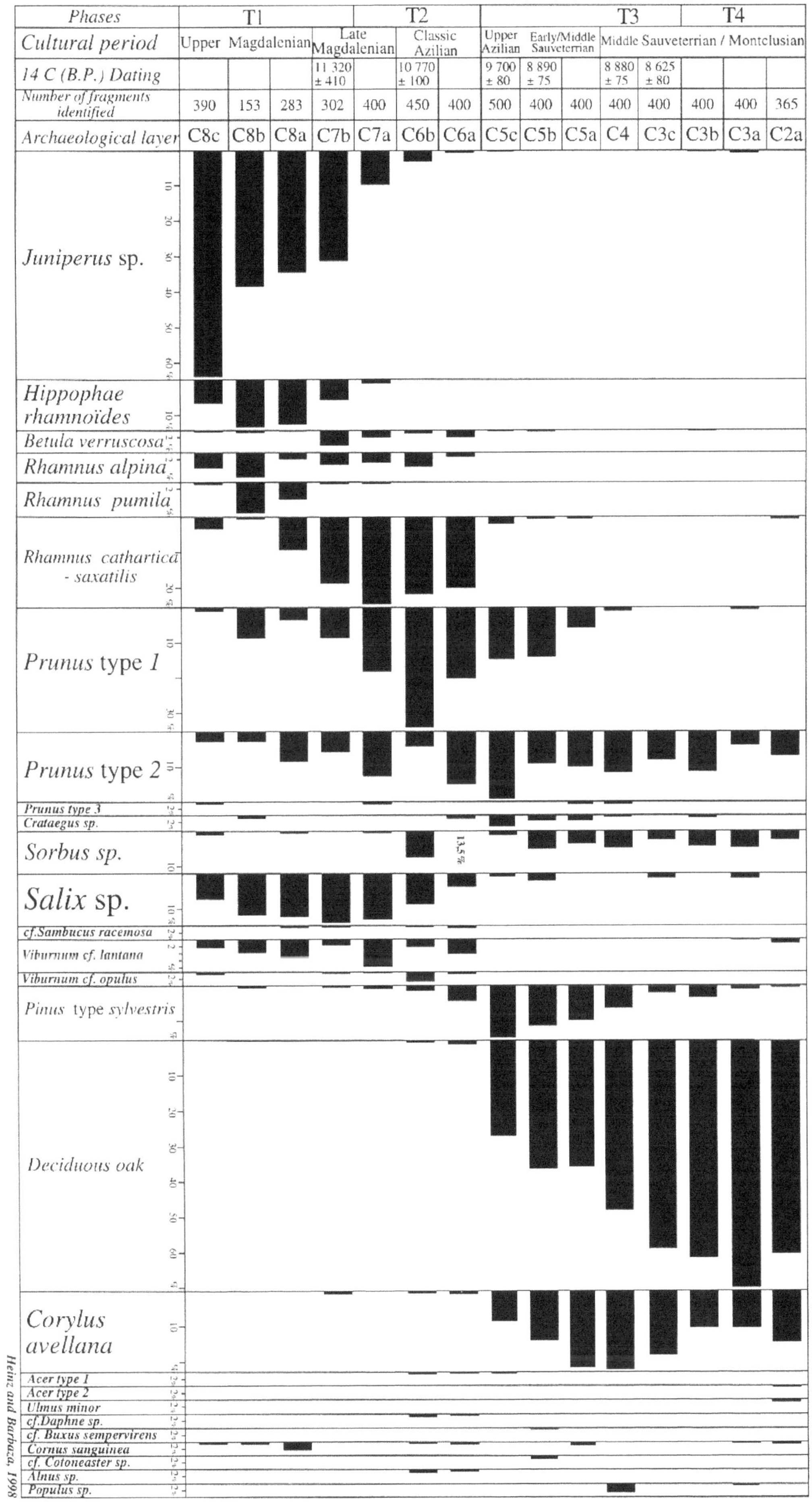

Fig. 2 : diagramme anthracologique du site de Troubat

veloppement de ce taxon au début de l'Holocène. Comme l'a souligné Beug (Beug, 1975) les refuges des arbres mésophiles se trouvaient vraisemblablement à moyenne altitude en situations collinéennes moins sèches que les plaines ; puis au tout début de l'Holocène, les plaines furent colonisées en premier. La réalité des refuges tardiglaciaires en contexte pyrénéen a été démontré par ailleurs (Jalut and Vernet, 1989 ; Andrieu, 1991 ; Reille and Andrieu, 1995). L'enregistrement de *Quercus* à feuillage caduc dans les niveaux C. 6b et C. 6a, va également dans ce sens.

Ainsi, une rétraction de la fruticée à *Juniperus*, qui s'est développée à la faveur du réchauffement Bolling/Allerod est notée ; une phase de transition à *Rhamnus* et *Prunus* lui succède. Quelques feuillus se maintiennent. La rareté de *Juniperus* en C. 7a va dans le sens d'un épisode plus froid qui aurait eu lieu après 11320 ±410 BP. Nous sommes vraisemblablement au début du Dryas récent. Ainsi, la rétraction de la fruticée à *Juniperus* suivie d'une phase à *Rhamnus* et *Rosaceae* serait une réponse de la végétation aux premiers froids.

La traduction climatique de la cinétique de végétation enregistrée par l'anthracologie peut se résumer ainsi : de la phase T1 à T2, on s'achemine depuis une période correspondant à l'interstade tardiglaciaire (Bolling/Alleröd) vers une période climatique plus froide (Dryas récent). Les niveaux aziliens C6b (Ly : 5275 - 10770 ± 100 B.P.) et C6a se rattacheraient à ces derniers froids glaciaires.

La phase T3 comprend les niveaux C5c (Ly : 6405 - 9700 ± 80B.P.), C5b (Ly : 5274 - 8890 ± 75 B.P.), C5a, C4 (Ly : 5271 - 8880 ± 75 B.P.). Dès 9700 ± 80 B.P., les fréquences de *Pinus sylvestris* et surtout celles de *Quercus* à feuillage caduc sont en progression; il en est de même de *Corylus*. *Rhamnus cathartica/saxatilis* régresse. *Juniperus* très rare en C5c, disparaît en C5b ; *Sambucus* est absent, *Salix* et *Betula* présents en filigrane. La forêt ripicole comprend *Populus*, *Cornus*. *Viburnum* disparaît. On peut supposer que cette espèce héliophile ne trouve plus ses conditions optimales dans une ripisylve peut être plus fermée.

Ainsi, une modification des conditions environnementales en corrélation avec une augmentation de précipitations mais aussi des températures a eu lieu comme en témoigne cette phase de colonisation forestière par *Corylus* et l'installation d'une chênaie caducifoliée avec *Acer, Corylus, Buxus* ; la chênaie caducifoliée définitivement installée en C4 se rapporte à un paysage végétal fermé (Heinz, 1991 ; 1999) ; *Pinus sylvestris* dont les fréquences sont de l'ordre de 10 % est présent à proximité, un peu plus haut en altitude ou bien en inter-relation avec la chênaie. La végétation forestière est ici caractéristique du début du post-glaciaire. La formation végétale dominante est donc de type collinéenne avec quelques influences montagnardes, soulignées par *Pinus sylvestris*. Puis pour les niveaux C.3c (Ly : 5273 - 8625 ± 80 B.P.) C.3b, C.3a, C.2a, est enregistrée l'affirmation de la chênaie caducifoliée : c'est la phase T4. Dès le niveau C.3c, *Pinus sylvestris* et *Corylus* tous deux héliophiles, voient leurs occurrences diminuées ceci en relation avec un milieu forestier de plus en plus dense.

L'abri de Buholoup, proche de Troubat, a livré une importante statigraphie et un abondant matériel anthracologique (Barbaza *et al.*, 1999). La cinétique de végétation qui se dégage à Buholoup peut être schématisée en 2 grandes phases, notées respectivement B1 et B2 (fig. 3).

La phase B1 comprend les niveaux archéologiques C.8, C.7, C.6c (vers 8500 B.P.), C.6b. D'un point de vue paléoécologique, la phase B1 est caractérisée par un paysage végétal en mosaïque dans lequel deux formations végétales co-existent, une fruticée à *Rosaceae*, *Rhamnus*, *Juniperus*, et d'une part, une chênaie caducifoliée collinéenne, d'autre part. Dans le détail, des espèces arbustives héliophiles, pionnières, frugales, d'affinités montagnardes telles *Rhamnus cathartica/saxatilis*, divers*Prunus* et *Rosaceae pomoïdea* (*Sorbus*, *Crataegus*) et enfin, *Juniperus*, sont enregistrées.

Parallèlement à cette fruticée relative à un paysage ouvert, un contexte plus forestier est perçu avec notamment le développement simultané *Corylus avellana*, *Acer campestre*, et des premiers chênes à feuillage caduc. Le contexte ripicole est perçu très discrètement avec le frêne, *Fraxinus*. Trois biotopes en interrelations seraient donc parcourus voire exploités par l'homme au cours de B1, la fruticée à *Rhamnus*, *Rosaceae* et *Juniperus*, la chênaie caducifoliée et discrètement la ripisylve claire. Ces 3 ensembles ont constitué les aires d'approvisionnement en bois de feu.

La Phase B2 comprend le niveau archéologique du Sauveterrien ancien (C.6a) ceux du Sauveterrien moyen (C.5c, C.5b (vers 8000 BP), C.5a, les niveaux montclusiens (C.4c, C4b, C4a) et enfin ceux du Néolithique ancien (C3, C2). Le paysage végétal est beaucoup plus homogène, relatif à un milieu végétal plus fermé, plus dense, caractérisé par une chênaie à tonalité collinéenne. La fruticée présente en B1 est en nette rétraction comme le souligne les courbes de *Rhamnus*, *Prunus* et *Juniperus*. Les espèces prédominantes sont alors, *Quercus* à feuillage caduc, *Corylus avellana*, *Sorbus*, *Crataegus*. Le cortège est complété par *Acer campestre*, *Cornus sanguinea*, *cf. Buxus sempervirens*, *Ulmus minor*. Les espèces de la ripisylve sont rares et présentes en filigrane : *Salix* et *Fraxinus*.

Dès B1, l'installation d'une chênaie caducifoliée avec *Acer, Corylus, Buxus* marque le début de l'Holocène. B1 est une phase de transition dans laquelle coexistent des formations ouvertes, les fruticées, au sein d'un contexte déjà forestier la chênaie. En B2, la chênaie caducifoliée prédomi-ne et caractérise un milieu forestier, dense. Aucun marqueur de dégradation n'est enregistré à Buholoup et ce, même au Néolithique ancien.

En conclusion, lors de l'interstade tardiglaciaire, le paysage végétal dans lequel évolue l'homme est très ouvert et relatif à un climat froid et sec, de type montagnard à moyenne altitude. Les formations végétales sont diverses : fruticée à genévriers, argousiers, rhamnacées et rosacées (Troubat, T1). Puis, vers 10 700 B.P., lors des premiers froids du Dryas récent, à Troubat, on note la rétraction de la fruticée à *Juniperus* et une phase à *Rhamnus* et *Rosaceae* (T2).
Dès 10 000 BP, les végétations à la charnière Epipaléolithique/Mésolithique sont caractérisées par une richesse en taxons remarquable, significative d'une phase de transition pour laquelle diverses formations végétales sont perçues. Le paysage est alors en mosaïque : dans un milieu ouvert, les premiers feuillus (*Quercus*) se développent. Il s'agit du début de l'Holocène. Il s'agit des phases T3 à Troubat, et B1 à Buholoup. Dès 9000 BP, c'est un paysage forestier de type chênaie caducifoliée qui s'installe fortement à moyenne altitude. Elle est de type collinéenne dans le piémont garonnais (Troubat T4, Buholoup B2).

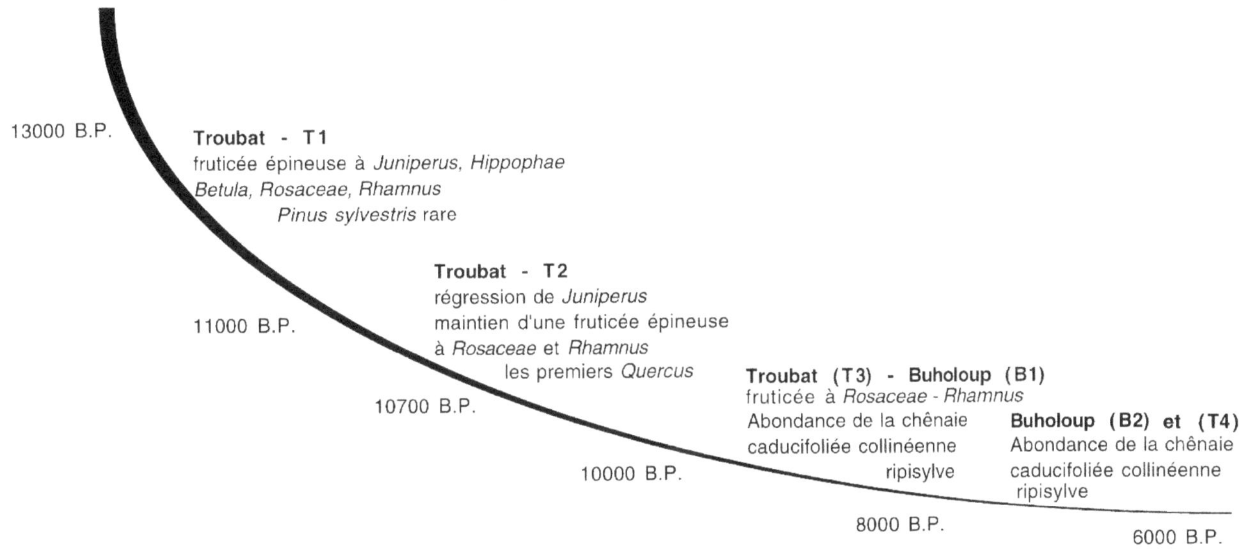

Fig. 3 : comparaison des dynamiques de végétation enregistrées à Troubat et Buholoup

BIBLIOGRAPHIE

ANDRIEU V. (1991) - Dynamique du paléoenvironnement de la vallée montagnarde de la Garonne (Pyrénées centrales, France) de la fin des temps glaciaires à l'actuel. Unpublished Ph.D dissertation, Université de Toulouse 2, 330 p.

BARBAZA M. (1988) - La grotte - abri du Moulin à Troubat (Hautes Pyrénées), Premiers travaux et dispositions initiales de recherches. Tx de l'Institut d'Art Préhistorique, Université de Toulouse-le-Mirail. vol. XXX., p. 7-38.

BARBAZA M. et HEINZ C. (1992) - La grotte-abri du Moulin (Troubat, Hautes Pyrénées), Environnement et Archéologie. *In* : «charcoal, ancient ecosystems and human impact», colloque international Montpellier 10-13/09/91. *Bull. Soc. bot. Fr.*, 139, Actual. bot. (2/3/4), p. 685-695.

BARBAZA M., BRIOIS F., VALDEYRON N., VAQUER J. (1999) - L'Épipaléolithique et le Mésolithique entre Massif central et Pyrénées. *Actes du Vème congrès international UISPP L'Europe des derniers chasseurs, Épipaléolithique et Mésolithique en Europe, Peuplement et Paléoenvironnement*, Ed. du CTHS, p. 125-143.

BEAULIEU J.-L. (de), PONS A., REILLE M. (1982) - Recherches pollenanalytiques sur l'histoire de la végétation de la bordure nord du massif du Cantal (Massif-Central, France). *Pollen et spores*, t. XXI, fasc. 2, p. 251-300.

BEAULIEU J.-L. (de), PONS A., REILLE M. (1988) - Histoire de la flore et de la végétation du Massif central (France) depuis la fin de la dernière glaciation. *Cah. de Micropaléontologie*, t. 3-4, p. 5-36.

BEUG H.J. (1975) - Changes of climate and vegetation belts in the mountains of mediterranean Europe during the Holocene, *Biuletyn Geologiczny*, fasc. 10, p. 101-110.

HEINZ C. (1991) - Upper Pleistocene and Holocene vegetation in the south of France and Andorra. Adaptations and first ruptures : New charcoal analysis data. Review of *Palaeobotany and Palynology*, 69, Elsevier Science Publishers, Amsterdam. p. 299-324.

HEINZ C. (1999) - Les transformations du paysage végétal pyrénéen au cours de l'Epipaléolithique et du Mésolithique. *Actes du Vème congrès international UISPP L'Europe des derniers chasseurs, Épipaléolithique et Mésolithique en Europe, Peuplement et Paléoenvironnement*, Ed. du CTHS, p. 115-123.

HEINZ C. et BARBAZA M. (1998) - Environmental changes during the Late Glacial and Post-Glacial in the central Pyrenees (France) : new charcoal analysis and archaeological data. *Review of Palaeobotany and Palynology*, fasc. 104, p. 1-17.

JALUT G. et VERNET J.L. (1989) - La végétation du Pays de Sault et de ses marges depuis 15 000 ans : réinterprétation des données palynologiques et apports de l'anthracologie. *in* : «*Pays de sault, Espaces, Peuplements, Populations*», CNRS Ed., p. 23-35.

REILLE M. et ANDRIEU V. (1995) - The late Pleistocene and Holocene in the Lourdes Basin, Western Pyrénées, France : new pollen analytical and chronological data. *Veget. Hist. Archaeobot.* Fasc. 4, p. 1-21.

PREMIÈRES MANIFESTATIONS DE L'HOMME MODERNE EN CORSE ET EN SARDAIGNE : NOUVELLES DONNÉES ET RÉFLEXIONS

Sous la direction de Jean-Denis VIGNE (*)

ABSTRACT

Here are presented the reflections of the working group PREFACT about the presence of human beings in Corsica and Sardinia during the Late Pleistocene, about the first Holocene human groups (Mesolithic), and about dates and conditions for the extinction of the endemic large fauna of these islands. There is no evidence for human beings during the Late Pleistocene. It has been demonstrated that *Megaloceroides cazioti* got extinct at the transition between the Late Pleistocene and Holocene, this transition being characterised by strong climatic and biological changes. The reasons of this extinction, either man-made or natural, remains however unclear. Authors also argue that Boreal Mesolithic human groups were mainly coastal trapper-fisher nomads who adapted their techniques to special local resources around each site. The mechanisms of the human colonisation of the Tyrrhenian Islands during the Epigravettian and the Mesolithic is also discussed.

RÉSUMÉ

Les auteurs présentent l'état des réflexions du groupe de travail PREFACTH ("Paysages, renouvellements de faune et anthropisation de la Corse au Tardiglaciaire et au début de l'Holocène") concernant la présence de l'homme en Corse et Sardaigne au Tardiglaciaire, les caractéristiques culturelles des premiers peuplements humains holocènes, et les dates et conditions d'extinction de la grande faune endémique de ces îles. On n'a pas trouvé de trace de présence humaine au Tardiglaciaire. Il a été établi que *Megaloceroides cazioti* s'est éteint à la transition entre le Tardiglaciaire et l'Holocène, transition marquée par d'importants bouleversements climatiques et biologiques. La question des causes de cette extinction, anthropique ou naturelle, reste ouverte. On montre que les groupes mésolithiques du Boréal étaient des piégeurs-pêcheurs nomades, principalement côtiers, ayant adapté leurs techniques à l'exploitation des ressources locales de chaque site. La question des mécanismes de colonisation des Îles Tyrrhéniennes à l'Épigravettien et au Mésolithique est discutée.

INTRODUCTION

La question d'une présence significative de groupes humains en Corse et en Sardaigne au Tardiglaciaire était jusqu'à présent mal documentée. Les indices recueillis en Sardaigne sur le site du Pléistocène supérieur et du Tardiglaciaire de Corbeddu (Oliena) sont discutables et ne correspondent pas à ceux qu'on attend d'un vrai site anthropique, aussi fugace soit-il (voir références et discussions dans Vigne, 1999a). L'éventualité d'une fréquentation des Îles Tyrrhéniennes durant la fin du Paléolithique ancien et/ou le Paléolithique moyen semble moins improbable, notamment en raison des découvertes faites dans la Province de Sassari (Sardaigne ; Martini, 1992 et réf.)

Elles n'apportent cependant pas la preuve d'un peuplement continu de ces îles durant les derniers cycles glaciaires, en particulier au Tardiglaciaire.
Dans cette problématique, l'une des questions majeures est celle de la date d'extinction du cervidé endémique corso-sarde, *Megaloceroïdes cazioti*. En effet, cette espèce constituait le seul grand gibier potentiel du massif corso-sarde, et les modèles élaborés à partir des îles des Océans Indien ou Pacifique (*cf.* par ex. Martin et Klein, 1984) suggèrent que la présence de chasseurs paléolithiques ou mésolithiques sur les Îles Tyrrhénienne aurait rapidement entraîné l'extinction de ce petit cervidé.

Ces questions ne peuvent pas être résolues sans l'analyse détaillée de bonnes séquences fossilifères couvrant le Tardiglaciaire et le début de l'Holocène, ce dont on ne disposait pas avant 1995. Cette lacune fut récemment comblée en Corse par la fouille des deux sites majeurs de la grotte de Grítulu (Luri, Haute-Corse, fouilles 1992-98), dans le Cap Corse, qui documente le Tardiglaciaire et la transition à l'Holocène, et de l'abri du Monte Leone (Bonifacio, Corse-du-Sud ; fouilles 1995), qui livre d'importantes données sur le Mésolithique. Le but principal que s'était fixé le projet PREFACTH, était de s'attacher à ces questions à travers l'analyse pluridisciplinaire des quantités considérables d'informations issues de ces deux sites. L'essentiel des résultats est en cours de publication. Nous nous contenterons ici de discuter les principales conclusions, en nous attachant à trois thématiques majeures : la présence de l'homme en Corse et en Sardaigne au Tardiglaciaire, les caractéristiques culturelles des premiers peuplements humains holocènes, et les dates et conditions d'extinction de la grande faune endémique des Îles Tyrrhéniennes.

(*) CNRS, UMR 5197, Département Ecologie et gestion de la biodiversité, Muséum national d'Histoire Naturelle, Laboratoire d'Anatomie comparée - 55, rue de Buffon, 75005 PARIS.

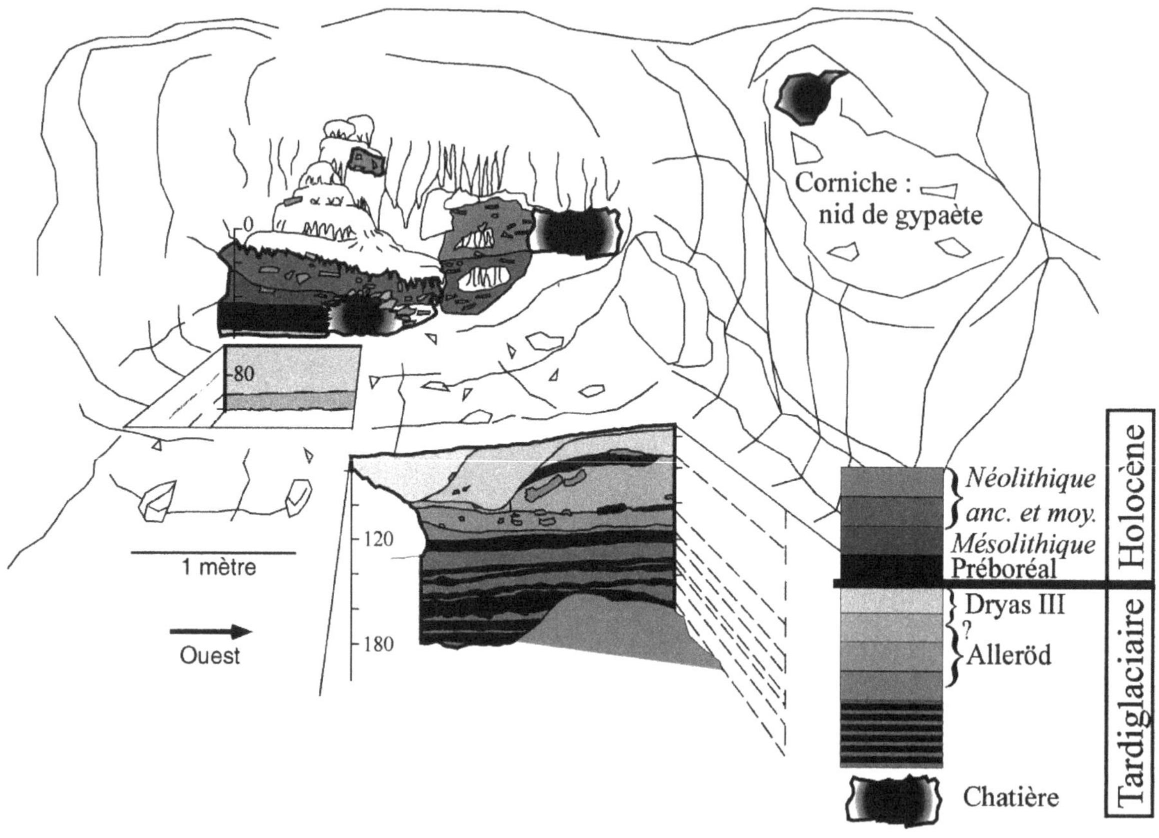

Fig. 1 : Grotte de Grítulu : vue panoramique du fond de la salle d'entrée, obturée par une coulée stalagmitique. Représentation des coupes stratigraphiques et placages de sédiments qui, en relais, décrivent la séquence du remplissage. La couche la plus profonde est constituée d'une alternance de lits d'argile stérile et de planchers stalagmitiques (relevés et dessin J.-D. V. en l'état des fouilles de 1996).

1. LA PRÉSENCE DE L'HOMME EN CORSE AU TARDIGLACIAIRE

La stratigraphie de la grotte de Grítulu (fig. 1) offre, pour la première fois en Corse, l'occasion de suivre l'évolution des paysages, des faunes et des activités humaines depuis le début de l'Allerød au moins jusqu'au Néolithique moyen (Magdeleine et Vigne, 1994, 1996, 1997 ; Vigne, 1999b, 2000). En l'absence de données archéobotaniques substantielles pour la partie profonde de la stratigraphie, les microvertébrés aquatiques et terrestres ont permis d'y décrire l'évolution du couvert forestier et du climat pour la seconde moitié du Tardiglaciaire et pour la transition à l'Holocène, qui apparaît comme très brutale (*cf. infra*).

Comme en témoignent les restes de grands mammifères accumulés dans la grotte par les prédateurs durant tout le Tardiglaciaire (Robert et Vigne, 2002), la grotte était alors largement ouverte et accueillante à d'éventuels visiteurs humains. Sa situation, à 150 m d'altitude, dans le Cap Corse, en surplomb de la plaine côtière probablement giboyeuse de Luri, était également particulièrement favorable pour des groupes humains traversant la mer tyrrhénienne au plus court, depuis le continent et l'Archipel Toscan vers la Corse.

Cependant, l'analyse fine du remplissage, tamisé sur maille de 1 mm, n'a pas livré le moindre indice de présence anthropique. Ainsi, ce site suggère l'absence de présence humaine au Tardiglaciaire. Plus que d'une nouveauté, il s'agit d'une confirmation, puisque la Corse n'a jamais livré le moindre indice de présence humaine datant de cette époque. Les quelques données sardes qui pouvaient aller dans le sens inverse se réduisent aux quatre restes humains erratiques de la grotte de Corbeddu, trois d'entre eux ayant été datés indirectement par les os animaux qui les accompagnaient, du début de l'Holocène (aux environs des 9e et 8e millénaires av. J.-C. ; Sondaar *et al.*, 1995).

Il est plus que surprenant que la Corse, fréquemment visible depuis l'île d'Elbe, rendue plus proche par la régression marine du Pléniglaciaire, et riche d'un abondant gibier terrestre, comme en témoignent les découvertes faites à Grítulu, n'ait pas été fréquentée à cette époque. Il y a sans doute là un intéressant sujet de réflexion pour l'Épigravettien final méditerra-néen, par ailleurs bien connu en Toscane. Nous y reviendrons en conclusion, à la lumière des données du Mésolithique.

2. LES CARACTÉRISTIQUES CULTURELLES DES PREMIERS PEUPLEMENTS HOLOCÈNES

Le Mésolithique des Îles Tyrrhéniennes, alors désigné par le terme d'attente de «Prénéolithique» (Lanfranchi, 1998), était connu jusqu'au début des années 90 par trois très petits sites en Corse (Lanfranchi et Weiss, 1997). Quatre nouveaux sites ont été découverts durant les dix dernières années, notamment un en Sardaigne septentrionale (Tozzi, 1996), ainsi que le grand abri du Monte Leone. Ce dernier est d'un apport considérable : il a été fouillé sur près de 20 m² et la totalité des sédiments a été conservée sous forme d'une tonne et demi de refus de tamis (Vigne *et al.*, 1998 ; Vigne, 1999c). Ce matériel a confirmé l'idée qu'en l'absence de grand gibier, ces groupes humains s'étaient principalement nourris en piégeant le petit gibier et en pêchant (piégeurs-pêcheurs), secondairement en collectant les coquillages (Vigne et Desse-Berset, 1995 ; Cuisin et Vigne, 1998 ; Tozzi et Vigne, 2000 ; Costa *et al.*, 2003). Il a par ailleurs permis d'importantes reconstitutions paléoenvironnementales (Vigne, 2001). Nous n'insisterons ici que sur les dates, l'outillage et le mode de vie.

Onze datations radiométriques à l'accélérateur, sur os ou charbons de bois, situent clairement les occupations anthropiques de l'abri dans la seconde moitié du 8e et au tout début du 7e millénaire av. J.-C (fig. 2). La cohérence de ces dates par rapport à la séquence stratigraphique permet de définir trois phases d'occupation bien délimitées dans le temps : aux alentours de 7500-7300, aux environs de 7100-7000 et vers 6900-6800 av. J.-C. Cette observation, confirmée par l'existence de ruptures stratigraphiques marquées et de phases d'abandon matérialisées par des dépôts de pelotes de réjection de rapaces (Vigne *in* Vigne, 2001), indique une occupation discontinue, avec de longues phases d'abandon. Un phénomène semblable a été observé sur d'autres sites mésolithiques de Corse. Il montre que les occupations mésolithiques sont dues, sur cette île comme en Sardaigne septentrionale, à des groupes humains de petite taille, essentiellement côtiers, se déplaçant fréquemment et laissant les sites inoccupés durant des périodes longues, de l'ordre de plusieurs décennies (Costa *et al.*, 2003).

Couches	Dates bp (AMS)	Support
C2a	AA-35788 : 7930±85	Ch. bois
C2a	AA-18108 : 8050±60	Os
C2b	ETH-8305 : 8225±80	Ch. bois
C2b	AA-35789 : 8135±65	Ch. bois
C2b	AA-18109 : 8965±70	Os
C3	AA-35791 : 8115±60	Ch. bois
C3	AA-35790 : 8275±60	Ch. bois
C3	AA-18110 : 8335±70	Os
C4	AA-35792 : 8315±75	Ch. bois
C4	AA-18111 : 9750±175	Os
C5	AA-18112 : 8415±65	Os

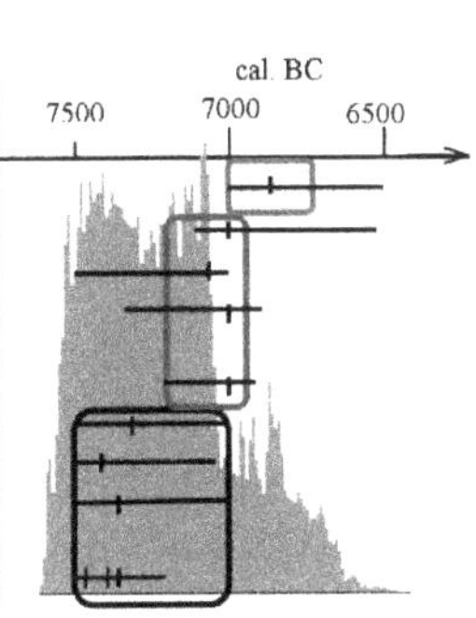

Fig. 2 : Datations radiométriques obtenues sur les couches mésolithiques de l'abri du Monte Leone (Bonifacio, Corse-du-Sud). Intervalles et histogramme de cumul des probabilités de calibrations à 2 σ (d'après Stuiver et Reimer, 1993 ; CALIB 4). Deux des onze dates, plus anciennes, ne sont pas prises en compte.

La nature grossière du débitage lithique, exclusivement sur quartz et roches grenues ou microgrenues et dépourvu de microlithes, avait jusqu'à présent suggéré une technologie «primitive». L'apport de la grande série du Monte Leone, qui porte l'échantillon total à plus de 3300 restes, a permis à L. Costa, C. Tozzi et F. de Lanfranchi (Vigne, 2001) d'éclairer enfin cet aspect du mode de vie. Entre 90 et 100 % des matières premières sont locales, voire stationnelles, puisqu'elles sont issues de galets collectés aux environs de chaque site. Une première phase de débitage unipolaire visait la production de grands éclats. Ils servaient à réaliser des grattoirs, des denticulés et des pièces à coches. Ces outils sont peu diversifiés et rares, probablement compensés par un important outillage en bois et en fibres végétales que suggèrent séparément l'anthracologie et la carpologie (Heinz, Ruas et Thiébault *in* Vigne, 2001). Sur les nucléus réduits en taille, la seconde phase du débitage permettait d'isoler de petits éclats tranchants. Ces derniers, rompus intentionnellement, offraient finalement un tranchant et une sorte de dos abrupt probablement destiné à l'emmanchement. Ces éclats étaient utilisés sans retouche car, sur ces roches à gros grain, ces dernières auraient eu pour effet d'amoindrir le tranchant naturel. On en a isolé maintenant plus de 120 exemplaires de forme et de taille calibrées. Ces éclats aient pu occuper la place fonctionnelle des microlithes, irréalisables sur les matières premières disponibles en Corse (Costa *et al.*, 2003).

Quoiqu'il en soit, loin d'être «dégénéré» (Bonifay, 1998), ce débitage représente une remarquable adaptation à l'exploitation stationnelle de ressources lithiques de mauvaise qualité. L'alimentation d'origine animale, tout comme les plantes herbacées et le bois à brûler étaient aussi prélevés localement autour de chaque site. Cela met en lumière un second trait essentiel du mode de vie, caractérisé par une très faible mobilité autour des occupations côtières.

De l'ensemble des observations, il ressort que ces piégeurs-pêcheurs mésolithiques insulaires étaient constitués en petits groupes de nomades côtiers, maîtrisant la navigation et adaptés à l'exploitation des ressources locales de chaque site. Bien que la question se pose encore de l'occupation continue ou non du massif corso-sarde à cette époque, il semble que nous ayons affaire à une culture bien caractérisée par ce mode de vie principalement inféodé aux stations littorales (Costa *et al.*, 2003). D'ailleurs, si l'on excepte l'absence de microlithes, désormais expliquable par l'adaptation à ce mode de vie, ces groupes côtiers ne diffèrent finalement que très peu de ceux qui sont décrits à cette époque sur le littoral italien, le principal trait étant une adaptation aux environnements côtiers et à la faune insulaire dépourvue de grand gibier. On en déduit que la colonisation mésolithique de ces territoires insulaires s'est faite vraisemblablement par un processus essentiellement limité et adapté aux pourtours des îles, ce qui explique en retour les caractéristiques culturelles de ces groupes.

3. LES DATES ET CONDITIONS D'EXTINCTION DE LA GRANDE FAUNE ENDÉMIQUE DE l'ÎLE

Revenons aux dates et conditions d'extinction de la grande faune endémique. Les deux seuls «grands» mammifères du Tardiglaciaire de Corse et de Sardaigne sont un petit canidé de la taille d'un renard, *Cynotherium sardous*, et un petit cervidé, *Megaloceroïdes cazioti* (Vigne, 1999a). Jusqu'à présent, on ne savait pas situer préci-sément leur extinction, entre le Pléniglaciaire et le Mésolithique.

Un premier élément de réponse a été apporté par les sites mésolithiques, dans lesquels aucun reste de ces espèces n'a jamais été observé, en dépit d'assemblages de faune de plusieurs centaines de milliers de vestiges. Les deux espèces avaient donc disparu avant le début du 8e millénaire. À Grítulu, elles sont en revanche toutes deux bien attestées par plus de 900 restes dans la séquence tardiglaciaire. L'analyse taphonomique a montré que la grotte avait servi de tanière à *Cynotherium* (Robert et Vigne, 2002). Cette fréquentation s'interrompt avant la fin du Tardiglaciaire, probablement au cours du Dryas III (fig. 3). On ne peut en dire plus pour l'instant concernant les dates et conditions d'extinction du canidé.

Les restes du cervidé sont beaucoup plus abondants. Ils ont, en grande majorité, été apportés dans la grotte par le gypaète barbu (*Gypaetus barbatus* ; Robert et Vigne, 2002), qui y a niché sur une corniche de la grotte (fig. 1) tout au long du Tardiglaciaire. Ils disparaissent brusquement à la transition Tardiglaciaire–Holocène. La première trace de présence humaine se situe près de 20 cm plus haut dans la stratigraphie. Elle est séparée des dernières traces du cervidé par une épaisse couche préboréale stérile (fig. 1 et 3 ; Vigne, 2000).

Dans ces conditions, l'extinction du cervidé peut trouver deux explications.

La première serait que des groupes humains auraient commencé à fréquenter l'île dès le Préboréal, sans qu'on en ait le moindre indice archéologique ; un pic de micro-charbons dans la couche préboréale viendrait à l'appui de cette hypothèse (fig. 3). Par surchasse, ces groupes humains auraient entraîné l'extinction des cervidés en quelques années ou dizaines d'années. Cette hypothèse serait alimentée par trois arguments : (i) ces cervidés adaptés depuis des millénaires à des conditions insulaires sans grand prédateur, étaient sans doute très vulnérables ; (ii) les modèles d'extinction accélérée des grands oiseaux (ou «blitz krieg» ; Martin et Klein, 1984), établis sur d'autres grandes îles dans le monde, rendent vraisemblable une extinction très rapide du cervidé corse si surchasse il y a eu ; (iii) les traces archéologiques de cet événement court sont difficiles à déceler.

L'autre voie d'interprétation consisterait à considérer que les brutales perturbations environnementales de la transition Tardiglaciaire–Holocène seraient venues seules à bout de l'espèce. Cette hypothèse serait étayée par trois observations faites dans la stratigraphie de Grítulu, à l'emplacement même de cette transition : le taux de mulots endémiques (*Rhagamys orthodon*), taxons de milieu arboré (Vigne et Valladas, 1996), par rapport à celui du campagnol de milieux ouverts (*Tyrrhenicola henseli*), indique une forte remontée du boisement, supérieure à celle du Bölling/ Allerød qu'on observe au début de la séquence ; (ii) un taux de musaraignes endémiques (*Episoriculus corsicanus*) jamais observée ni au Tardiglaciaire, ni au fil de l'Holocène, révèle également une forte perturbation des équilibres biologiques ; (iii) le fort pic de micro-charbons de bois mentionné plus haut pourrait signer l'émergence d'une phase de feux naturels, bien connus par ailleurs à cette époque sur le continent (Berger et Brochier, 2000 et réf.), plutôt qu'une hypothétique présence anthropique, qui n'est corroborée par aucun autre indice. La brutalité des changements environnementaux à la transition entre le Tardiglaciaire et l'Holocène est d'ailleurs de mieux en mieux documentée en Europe occidentale (voir par ex. Richard *et al.*, 2000 ; Berger et Brochier, 2000)

Les travaux réalisés, notamment à Grítulu, ont donc considérablement amélioré les connaissances sur cette question. On a maintenant la preuve que l'espèce a bien persisté sur l'île tout au long du Tardiglaciaire, on sait aussi que la transition Tardiglaciaire-Holocène, qu'on n'avait jamais pu saisir par la palynologie dans les zones corses de basse altitude (Reille, 1992), correspond sur cette île à une brutale et forte modification paléoenvironnementale, et on a également établi que l'espèce n'apparaît plus au delà de cette rupture. Les causes de l'extinction restent toutefois hypothétiques, bien que, dans l'état actuel des données, les facteurs environnementaux semblent avoir été prépondérants.

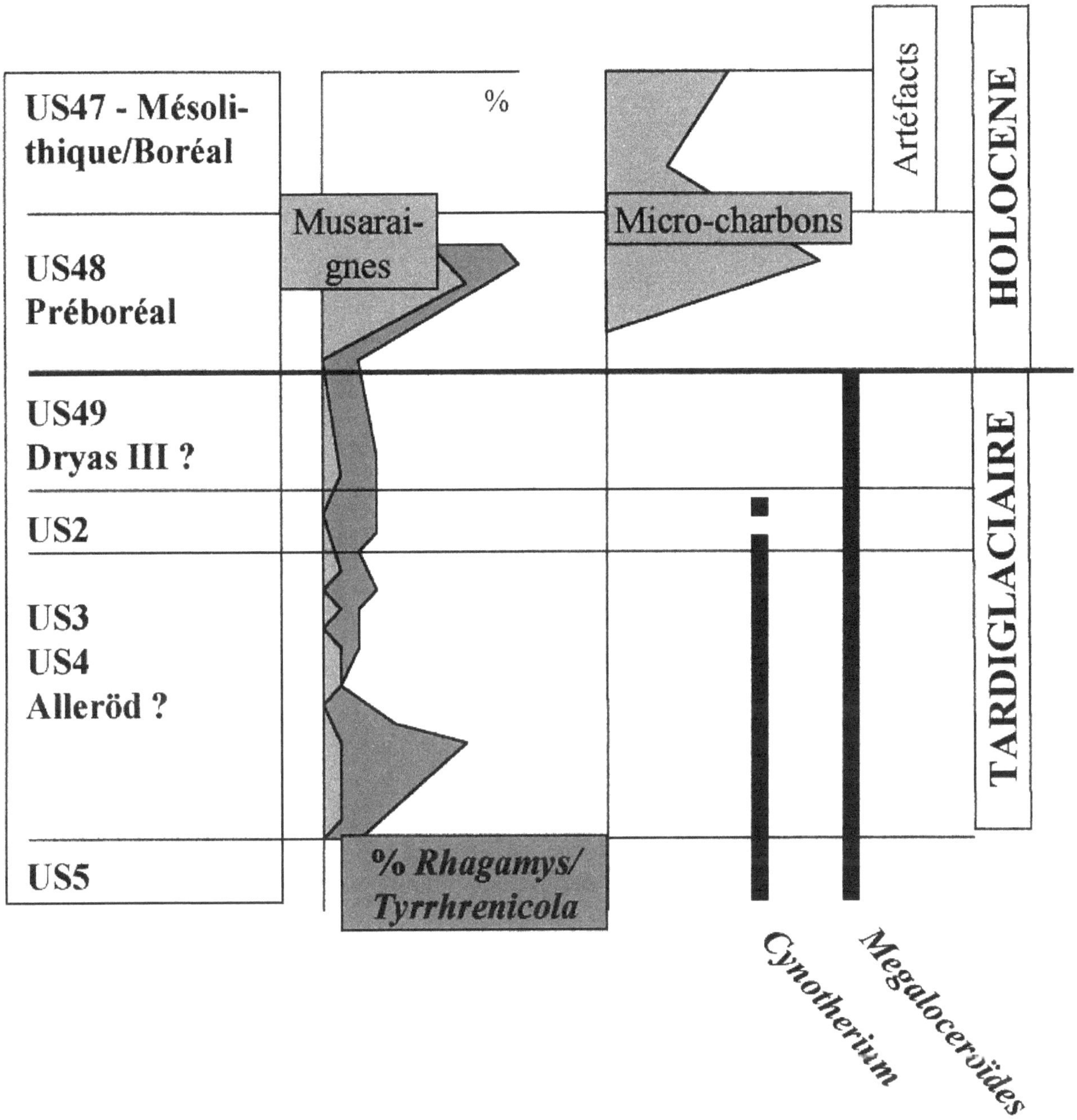

Fig. 3 : Représentation schématique des quelques événements majeurs enregistrés dans la séquence stratigraphique de la grotte de Grítulu (Luri, Haute-Corse).

4. CONCLUSION

En conclusion, il faut d'abord souligner les deux atouts méthodologiques majeurs qui ont permis aux acteurs du projet PREFACTH d'obtenir les résultats qui viennent d'être présentés : une approche pluridisciplinaire à large spectre et un souci de travailler selon la résolution chronologique la plus fine possible.

Nous terminerons en nous interrogeant sur la curieuse absence de trace humaine épigravettienne sur les Îles Tyrrhéniennes, rendue de plus en plus vraisemblable par la persistance de *Megaloceroïdes cazioti* tout au long du Tardiglaciaire.

Une réponse pourrait être apportée par les nouvelles connaissances évoquées ci-dessus concernant le processus mésolithique de peuplement de la Corse. Nous avons en effet vu que ce dernier avait été réalisée par le truchement de groupes maîtrisant la navigation et développant des adaptations très précises à l'exploitation des ressources côtières locales. Peut-être faut-il en déduire que, si les groupes épigravettiens n'ont pas réalisé cette colonisation, c'est justement que leur mode de vie ne leur permettait pas de développer ces deux caractéristiques. En d'autres termes, ce seraient des raisons culturelles, beaucoup plus que techniques ou environnementales, qui auraient décidé de la colonisation des Îles Tyrrhéniennes par l'homme moderne.

Remerciements :

Le projet PREFACTH a bénéficié de financements des Services Régionaux de l'Archéologie de la Région Corse (PCR), du programme «Paléoenvironnement, évolution des Hominidés» du CNRS, du «Projet de Parc marin international des Bouches de Bonifacio» et de l'ESA 8045 Muséum-CNRS «Archéozoologie et Histoire des Sociétés».
Ont contribué au travail sur la partie du programme concernée ici : Joël ANDRE, Salvador BAILON, Hervé BOCHERENS, Françoise BOUCHET, Valérie BOURDILLAT, Jacques-Elie BROCHIER, BUI THI MAI, Christiane CAUSSE, Laurent COSTA, Jacques CUISIN, Hélène DAVID, Nathalie DESSE-BERSET, Michel GIRARD, Christine HEINZ, F. de LANFRANCHI, Jacques MAGDELEINE, Jean-Claude PAICHELER, Emmanuelle POUYDEBAT, Isabelle ROBERT, Marie-Pierre RUAS, Stéphanie THIEBAULT, Carlo TOZZI et Jean-Denis VIGNE (responsable du projet, CNRS, ESA 8045, Archéozoologie et Histoire des Sociétés, Muséum national d'Histoire naturelle, Laboratoire d'Anatomie comparée, 55 rue Buffon, 75005 Paris.

BIBLIOGRAPHIE

BERGER J.F., BROCHIER J.L. (2000) - Évolution des paysages et des climats dans la moyenne vallée du Rhône et sa bordure préalpine de 13000 à 5000 BP. In : *Les derniers chasseurs-cueilleurs d'Europe occidentale* (Actes coll. int. Besançon, oct. 98). Besançon : Presses Univ. Franc-Comtoises, (*Ann. Littéraires*, 699 ; *Série «Environnement, sociétés et archéologie»*, 1), p. 37-57.

BONIFAY E. (1998) - La grotte de La Coscia (Macinaggio/rogliano, Cap Corse) et le problème du peuplement des îles de Méditerranée occidentale par l'homme de Néandertal. In : *L'Homme Préhistorique et la mer* (120e Congr. CTHS, Aix-en-P., 1995). Paris : CTHS, p. 133-140.

COSTA L., VIGNE J.D., BOCHERENS H., DESSE-BERSET N., HEINZ C., LANFRANCHI F. de, MAGDELEINE J., RUAS M.P., THIÉBAULT, TOZZI C. (2003) - Early settlement on Tyrrhenian islands (8th millennium cal. BC) : Mesolithic adaptation to local resources in Corsica and Northern Sardinia. In : Larsson L., Kindgre H., Knutsson K., Loeffler D. & Akerlund A. eds., Mesolithic on the Mour (*Proc. Int. Conf. UISPP, Meso2000*, Stockholm, sept. 2000). Oxford : Oxbow Books, p. 3-10.

CUISIN J., VIGNE J.D. (1998) - Présence de la grande outarde (*Otis tarda*) au Boréal dans la région de Bonifacio (Corse-du-Sud, France ; 8e millénaire av. J.-C.). *Géobios*, 31 (6), p. 831-837.

LANFRANCHI F. de (1998) - Prénéolithique ou Mésolithique insulaire ? *Bull. de la Soc. Préhist. Fr.*, 95, 4, p. 537-545.

LANFRANCHI F. de et WEISS M.C. éds. (1997) - *L'aventure humaine préhistorique en Corse*. Ajaccio : Albiana.

MAGDELEINE J., VIGNE J. D. (1994) - Luri, grotte de Grítulu, Tufo. In : *Bilan scientifique 1993 du Service Régional de l'Archéologie de la Corse*. Ajaccio : Ministère de la Culture et de la Francophonie, p. 53.

MAGDELEINE J., VIGNE J.D. (1996) - Grotte de Grítulu. In : *Corse. Gallia Informations, 1994-1995, Corse, Bourgogne* (J. Cesari, dir.). Paris : CNRS éditions, p. 43-44.

MAGDELEINE J., VIGNE J.D. (1997) - Luri, Grotte de Grítulu. In : *Bilan scientifique 1996 du Service Régional de l'Archéologie de la Corse*. Ajaccio : Ministère de la Culture et de la Francophonie, p. 51.

MARTIN P.S., KLEIN R.G. éds. (1984) - *Quaternary extinctions : a prehistoric revolution*. Tucson : The University of Arizona Press.

MARTINI F. (1992) - Early human settlement in Sardinia : the Palaeolithic industries. In : *Sardinia in the Mediterranean : a footprint in the sea* (Tykot R.H. et Andrews T.K. éds.). Sheffield : Acad. Press, p. 40-48.

REILLE M. (1992) - New pollen-analytical researches in Corsica : the problem of *Quercus ilex* L. and *Erica arborea* L., the origin of *Pinus halepensis* Miller forests. *New Phytol.*, 122, p. 359-378.

RICHARD H., BÉGEOT C., GAUTHIER E., RUFFALDI P. (2000).- Évolution du couvert végétal du Tardiglaciaire et du début de l'Holocène sur la chaîne jurassienne : nouveaux résultats. In : *Les derniers chasseurs-cueilleurs d'Europe occidentale* (Actes coll. int. Besançon, oct. 98). Besançon : Presses Univ. Franc-Comtoises. (*Annales Littéraires*, 699 ; *Série "Environnement, sociétés et archéologie"*, 1), p. 29-36.

ROBERT I. et VIGNE J.D. (2002) - The bearded vulture (*Gypaetus barbatus*) as an accumulator of archaeological bones. Late Glacial assemblages and present day reference data in Corsica (Western Mediterranean). *J. Archaeol. Sci.* , 29, p. 763-777.

SONDAAR P., ELBURG R., HOFMEIJER G.K., MARTINI F., SANGES M., SPAAN A., de VISSER H. (1995) - The human colonization of Sardinia : a Late-Pleistocene human fossil from Corbeddu cave. *C.R. Acad. Sci. Paris*, 320, sér. IIa , p. 145-150.

STUIVER M. et REIMER P.J. (1993) - A computer program for radiocarbon age calibration. *Radiocarbon*, 35, p. 215-230.

TOZZI C. (1996) - L'abri prénéolithique de Porto Leccio (Sardaigne septentrionale). In : *Actes des 3ème journées universitaires corses de Nice* (19-20 mai 1995). Nice : Université de Nice, p. 11-16.

TOZZI C., VIGNE J.D. (2000) - Il contributo dell'Archeozoologia alla conoscenza del Mesolitico sardo-corso. In : *Atti 2° Convegno di Archeozoologia* (Asti, nov. 1997). Forli : ABACO, p. 177-181.

VIGNE J.D. (1999a) - The large "true" Mediterranean islands as a model for the Holocene human impact on the European vertebrate fauna ? Recent data and new reflections. In : *The Holocene history of the European vertebrate fauna. Modern aspects of research* (N. Benecke éd.) (Workshop, 6th-9th April 1998, Berlin). Berlin : Deutsches Archäologisches Institut, Eurasien-Abteilung, (*Archäologie in Eurasien*, 6), p. 295-322.

VIGNE J.D. (1999b) - PCR «Paysages, renouvellements de faunes et anthropisation de la Corse au Tardiglaciaire et au début de l'Holocène». Luri, grotte de Grítulu. In : *Bilan scientifique 1996 du Service Régional de l'Archéologie de la Corse*. Ajaccio : Ministère de la Culture et de la Francophonie, p. 16-18, p. 52-53.

VIGNE J.D. (1999c) - L'abri du Monte Leone (Bonifacio, Corse du Sud) : vaste site pré-néolithique en contexte insulaire. In : *L'Europe des derniers chasseurs. Peuplement et paléoenvironnement de l'Epipaléolithique et du Mésolithique* (Thévenin A. éd. et Bintz P. dir.) (5e Coll . Int. UISPP, sept. 1995). Paris : CTHS, p. 645-650.

VIGNE J.D. (2000) - Les chasseurs préhistoriques dans les îles méditerranéennes. *Pour la Science*, Dossier Hors série «*La valse des espèces*», Juillet 2000, p. 132-137.

VIGNE J.D. dir. (2001) – *Premiers peuplements holocènes de Corse : nouveaux éclairages sur la fin du Tardiglaciaire, le Mésolithique et le début du Néolithique*. Rapport final du PCR Prefacth. Ajaccio : Services régionaux de l'Archéologie, 115 p.

VIGNE J.D., DESSE-BERSET N. (1995) - The exploitation of animal resources in the Mediterranean Islands during the Preneolithic : the example of Corsica. In : *Man and Sea in the Mesolithic* (A. Fisher éd.). Oxford : Oxbow books, (*Oxbow Monograph*, 53), p. 309-318.

VIGNE J.D., VALLADAS G. (1996) - Small mammal assemblages as indicators of environmental change in Northern Corsica during the last 2500 years. *Journ. Archaeol. Sc.*, 23 : p. 199-215.

VIGNE J.-D., BOURDILLAT V., ANDRÉ J., BROCHIER J.E., BUI THI MAI, CUISIN J., DAVID H., DESSE-BERSET N., HEINZ C., LANFRANCHI F. de, RUAS M.P., THIÉBAULT S., TOZZI C. (1998) - Nouvelles données sur le Prénéolithique corse : premiers résultats de la fouille de l'abri du Monte Leone (Bonifacio, Corse-du-Sud). In : *Production et identité culturelle* (d'Anna A. et Binder D. éds). Antibes : APDCA, p. 251-260.

LA TRANSITION PLÉISTOCÈNE-HOLOCÈNE ET LES PREMIERS PEUPLEMENTS HUMAINS DU LITTORAL SUD-PACIFIQUE AMÉRICAIN

Danièle LAVALLÉE (*)

RÉSUMÉ

Deux missions archéologiques françaises travaillent actuellement au Pérou et au Chili. À Quebrada de los Burros, sur le littoral désertique de l'extrême sud péruvien, la première installation de pêcheurs-collecteurs de mollusques remonte à environ 10 000 BP et témoigne déjà d'une parfaite adaptation maritime. Une séquence paléoclimatique de 6 000 ans a été établie (900 – 3000 BP) et a permis de détecter deux phéno-mènes ENSO survenus vers 8000 et 3200 BP. À Ponsonby, dans les canaux magellaniques du Chili austral, les premiers occupants, vers 7400 BP, sont des chasseurs terrestres et l'adaptation maritime est plus tardive (6000 BP). Dans les deux cas se pose donc le problème des voies empruntées par les peuplements initiaux, voie terrestre ou voie maritime ?

ABSTRACT

Two french archaeological expeditions presently work in Peru and Chili. At Quebrada de los Burros, on the desertic coast or far South Peru, the age of the first settlement of fishers and shell-gatherers range around 10 000 BP. They already demonstrate a perfect maritime adaptation. A paleoclimatical sequence between 9000 and 3000 BP has given evidences of two ENSO episodes that occured around 8000 BP and 3200 BP. At Ponsonby, in the magellanic channels of austral Chili, the first occupants about 7400 BP are terrestrial hunters-gatherers and the maritime adaptation occurs later (6 000 BP). In both case thus, the migration routes taken by initial populations are questionned : terrestrial or maritime ?

La préhistoire du continent américain a ceci de particulier qu'elle est très «jeune» au regard de celle de l'Ancien Monde. Dans l'hypothèse la plus hardie - et la plus controversée - le peuplement humain initial remonterait aux environs de quarante mille ans mais des dates plus communément admises n'excèdent pas 15 000 ans et tournent pour la plupart autour de 13/12000 ans. Les premières installations remontent donc à la fin du Pléistocène mais la majeure partie de cette préhistoire appartient à l'Holocène.

Notre participation au Programme PEH a permis, dans deux aires limitées et géographiquement très différentes du littoral sud-pacifique, d'observer et de décrire les phénomènes climatiques ayant marqué la transition Pléistocène/Holocène, de reconstituer dans leur ensemble les paléomilieux contemporains des occupations humaines les plus anciennes et, en retour, de mesurer l'impact de ces phénomènes sur ces occupations. Ces deux terrains sont, d'une part, la côte de l'extrême-sud péruvien entre les 18e et 25e degrés de Lat. Sud ; d'autre part, la côte et les archipels de la Patagonie australe chilienne, entre les 46e et 56e degrés de Lat. Sud. Les recherches archéologiques dans ces deux régions sont menées depuis plusieurs années dans les cadres respectifs de la Mission archéolo-gique Pérou-Sud (dir. D. Lavallée) et de la Mission archéologique de Patagonie (dir. D. Legoupil).

1. CONTEXTES CLIMATIQUES ACTUELS

La première région (1) est caractérisée par des conditions désertiques qui s'accentuent vers le sud jusqu'à atteindre, en bordure du désert d'Atacama (le plus aride du monde), une aridité quasi absolue toutefois tempérée, dans des situations favorables, par des brouillards hivernaux denses, masses humides issues des eaux océaniques froides et qui, bloquées par la barrière de la Cordillère andine, se condensent directement sur les versants occidentaux. Cette frange désertique est en effet baignée par le courant de Humboldt de direction S-N, caractérisé par des remontées d'eaux froides profondes (*upwelling*). Ce système de remontées d'eaux froides et très productives peut se trouver fortement altéré lors des événements El Niño qui se manifestent, de façon quasi périodique et avec des intensités variables, le long des côtes du Pérou et du Chili. El Niño, composante régionale du sud-est pacifique du phénomène ENSO (*El Niño Southern Oscillation*), correspond, d'un point de vue océanographique, à une élévation temporaire de la température des eaux superficielles, à une diminution sensible des apports de nutriments et à un abaissement de la thermocline. Durant ces épisodes, les franges côtières du sud péruvien et du nord chilien peuvent être affectées par des pluies et des laves torrentielles (*huaycos*) exceptionnelles et dévastatrices.

La seconde région (2) est constituée d'une zone maritime pluvieuse, domaine de la toundra, de la forêt magellanique à *Nothofagus* dans les terres basses, et des glaciers descendant jusqu'au niveau de l'océan. Il s'agit d'une zone particulièrement inhospitalière composée d'une multitude d'îles granitiques, de fjords, de canaux et de mers inté-

(*) Archéologie des Amériques - MAE, 21 allée de l'université – Nanterre

rieures en communication avec l'océan.

2. CONTEXTES ARCHÉOLOGIQUES

Dans la région 1, l'âge des rares premières occupations humaines connues excède de peu dix mille ans (11 105 ± 260 BP à Quebrada Jaguay, Pérou). Le site actuellement exploité par notre Projet «Pérou-Sud», Quebrada (vallée étroite ou gorge) de los Burros, renferme une succession de niveaux d'occupation datés d'entre 9820 ± 80 et 6110 ± 80 BP, mais des niveaux plus profonds restent à fouiller et à dater. Il s'agit, pour l'ensemble de la séquence, d'installations de pêcheurs-collecteurs de mollusques pratiquant aussi un peu de chasse terrestre, au cours d'occupations peut-être saisonnières (ce que diverses analyses en cours devraient aider à déterminer).

La région 2 fut plus tardivement peuplée. Entre 6200 et 5700 BP apparaît, à la fois sur les côtes du détroit de Magellan et du canal Beagle, et sur certaines îles (Englefield, Navarino), toute une série de sites à l'économie maritime nettement spécialisée, fondée en premier lieu sur la chasse des mammifères marins. Il s'agit d'une culture originale, parfaitement aboutie et en rupture évidente avec celle des chasseurs de guanaco plus anciennement installés dans l'intérieur des terres, et également différente de celle des pêcheurs et collecteurs de mollusques qui occupent alors les côtes centrale et septentrionale du Chili. Un gisement, celui de Ponsonby, seul gisement maritime antérieur au VIe millénaire BP (occupé de 7500 à 4100 BP) dont la fouille a été reprise en 1994, laisse pourtant entrevoir le possible passage d'une économie de chasseurs terrestres à une économie de prédateurs maritimes.

Nous résumerons maintenant les principaux résultats atteints, pour chacune des deux régions, par les recherches réalisées dans le cadre du PEH.

2.1 Région 1

2.1.1 LA RECONSTITUTION DU PALÉOENVIRONNEMENT

Pierre Usselmann et Michel Fontugne ont établi, à partir d'observations et de prélèvements effectués en 1998 et 1999 dans trois coupes exposées en berge de la Quebrada de los Burros, une séquence paléoclimatique s'étendant de 9000 à 3000 BP environ. Etait visible une succession de niveaux organiques obscurs contenant souvent des lits de coquilles marines (apport anthropique), de niveaux de sable et de strates de matériel grossier, intercalés. 17 datations radiocarbone (sur matière organique) effectuées à Gif ont permis d'ordonner chronologiquement ces différents épisodes, selon la séquence ici très schématiquement résumée (Fontugne *et al.*, 1999 ; Usselmann *et al.*, 1999) :
- une période relativement calme avec présence d'eau retenue en fond de vallée, correspondant à l'intervalle 8730 ± 70 - 8160 ± 70 BP et représentée par un épais niveau tourbeux ;
- un épisode à dynamique violente, entre 8160 ± 70 et 8040 ± 105 BP (en tout cas antérieur à 7320 ± 80 BP) représenté par une importante lave torrentielle ;
- une longue période «tranquille» comportant des phases humides durant lesquelles le fond de vallée présente des cuvettes inondées ou marécageuses où la végétation se décompose, de 7320 ± 80 à 3220 ± 50 BP. Les niveaux tourbeux qui en témoignent contiennent souvent des lits de co-quilles marines d'origine anthropique. Durant cette période, on ne note aucune lave torrentielle mais plusieurs moments à dynamique plus contrastée, marquée par des épandages de sables éoliens ou de graviers de ruissellement.
- après 3220 ± 50 BP, un nouvel épisode torrentiel représenté par un épais dépôt de matériel très grossier ayant remodelé toute la partie basse de la vallée.

Dans l'ensemble, ces données corroborent les observations réalisées sur le haut-plateau ou *altiplano* nord du Chili (où aux périodes arides correspondent, sur le littoral, des épisodes humides), selon lesquelles la dernière période glaciaire humide se serait terminée vers 8000 BP, suivie par un climat nettement plus sec. Les conditions actuelles se seraient établies vers 3000 BP.

Enfin, selon Usselmann et Fontugne (1999), les deux importantes laves torrentielles, basale et sommitale, observées dans les coupes de la QLB «pourraient» témoigner de phénomènes ENSO puissants. Ce qui viendrait conforter la thèse selon laquelle le système ENSO aurait été en activité dès la fin du Pléistocène et non pas, selon d'autres spécialistes, seulement à partir de 5000 BP. Il convient cependant, comme le rappellent Usselmann et Fontugne, de rester prudent car des précipita-tions violentes ont aussi pu avoir lieu sans faire intervenir un Niño. Ces questions sont actuellement au cœur d'un débat très actif concernant les paléoclimats du sud-est pacifique (suscité évidemment par les Niño violents observés en 1982-83 et 1997-98) (Ortlieb, 2000) Les régions côtières du Pérou et du Chili offrant par ailleurs, en raison de leur extrême aridité, des conditions très favorables à l'enregistrement dans les paysages des épisodes pluvieux exceptionnels du passé.

2.1.2 LA RELATION SÉQUENCE CLIMATIQUE - OCCUPATION HUMAINE

C'est entre 7500 et 6500 BP environ que l'occupation humaine est la plus dense dans la Quebrada de los Burros, même si le niveau d'occupation le plus

profond, détecté en sondage et non encore fouillé a fourni une date (sur coquille) de 9820 ± 80 BP environ soit autour de 9000 BP si l'on tient compte de l'effet-réservoir, dont la valeur n'est pas exactement connue pour la région étudiée mais peut être estimée (sur la base d'une série de datations effectuées sur des couples d'échantillons charbon-coquille prélevés dans les niveaux anthropiques de la QLB) à environ 700/800 ans. Il est indéniable que les conditions climatiques, peut-être plus chaudes et plus humides qu'actuellement, ont largement favorisé les installations humaines, ici comme dans le nord du Chili. Les empla-cements de ces sites anciens, à plusieurs kilomè-tres parfois de la ligne de côte à l'époque, prouvent que la proximité d'eau douce était alors détermi-nante, allant jusqu'à l'emporter sur celle des ressources marines majoritairement exploitées.
Durant cette longue période calme, des brouillards hivernaux intenses ont dû favoriser l'extension sur les versants exposés des «oasis de brouillard» ou *lomas*, offrant aux hommes des conditions de vie favorables, tant en ressources marines que terrestres (faune et flore).

2.2 Région 2

2.2.1 LA RECONSTITUTION DU PALÉO-ENVIRONNEMENT

Toujours en cours, les analyses paléoenvironnementales sont menées à partir de l'étude du gisement de Ponsonby, situé sur la côte de l'île Riesco aujourd'hui séparée du continent par le canal Fitz-Roy, grâce à la présence d'un niveau de tourbes associé à la première occupation du site, datée de 7450 BP. Ces tourbes témoignent de l'existence à l'époque d'une lagune glaciaire, ce qui permet de supposer que le canal Fitz-Roy était alors obstrué, sans doute par d'importants dépôts morainiques (observables à proximité du site).
Les recherches géomorphologiques de Pascal Bertran, palynologiques de Hervé Richard, anthracologiques et carpologiques de Maria-Elena Solari ont permis de reconstituer le milieu naturel de l'époque : sans entrer dans les détails, on retiendra que la zone qu'occupe actuellement le canal Fitz-Roy était alors constituée d'une série de lagunes marécageuses reliant probablement l'île Riesco au continent. L'isolement de l'île - et de Ponsonby - serait plus ou moins contemporain, voire postérieur à la dernière occupation du site vers 4100 BP.
Ces recherches s'inscrivent dans le contexte général des études sur les variations du niveau marin et de la déglaciation de la Patagonie australe, qui ont conditionné l'isolement insulaire de terres autrefois reliées au continent (comme la Terre de Feu) et leur colonisation végétale, animale et humaine.

2.2.2 LA RELATION SÉQUENCE CLIMATIQUE - OCCUPATION HUMAINE

L'hypothèse de la nature «continentale» du site de Ponsonby à l'époque de sa première occupation expliquerait que celle-ci ait été le fait de chasseurs de guanacos, qui se seraient ensuite adaptés progressivement à l'exploitation du milieu maritime.

3. INTERPRÉTATIONS ET HYPOTHÈSES

L'ensemble des observations effectuées depuis 1998 permet enfin de formuler quelques hypothèses touchant aux processus de peuplement ancien de l'Amérique du Sud :
Dans la région 1 (extrême-sud péruvien), à l'époque de ces premières installations côtières, vers 10000 BP, l'intérieur du Pérou et, notamment, les bassins interandins, est déjà occupé depuis au moins deux millénaires par des chasseurs-collecteurs terrestres (Guitarrero, vers 12 000 BP, Phase Ayacucho, vers 13 000 BP ?). Une hypothèse souvent avancée fait donc des premiers pêcheurs-collecteurs côtiers des chasseurs descendus des hautes régions (supposés avoir été repoussés par la recrudescence de froid du Dryas récent, entre - 12 500 et 10 000 BP ?) et peu à peu adaptés à des conditions maritimes (Richardson, 1998). Cependant, aucun indice matériel trouvé en fouille ne vient renforcer cette explication et, par ailleurs, on constate dans les campements de pêcheurs-collecteurs, dès le début, une parfaite et surprenante adaptation technique au milieu maritime : la fabrication et l'usage d'un équipement de pêche sophistiqué et celui d'embarcations, attesté notamment par la présence, au sein des vestiges osseux de poissons, de restes d'espèces de pleine mer (et de grande taille). Ces pêcheurs auraient-ils une origine autre que celle communément proposée ?

Dans la région 2 (archipels magellaniques), au moment où commence l'occupation du littoral, la Patagonie continentale est déjà, elle aussi, peuplée depuis longtemps (grotte Fell, vers 11 000 BP) et même la Terre de Feu (Tres Arroyos, vers 10 500 BP). Alors, pourquoi la côte occidentale est-elle occupée si tardivement ? Selon D. Legoupil on peut, comme d'ailleurs au Pérou, accuser la remontée postglaciaire de l'océan qui aurait submergé les sites côtiers antérieurs à 6000 BP (surtout du côté atlantique, d'ailleurs). Pourtant, cela n'explique pas l'absence de sites durant les deux millénaires et demi qui précèdent la brusque implantation de l'homme dans les archipels. Il faut chercher d'autres raisons à ce retard, soit dans le déterminisme de conditions naturelles trop contraignantes, soit dans les capacités d'adaptation de l'homme à un milieu maritime très difficile à moins que, comme pour le Pérou, on puisse se poser la question d'un peuplement littoral résultant de la progression de groupes halieutiques descendus le long de la côte pacifique.

Une origine maritime ?
En effet, une descente, le long de la côte, de groupes déjà parfaitement adaptés au milieu maritime ne doit pas être négligée. L'hypothèse d'une voie maritime de peuplement du littoral pacifique, si elle n'est pas neuve (Fladmark, 1979), fait actuellement l'objet d'un débat et d'une recrudescence des recherches dans les deux Amériques. En Californie du sud, des vestiges d'occupation ancienne ont été récemment mis au jour (Daisy Cave, 11 500 BP ; Arlington Canyon, 9300 BP) sur des îles - San Miguel et Santa Rosa - situées entre 40 et 80 km au large et qui, durant le Pleistocène supérieur, n'étaient pas reliées au continent même si elles en étaient un peu plus proches ; ce qui implique l'usage d'embarcations et une bonne maîtrise de la navigation (Erlandson, 1994 ; 1998 ; Erlandson *et al.*, 1996).
En ce qui concerne les archipels chiliens, la mise en évidence d'un éventuel peuplement par voie côtière se heurte cependant pour D. Legoupil à deux difficultés principales : le manque de données archéologiques concernant la côte sud du Chili continental (soit entre la région d'Atacama, limite sud de notre région 1, et l'île de Chiloé, limite nord de notre région 2) et, dans les archipels eux-mêmes, l'accès particulièrement difficile de leur secteur central, situé en plein «40e rugissants» . Le problème des archéologues est donc identique à celui peut-être rencontré par les populations anciennes : c'est un problème logistique de navigation lié à la configuration même des archipels et, dans le passé, aux variations du niveau marin et du tracé des côtes. La voie reste donc ouverte à des études géologiques et géomorphologiques, ainsi qu'à la compréhension des phénomènes liés à la tectonique, qui seules peuvent permettre d'évaluer les possibilités de naviguer dans le dédale des archipels magellaniques, à une époque où le niveau de l'océan était probablement différent de celui que nous connaissons actuellement.
Les recherches effectuées dans les deux régions, qu'il s'agisse des études paléoenvironnementales ou de celles plus spécifiquement archéologiques, et les résultats acquis, s'inscrivent donc dans la problématique beaucoup plus vaste des processus de peuplement initial du continent américain.

BIBLIOGRAPHIE

ERLANDSON J.M. (1994) - *Early Hunters-gatherers of the California Coast*, New York, Plenum Press.

ERLANDSON J.M., KENNETT D.J., INGRAM B.L., GUTHRIE D.A., MORRIS Don P., TVESKOV M.A., WEST G.J., WALKER P.L. (1996) - An Archaeological and Paleontological Chronology for Daisy Cave (CA-SMI-261). San Miguel Island, California, *Radiocarbon*, 38 (2), p. 355-373.

ERLANDSON J.M., RICK T.C., VELLANOWETH R.L., KENNETT D.J. (1999) - Maritime Subsistence at a 9300 Year Old Shell Midden on Santa Rosa Island, California. *Journal of Field Archaeology*, 26, p. 255-265.

FLADMARK K.R. (1979) - Routes : Alternative Migration Corridors for Early Man in North America. *American Antiquity*, 44, p. 55-69.

FONTUGNE M., USSELMANN P., LAVALLÉE D., JULIEN M., HATTÉ C. (1999) - Evidence of less dryer Periods in the Coastal Southern Peru during the Holocene. *Quaternary Research*, 52, p. 171-179.

LAVALLÉE D., JULIEN M., BÉAREZ P., USSELMANN P., FONTUGNE M., BOLAÑOS A. (1999) - Pescadores-recolectores arcaicos del extremo-sur peruano. Excavaciones en la Quebrada de los Burros (Tacna Perú). *Bull. de l'Institut Fr. d'Etudes Andines*, 28 (1), Lima, p. 13-52.

LAVALLÉE D., BÉAREZ P., CHEVALIER A., JULIEN M., USSELMANN P., FONTUGNE M. (1999) - Paleoambiente y ocupación prehistórica del litoral extremo-sur del Perú: las ocupaciones del Arcaico en la Quebrada de los Burros y alrededores (Tacna, Perú). *Boletin de Arqueología PUCP*, 3, Lima, p. 393-416.

LEGOUPIL D., FONTUGNE M. (1997) - El poblamiento maritimo en los archipielagos de Patagonia. Núcleos antiguos y dispersión reciente. *Anales del Instituto de Patagonia*, 25, Punta Arenas, p. 1-12.

ORTLIEB L., VARGAS G. (2000) - Depositos alluviales y huaycos del Pleistoceno tardío y Holoceno temprano en la costa sur del Perú: ¿que significado tienen para la reconstrucción de manifestaciones antiguas de eventos El Niño ? Communication présentée au X° Congreso de Geología, Lima (juillet).

ORTLIEB L., VARGAS G. (à paraître) - Debris-flow deposits and El Ñino manifestations along trhe hyperarid southern Peru/northern Chile coast. In : J. Hass & L. Dillon (eds), *El Ñino in Peru : 10 000 years of Biology and Culture*, University of Iowa Press.

RICHARDSON J.B. III (1998) - Looking in the Right Places: pre-5,000 BP Maritime Adaptrations in Peru and the Changing Environment. *Revista de Arqueologia Americana*, 15, Instituto Panamericano de Geografia e Historia, Mexico, p. 33-55.

SANDWEISS D.H., MCINNIS H., BURGER R.L., CANO A., OJEDA B., PAREDES R., DEL CARMEN SANDWEISS M., GLASCOCK M. (1998) - Quebrada Jaguay : Early South American Maritime Adaptation. *Science*, 281, p. 1830-1832.

SOLARI M.E. (1993) - *L'Homme et le Bois en Patagonie et Terre de Feu au cours des six derniers millénaires: recherches anthracologiques au Chili et en Argentine.* Thèse de doctorat de Paléobotanique, Univ. Montepellier II.

USSELMANN, P., FONTUGNE M., LAVALLÉE D., JULIEN M., HATTÉ C. (1999) - Estabilidad y rupturas dinámicas en el Holoceno de la costa surperuana: la Quebrada de los Burros (Dpto. Tacna). *Bull. de l'Institut Fr. d'Etudes Andines*, 28 (1), Lima, p. 1-12.

www.ingramcontent.com/pod-product-compliance
Lightning Source LLC
LaVergne TN
LVHW072257300926
849160LV00018B/1685